KB019197

현장 과학자의 야생동물 로드킬의 기록

숲에서 태어나 길 위에 서다

이 책은 환경과 나무 보호를 위해 재생지를 사용했습니다.
환경과 나무가 보호되어야 동물도 살 수 있습니다.

현장 과학자의 야생동물 로드킬의 기록

숲에서 태어나 길 위에 서다

우동걸 지음

저자 서문

안녕 저는 지금 길 위에 있습니다

생의 최초 기억은 4살 즈음이다. 툇마루에서 세숫대야에 물을 받아 엄마가 머리를 감겨 주었다. 엄마는 눈을 뜨면 눈이 따가울 것이라고 연신 경고했는데, 용감무쌍한 미운 네 살은 그만 눈을 떠 버리고 만다. 강렬하고 어마무시한 첫 경험이었다. 과연 세상에 눈을 뜨고 이후 맞닥뜨린 인생 또한 맵고 짰다.

또 다른 미운 네 살의 단편적인 기억은 길과 자동차다. 마당을 지나쳐 조금만 걸어 나가면 양옆에 꽃이 줄지어 피어 있는 도로가 나왔다. 꽃대 사이를 드나들며 놀았다. 나름 나라에서 그럴싸한 이름까지 붙여준 도로 '국도 36호선'이었음에도 지나가는 차는 드물었다. 간혹 자동차 소리가 들리면 신이 나서 춤을 추었다. 다가오는 자동차를 향해 춤을 추며 손을 흔들었다. 운전자가 답례로 손을 흔들어 주었다. 다시 꽃밭에서 놀다가 자동차 소리가 들리면 파블로프의 개마냥 자동반사적으로 춤을 췄다. 최근에 먼지 쌓인 앨범을 정리하다 길가에서 춤추는 아이의 사진 한 장을 찾아내었다. 길가 꽃들은 코스모스였다.

사방이 산으로 둘러싸인 분지에서 길은 다른 세상으로 가는 유일한 통로였다. 버스를 타고 고개를 넘어가면 다른 동네가 나타났고, 또다시 고개를 넘어가면 읍내가 나타났고, 또다시 고개를 넘어가면 제법 큰 장이

서는 시내가 나왔다.

집에서 유치원과 초등학교를 오고 가는 길에 작은 악당은 나쁜 짓을 서슴지 않았다. 길에서 만나는 개구리, 잠자리, 풍뎅이를 잡아 장난의 제물로 삼았다. 학교 가기 싫은 날일수록 장난은 심했고, 살생의 수는 늘었으며, 가는 길은 더디었다. 길 죽음, 로드킬과의 첫 만남이다. 불행하게도 행위의 주체는 나 자신이었다.

9살 무렵인가 대도시에 갔을 때 처음 마주한 왕복 8차선의 대로는 어마무시했다. 길 건너편이 아득했다. 쌩쌩 달리는 자동차의 행렬이 무서웠다. 찻길을 건널 적에 자동차가 다가오면 움찔움찔했다. 차라리 그냥 단번에 횡단을 감행하면 될 것을, 아니면 아예 차가 지나가고 건너가면 될 것을. 찰나의 고뇌 끝에 영 좋지 않은 순간에 도로로 튀어 나가곤 한다. 가뜩이나 운동신경이 꽝인 나란 어린이는 그 타이밍을 기가 막히게 맞추지 못했다. 급정거하는 자동차 브레이크 마찰음과 창문을 내린 아저씨의 성난 고함소리를 뒤로하고 황급히 도로에서 벗어났던 기억이 여럿 있다.

고등학교 1학년 가을에 김훈의 《자전거여행》을 읽었다. 처음 접하는 유려한 문체에 반하고 말았다. 잔뜩 겉멋이 들어 자전거 여행을 해야겠다고 마음먹었다. 2학년 여름방학에 자전거를 타고 나름 장거리 여행길에

나섰다. 자전거는 도로에서 그다지 환영받지 못했다. 도로 갓길 가장자리로 내몰려 달렸다. 덤프트럭이 아슬아슬하게 스쳐 지나갈 때면 심장이 서늘했다. 허벅지가 터질 듯 페달을 밟다가 힘든 고비를 넘기자 아늑한 평형상태가 찾아왔다. 나름 '러너스하이'를 경험했다. 찻길에서 며칠을 헤매다 거지꼴로 집에 돌아왔다.

고등학교 3학년 여름에 안치운의 〈옛길〉을 읽었다. 이 땅에 숨어 있는 옛길을 걸어야겠다고 마음먹었다. 모퉁이를 돌면 무엇이 나올까? 마구령, 고치령, 도마령, 하늘재…. 아직까지 이름만 불러도 설레는 매력적인 고갯길을 찾아 걸었다. 역마살이 제대로 붙어 우리 국토 속살 이곳저곳을 쏘다녔다. 시간이 흐른 후 그 길을 다시 찾아갔지만, 예전 그 길은 없었다. 흙길은 번듯하게 포장이 되었고, 특유의 고즈넉함은 사라졌다. 피천득 선생의 말마따나 아니 찾아갔어야 좋았을지도 모른다.

야생동물 생태를 공부하다 보니 결국 다시 길에 대한 화두로 돌아왔다. 연구를 진행하면서 마주한 사실은 우리나라 야생동물의 삶은 사람이 닦아놓은 도로와 떼려야 뗄 수 없다는 현실이었다. 약 10만 제곱킬로미터 면적의 국토에 약 5,100만 명의 사람이 살고 있고, 60만 킬로미터의 도로가 깔려 있으며, 그 위에 2,400만 대의 자동차가 달리고 있다. 그 사

이사이에 야생동물이 살고 있다.

야생동물은 삶을 위해 기본적으로 먹이, 물, 은신처 그리고 자기만의 고유한 영역을 필요로 한다. 한편 우리 국토는 사람을 위해 이용되고 개발되어 왔다. 비가역적으로 도시는 확장되고 도로도 계속 늘어나고 있다. 길은 목표지향적이다. 길은 속성상 목표물을 향해 뻗어 있다. 사람의 길은 도시와 도시, 마을과 마을을 잇는다. 한편 동물의 길은 숲과 숲, 숲과 강, 숲과 들을 잇는다. 누구에게는 길이지만, 다른 누구에게는 장애물이 된다. 방향과 목적이 다른 두 길의 어긋난 만남. 비극의 시작이다. 사람의 길로 인해 야생동물의 서식지가 잘리고 고립되기도 한다. 그리고 살기 위해 사람의 길을 건너다가 죽음에 이르는 역설과 마주한다.

연구를 진행하며 여러 야생동물 개체와 인연을 맺었다. 과학적 결과 도출을 위해 그들의 삶에 개입하지는 않았지만, 나름 이름도 붙여 주고 멀리서나마 삶에 대한 응원을 보냈다.

무라카미 하루키는 옴진리교 지하철 사린 사건 피해자들을 인터뷰한 것을 엮어 《언더그라운드》를 냈다. 뉴스에 피해자라는 이름으로 명사화되었던 이들에게도 나름대로의 생활이 있고, 각자의 인생이 존재했다. 생물학과 생태학이라는 과학의 틀 안에서 각 개체의 개성은 큰 주목을 받지 못한다. 그러나 각 개체의 데이터가 쌓여 이론이 되고, 과학이 된다. 인간이 만든 길에 엮여 살아가는 야생동물 개체 각각의 삶을 주목하고 싶었다.

톨스토이의 《안나 카레니나》 도입부에는 "행복한 가정은 서로가 비슷한 이유로 행복하지만 불행한 가정은 각자의 이유로 불행하다."라는 문장이 있다. 이 법칙을 야생동물의 세계에도 고스란히 적용할 수 있다. 야생에서 온전한 삶을 살아가는 개체도 있지만, 로드킬 당한 개체는 제각각 다른 이야기와 사연을 품고 있다.

우리는 〈퀴즈탐험 신비의 세계〉, BBC 특선 다큐멘터리, 내셔널지오그래픽 다큐멘터리 등을 통해서 이역만리 떨어진 곳에 사는 사자와 치타, 코끼리와 악어, 펭귄과 북극곰에 익숙하다. 하지만 정작 우리 곁에 살고 있는 야생동물은 더욱 멀고 낯선 곳에 있다. 이 땅에도, 우리 주변에도 야생의 법칙이 존재하며, 야생동물의 치열한 삶이 이어지고 있다는 사실을 공유하고 싶었다. 미래 세대에게는 삵, 너구리, 담비, 오소리, 고라니가 더욱 친근한 존재가 되기를.

삵의 길은 이어져 야생동물 이야기를 팔아 학위를 받고, 연구기관에서 도로와 관련한 생태 문제를 연구하는 업무를 맡게 되었다. 도로를 건너다

동물이 차에 치여 죽는 로드킬 문제, 도로로 인해 서식지가 잘려 나가고 고립되는 서식지 파편화 문제, 도로로 단절된 양측 서식지를 이어주는 구조물인 생태통로의 기능개선 방안을 고민하고 있다. 어린 시절 길 위에서 행했던 무수한 살생의 업보와 마음의 빚을 이번 생에서 조금이나마 풀고 가라고, 하늘에서 소중한 기회를 준 것이 아닐까 싶다.

책에서 평소에 담고 있던 길에 대한 생각과 연구를 위해 추적했던 이 땅에 사는 야생동물의 이야기를 풀어보고자 한다. 잠시 지구별에서 명멸했던 야생의 삶을 이야기하고 싶었다. 또한 도로에서의 수많은 죽음을 보며 품었던 고민을 나누고 싶었다. 아직 우리가 함께 살아갈 수 있는 완벽한 방법은 찾지 못하고 있다. 그럼에도 불구하고 암중모색의 시기를 지나 작은 희망의 빛줄기라도 찾고 싶다.

그리하여 저는 아직 길 위에 있습니다.

차례

2장 담비를 아십니까?

3장 사람의 길, 동물의 길, 함께 가는 길

1장

도시의 야생동물

1
올림픽대로에서 멈춘 강서습지의 삶 영준이

올림픽대로를 달리며 보이는 한강의 양옆으로 세속 도시의 수직 구조물이 가득하다. 한강은 족쇄에 채워져 인간 앞에 무릎을 꿇은 맹수의 표정으로, 박제화된 거대한 하수구로 전락하여 대도시의 한복판을 기어이 통과한다. 한강은 굽이치지 못하고 여울지지 못한다. 한강은 공격사면(강물이 들이치는 곳) 산모퉁이를 허물어 내지 못하고 활주면에 반짝이는 모래톱을 키워내지 못한다. 상류는 수많은 댐으로 막혔고, 도심 구간 유역은 콘크리트 둑방과 강변북로, 올림픽대로로 꽁꽁 포위되었다. 방화대교를 지나면 비로소 한강은 도심 구간을 뒤로 밀쳐 내면서 강안과 주변 산능선을 조금씩 회복한다.

방화대교 남단에서 행주대교 남단 사이 한강둔치에는 강서습지생태공원이 자리 잡고 있다. 수령 30년 이상의 버드나무숲과 갈대습지, 담수지와 저습지가 어우러져 야생성을 구긴 한강의 체면을 그나마 세운다.

대한민국의 수도 서울에는 천만여 명의 사람들이 살아간다. 인간을 위

강서습지생태공원의 여름

야생동물의 은신처가 되어 주는 버드나무 하반림河畔林(하천식물대)

한, 인간에 의한, 인간 구조물이 도시에는 가득 차 있다. 놀랍게 그 도시에 야생동물이 살고 있다. 도시의 구조물 틈에서 야생동물의 이야기가 간간이 들려온다. 종묘와 양재천의 너구리, 한강의 상괭이, 중랑천의 수달,

북한산의 멧돼지, 용마산과 인왕산의 산양 등. 하지만 그들이 어떻게 도시로 왔는지, 도시에서 어떻게 살고 있는지, 왜 도시로 왔는지에 대해서 우리는 모르는 것이 많다.

발신기를 채운 삵과 너구리를 대상으로 무선 추적 연구를 했다. 도시에서 그들의 삶은 어떠하며 더불어 살아가기 위해서 어떤 방법이 있는지 알아내려 애썼다. 그들을 좀 더 알기 위해서는 그들의 시간과 공간에 적응해야 했다. 나도 따라 야행성 동물이 되어야 했다. 날이 밝고 삵과 너구리의 움직임이 잦아들면 나도 하루 일과를 마무리지었다. 강서습지는 야생동물 공부를 시작하며 처음으로 가진 연구 대상지였다. 아는 것이 없었지만 그만큼 용감했다. 부딪히면 넘어지고, 일어서다 다시 부딪히고. 그리고 다시 일어서고를 반복했다.

발신기를 달고 있는 개체와는 보이지 않는 끈으로 연결된 듯했다. "뚜뚜뚜" 발신기에서 규칙적으로 울리는 신호음은 은근 중독성이 있다. 소싯적 유행했던 집중력 향상 기계의 공부 유도음 같기도 하다. 규칙적으로 울리는 신호음은 때로는 심리적 안정감을 준다. 초단파 파장VHF은 직진한다. 단파처럼 지구를 둘러싼 전리층에서 반사되지 않고 통과해 버리기 때문에 초단파를 이용한 통신은 대상물의 일직선 범위 내로 한정된다. 따라서 산과 같은 장애물이 있으면 신호가 들리지 않는다. 반면 해당 발신기와 거리가 멀어도 무려 10킬로미터 이상 떨어져 있어도 중간에 가로막힌 장애물이 없으면 신호가 들린다.

밤샘 무선 추적은 외롭고 힘든 작업이었다. 안테나를 휘저으며 녀석의 방향과 위치를 가늠했다. 한 달에 일주일 남짓 강서습지에서 삵과 너구리를 따라다녔다. 짧게 스쳐간 개체도 있었고, 2년 가까이 서로를 의식하며 관계를 이어간 아이도 있었다.

알싸한 추위가 들이닥치기 시작한 12월 중순에 강서습지에 트랩을 놓고, 미끼를 넣어두었다. 트랩 문이 닫히면 자동으로 신호를 보내는 트랩 발신기를 설치했다. 트랩에 갇힌 동물의 스트레스를 최소화하고, 빠른 처치를 위해 인근에서 대기했다. 첫 기다림인만큼 설레임과 기대가 컸다. 트랩을 작동한 지 2시간이 채 지나지 않았을 때 트랩 발신기에서 신호가 울렸다. 두근거리는 마음으로 조심스레 트랩에 접근하니 "크으윽 크엌" 웬 생명체가 쇠를 긁는 듯한 날카로운 경계음을 내고 있었다.

예상보다 빨리 찾아온 첫 번째 손님이었다. 트랩에 들어온 삵은 잔뜩 웅크린 채 경계하고 있었다. 주사제로 마취한 뒤 재빨리 목걸이형 발신기를 달았다. 몸무게 5.9킬로그램의 건강한 수컷 성체였다. 이빨 마모도 적고 털 상태도 훌륭했다. 삵과 같은 육식동물의 신체 중 중요한 부위는 바로 이빨이다. 사냥감의 제압과 사냥의 성공을 위해 건강한 이빨, 특히 날카로운 송곳니의 유지는 생존에 필수적이다. 나이 들어 이빨 상태가 좋지 않은 육식동물은 사냥 성공률이 떨어져 자연스레 도태된다. 이 녀석은 젊

강서습지 삵 영준이

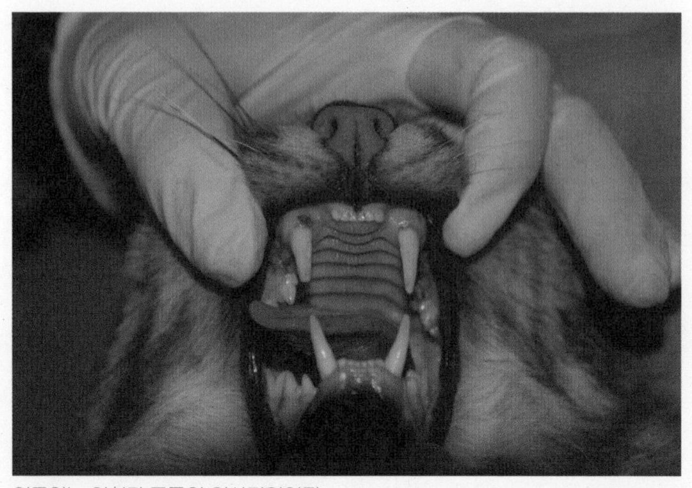

영준이는 입천장 주름이 인상적이었다.

고 건강한, 강서습지를 호령하는 최상위 포식자였다.

각성제를 맞은 녀석이 깨어나길 기다렸다. 귀가 먼저 조금씩 펄럭거리더니 고개를 뱅뱅 돌리면서 점차 정신을 차려간다. 네발로 지탱해 지면에서 완전히 일어나 다시금 야생 특유의 경계심을 찾으면 비로소 방사할 때가 된 것이다. 트랩 문을 열고 조심스레 옆으로 빠지자 녀석은 주변을 두리번거리다 힘차게 다시 자신의 영역으로 뛰어나갔다. 방사하는 순간을 촬영하려고 만반의 준비를 갖추었지만 갈대밭으로 뛰어들기 직전 녀석의 복실한 꼬리를 찍은 것이 전부였다. 녀석의 이름은 마취를 도와준 수의사의 이름을 따 '영준이'로 지었다. 야생성을 잃지 않은 사나운 성질이 그를 빼닮았다.

안타깝게도 지난 한 세기 동안 우리는 이 땅에서 매력적인 맹수들을 잃어버렸다. 호랑이는 1920년대, 표범은 1970년대를 마지막으로 사라졌다. 삵은 우리나라 야생에서 유일하게 살아남은 고양잇과 야생동물이 되었다. 삵은 중간 포식자로서 육상생태계 먹이사슬에서 설치류를 제어하

마취 깨기 전에 발신기 주파수를 거듭거듭 확인해 보았다.

는 중요한 역할을 한다. 포식자인 삵이 서식하고 있다는 것은 강서습지의 먹이사슬이 비교적 안정적으로 유지되고 있다는 것을 반증한다.

야생동물은 생태적 가치, 경제적 가치, 문화적 가치 등 여러 가치를 가지고 있다. 그중에 내가 주목하는 것은 '존재 가치'다. 존재한다는 것, 우

리 곁에 살아 숨 쉰다는 것, 상위 포식자며 멸종위기종 삵이 인구 천만 대도시에서 산다는 것 자체가 가슴 설레는 일이다. 어쩌면 그들의 존재는 메트로폴리탄 서울의 자랑이며, 그들은 천만 시민과 함께 서울시의 자랑스러운 구성원이다.

처음 해보는 무선 추적이라 안테나로 영준이가 있는 방향을 잡고 녀석의 위치를 추정하는 작업을 반복해서 연습했다. 가까워졌다 멀어졌다 반복되는 신호를 들으며 녀석이 살아 움직이고 있다는 생각에 가슴이 뛰었다. 하지만 영준이와 무선으로 이어진 인연은 오래가지 못했다. 무선 추적이 시작되고 한 달 정도 지난 어느 날 영준이는 더 이상 움직이지 않았다. 녀석의 신호가 한곳에 멈춰 있었다. 영준이와 이름이 같은 수의사가 올림픽대로 한 켠에서 영준이의 주검을 찾아냈다. 영준이는 발신기를 목에 단 채 갓길에 가지런히 누워 있었다. 영준이 주검 곁에는 운전자가 버리고 간 담배꽁초가 널려 있었다. 가지런한 앞니, 날카로운 송곳니, 윤기

영준이의 최후

나는 털은 여전했다. 생전 건강했던 모습이 자꾸 눈에 밟혔다. 혈기왕성했던 강서습지 최상위 포식자의 최후치고는 허무했다.

영준이를 잡고 나서 한동안 트랩에는 아무도 들어오지 않았다. 추운 겨울 기나긴 기다림이 시작되었다.

2
암컷 삵 주선이에게 시설녹지는 매력적인 은신처다

영준이를 잃고 두 달의 기다림 끝에 트랩에 새 손님이 찾아왔다. 번식 경험이 없는 3.5킬로그램 남짓의 아성체(새끼와 성체의 중간) 암컷 삵이었다. 영준이와 다르게 트랩 구석에서 식빵을 굽는 자세로 얌전히 앉아 있었다. 앞발을 웅크리고 앉는 자세는 추운 날 체온을 유지하기에 적합하다. 이번에는 좀 더 온순한 수의사 '주선'님이 마취 주사를 놓고, 발신기를 채웠다. 마취가 풀리자 암컷 삵 '주선이'를 현장에서 방사했다. 주선이는 방화대교 남단에서부터 김포 전호산까지 1.2제곱킬로미터 남짓의 행동권을 형성하며 강서습지 일대를 부지런히 쏘다녔다.

주선이의 은신처는 행주대교 남단 인터체인지 내부 시설녹지(도시의 기능과 환경의 질을 유지하기 위하여 지정한 녹지)였다. 행주대교 남단에는 김포공항 방면 공항로, 일산 방향 행주대교, 인천 수도권 매립지 방면 도로, 서울 방향 올림픽대로가 만나 클로버형 인터체인지가 형성되어 있다. 자동차의 회전반경을 맞추기 위한 램프 구간 내부에는 원형의 녹지가 자리

주선이

발신기를 채운 주선이. 유독 때깔이 고운 삵이다.

잡는다. 녹지 내부에는 소나무, 철쭉 등 조경수도 식재되어 있었지만 소규모 습지와 갈대 군락도 있었다. 놀랍게도 주선이는 낮 시간에 행주대교 남단 인터체인지 내부 시설녹지에 머물고 있었다. 시설녹지는 차량 소음이 심했지만 사람의 출입이 없고, 관목층이 우거져 삵의 은신처로는 매력적인 장소였다. 주선이는 낮 동안 이곳에 머물며 휴식을 취하다 해질녘 올림픽대로를 건너 밤새 강서습지 일대에서 먹이활동을 하고, 새벽녘에 다시 도로를 건너 시설녹지로 돌아오는 일상을 보냈다. 영준이의 주검을 발견한 올림픽대로 인근을 주선이는 거침없이 건너다녔다.

주선이가 낮에 휴식을 취하는 시설녹지. 찻길을 건너야 하지만 누구의 간섭도 없는 매력적인 은신처다.

행주 남단 인터체인지 시설녹지는 부나방을 꼬이게 만드는 가로등처럼 야생동물을 여럿 홀렸다. 시설녹지 내부는 작은 습지가 형성되어 있으며 초지와 관목, 버드나무가 조화롭게 자리 잡고 있다. 훌륭한 먹이터로서 손색이 없고, 사람 간섭이 없는 은신처로서의 가치도 커 보였다. 도시에서 제법 훌륭한 비오톱biotope(다양한 생물종의 공동 서식 장소) 역할을 하는 셈이다. 하지만 야생동물이 이곳을 이용하려면 큰 대가를 치러야 한다. 시설녹지를 드나들려면 사방을 둘러싼 도로를 건너야 하기 때문이다. 영준이도 이곳으로 들어오기 위해 길을 건너다 사고를 당했을 것이다. 영준이 외에도 시설녹지를 둘러싸고 있는 도로에서는 고라니, 족제비, 너구리, 개의 죽음이 반복해서 관찰되었다. 시설녹지는 분명 매력적인 서식지이지만, 이로 인해 오히려 인근 지역 야생동물 폐사율을 높이는 부작용이 존재했다. 어쩌면 생태 덫Ecological Trap이 되어 이 지역 개체군을 빨아들이는 블랙홀 역할을 하고 있었다.

인공 구조물에 둘러싸인 이러한 서식지는 반대급부로 오히려 야생동물 개체군의 감소를 불러일으킬 수 있기에 조성 및 계획 시 로드킬 저감시설을 충분히 만들어 주어야 한다. 그나마 다행인 것은 시설녹지를 관통하여 흐르는 실개천이 있고, 그 하천이 도로 하부를 통과하는 구간에 수로박스(도로 하부에 물길이나 하천이 통과하는 콘크리트 구조물)가 존재한다는 점이다. 수로박스에 물이 말라 있는 시기에는 수로박스를 이용하여 동물들이 시설녹지와 김포 방면 농경지를 오고 갈 수 있다. 하지만 수위가 높아져 수로박스에 물이 차오르면 동물들이 통과하기 어려워진다. 동물도 사람과 마찬가지로 몸에 물 묻히는 것은 싫어하고, 편하고 좋은 길을 좋아한다. 따라서 수로박스 한켠에 이동턱을 설치해 주면 수위에 상관없이 더 쉽게 다닐 수 있을 것이다. 이동턱 설치는 큰 예산이 필요하지 않으며, 물 흐름에도 지장을 주지 않는다. 동물을 위한 작은 배려가 큰 차이를 만들어 낼 수 있다.

영준이를 도로에서 잃었기에 추적을 진행하는 내내 불안불안했다. 다행히 주선이는 추적을 이어가던 3개월 동안 별 탈 없이 부지런히 올림픽대로를 건너다녔다. 계절은 겨울에서 봄으로, 다시 여름으로 접어들면서 습지의 초록 물결은 점점 더 짙어졌다.

7월 어느 날이었다. 날씨가 심상치 않았다. 장마전선의 북상으로 거센 장맛비가 며칠째 중부지방 일대에 내렸다. 한강의 서울 구간 범람은 여름철마다 1~2회 정도 이루어지곤 한다. 한강 범람은 단순 폭우에 의해 이루어지는 것이 아니다. 한강 상류에 유량이 많으면 이루어지는 팔당댐 방류 시기와 서해의 사리 때가 겹치면 물 흐름이 정체되어 한강 수위가 급격하게 높아진다. 여름내 한강홍수통제소 홈페이지에서 제공하는 한강수위표를 실시간으로 보곤 했다. 늘어지게 늦잠을 자고 일어난 일요일 점심 때였다. 심상치 않은 빗소리에 깨어나 "거참 비 한번 시원하게 내린다."라고 읊조리고, 아무 생각 없이 오줌보를 비우고 나서야 아뿔싸! 한강 상황이 걱정되었다.

한강홍수통제소 홈페이지에 접속해 확인하니 행주대교 쪽 수위가 빠르게 올라가고 있었다. 서둘러 한강으로 갔지만 한발 늦었다. 장비가 놓여 있는 컨테이너는 이미 잠겨 있었다. 습지에 설치한 무인 센서 카메라라도 건져내야 한다는 생각에 흙탕물로 뛰어들었다. 자전거도로 가까이 있는 카메라들은 비교적 쉽게 건져낼 수 있었다. 강물이 허리춤에 들어왔을 때 5미터 남짓 거리에 또 다른 카메라가 눈에 들어왔다. 물살이 세어져 위험하겠다는 생각과 눈앞에 빤히 보이는 카메라를 외면하고 싶지 않다는 두 생각이 순간 격렬하게 부딪쳤다.

건지러 조금만 더 갈까? 아니야 위험해 돌아가! 몸을 움찔움찔하며 진퇴를 고민했다. 하지만 당시 생존에 대한 두려움이 경제논리를 조금 앞섰다. 뒷걸음질 쳐서 뭍으로 되돌아 나왔다. 뒤늦게 돌이켜 보면 그때 물욕에 눈이 멀어 조금이라도 더 전진했더라면 아마 온전히 살아남아 지금 이 책을 쓰고 있지 못했을지도 모른다. 물살이 꽤나 셌던 당시를 생각하면 아찔하다.

장비에 정신이 팔리고 난 후 불현듯 주선이가 생각났다. 이 녀석 범람

한강 범람

긴박한 탈출의 순간

하면 어디로 피해 있을까? 안테나를 들고 방향을 이리저리 돌리며 수신음을 찾았지만 소리는 들리지 않았다. 주변을 돌며 안테나를 여기저기 휘휘 저으며 신호음을 찾으려 애썼다. 하루 종일 강서습지 주변을 뒤졌으나 주선이를 찾지 못했고, 불어난 한강물에 휩쓸려 하류로 떠내려갔을 가능성을 조금씩 떠올리기 시작했다. 오후에는 비가 그치고, 언제 그랬냐는 듯 날이 개고 서쪽으로 붉은 노을이 타올랐다. 서쪽으로 가보자. 한강을 따라 서쪽 하류 방면으로 움직였다. 김포 고촌, 양촌, 하성까지 내려갔다. 날이 밝고 임진강과 한강이 만나는 조강 앞에서 발길을 돌렸다. 애타게 찾던 주선이의 주파수 신호음은 찾을 수 없었다.

강서습지생태공원은 동쪽으로 방화대교 남단에서부터 서쪽으로 행주대교 남단까지 한강변에 자리 잡고 있다. 습지는 올림픽대로로 남쪽이 가로막혀 있다. 한강이 범람하면 강서습지생태공원은 대부분 잠긴다. 한강사업본부 강서습지생태공원 관리사무실은 아예 1층을 비워두고, 2, 3층에 자리 잡고 있을 정도다. 수위가 오르면 강서습지의 야생동물은 어디로 갈까? 불어난 물에 오갈 데 없는 녀석들은 그나마 지대가 높은 올림픽대로 사면 쪽으로 이동할 수밖에 없을 것이다.

물이 차올라 강서습지 대부분이 잠겼을 때 올림픽대로 사면에 붙어 있는 고라니를 세어 보았다. 비에 젖어 부들부들 떨고 있는 고라니 16마리를 만났다. 아이러니하게도 강서습지생태공원에 서식하는 고라니 개체수를 파악하기에는 한강이 범람하는 시기가 가장 적합했다. 강서습지생태공원은 범람에 취약한 수변 서식지다. 특히 범람 시 야생동물은 어쩔 수 없이 올림픽대로 횡단을 시도할 수밖에 없어 로드킬에 취약하다. 강서습지생태공원 일부 구역에 땅의 높이를 북돋아 주어 범람 시 대피처를 만들어 주면 어떨까 싶다.

홍수와 강의 범람이 무조건 나쁜 것은 아니다. 홍수로 인해 상류에 있던 식물종자, 영양물질이 하류로 내려오기도 하고, 떠내려 온 야생동물이 하류에 정착하는 경우도 있다. 거센 물살로 비어진 토양에는 새로운 식물이 뿌리를 내리기에 좋은 기회가 된다. 어쩌면 홍수는 수변 서식지에 '긍정적 교란'으로 작용한다. 떠내려간 주선이가 강화도나 군사분계선 너머 북녘 땅 연백군에 뿌리를 내려 삶을 이어갔기를. 그 실낱같은 가능성에 얕은 희망을 걸며 주선이를 떠나보냈다.

3
나이 많은 어미 너구리 능글이의 모든 이야기가 알고 싶다

야생동물 포획을 위해 강서습지생태공원 곳곳에 트랩을 설치했다. 트랩 안 깊숙한 곳에는 닭다리, 통조림 꽁치 등의 매력적인 미끼를 넣어둔다. 야생동물이 미끼에 홀려 트랩 안으로 들어오게 되고, 입질을 하다가 발판을 밟으면 트랩 문이 닫히는 구조다. 트랩 문이 닫히면 트랩 발신기가 작동하고 특정 주파수 신호를 보내와 야생동물이 트랩에 들어왔음을 내게 알려준다. 트랩을 작동시키고 근처에서 대기한다. 어쩌면 썩 유쾌하지 않은 상견례 자리인지라 잡자마자 바로 처치를 하고 보내주는 것이 잡힌 녀석에게나 기다리는 사람에게나 서로에게 좋다.

신록이 돋아나는 3월의 어느 이른 새벽. 트랩 발신기에서 보내는 신호가 들렸다. 급하게 트랩 쪽으로 달려갔다. 아침이슬에 신발이 다 젖었다. 벌렁거리는 마음을 다잡아 가며 갈대밭을 헤치고 들어가자 저 너머 트랩 안에 있는 너구리 한 마리가 눈에 들어왔다. 반갑다, 너구리야. 가까이 다가가자 너구리는 얌전한 정도가 아니라 아예 죽은 척하고 있었다. 나이

능글이. 세상 포기한 눈빛마저 연기다.

가 지긋한 암컷 너구리였다. 닳아 있는 이빨이 지난 삶의 연륜을 보여 주었다. 발신기를 채워 내보내려 트랩 문을 열어 주어도 녀석은 죽은 척하고 꿈쩍도 하지 않았다.

너구리는 압도적인 적 앞에서 종종 죽은 척한다고 들었다. 죽은 척하다 적이 방심하면 냅다 튀는 전략을 갖고 있는 것이다. 말로만 들은 죽은 척 연기를 실제 겪어보니 당황스러웠다. 순간 걱정이 되어 혹시 잘못되지 않았는지 걱정했지만 아무렴 맥박은 잘 뛰고 있었다. 하마터면 연기대상 감의 메소드 연기에 당할 뻔했다. 거의 삶을 내려놓은 듯한 초점을 잃은 눈빛이 압권이었다.

발신기를 채우고, 녀석을 보내줄 때가 되었다. 트랩을 들어 녀석을 땅에 직접 놓아주어도 발로 툭툭 쳐도 요지부동이었다. 빨리 집에 가라, 다시는 미끼에 현혹되지 말고, 어서 가. 집에 가자. 얼른 가라니까! 놓아주려는 자와 죽은 척하는 자의 실랑이가 벌어졌다. 결국 내가 자리를 뜨기로 했다. 열 발자국 정도 떨어졌을까. 그때였다. 녀석이 갑자기 벌떡 일어나 습지 갈대밭으로 전력질주로 달려가 시야에서 사라졌다. 고마워. 과연 너구리야. 과연 산전수전을 다 겪은 할머니 너구리였다. 능글능글한 녀석, 별 고민 없이 녀석의 이름을 '능글이'라고 지었다.

능글이는 방화대교 남단에서부터 행주대교 남단까지의 강서습지생태공원 일대를 행동권으로 삼았다. 너구리는 밤에 활동하고, 낮에 휴식을 취하는 전형적인 야행성 동물이다. 능글이가 낮에 휴식을 취하는 잠자리

는 고정되지 않고 매일 바뀌었다. 어제는 하중도 쪽 갈대밭, 오늘은 버드나무 하반림, 그렇다면 내일은 행주대교 쪽에서 잘까? 매일 능글이의 잠자리를 예측해 보는 데 재미를 붙였다.

버드나무에 물이 올라 습지가 연초록 파스텔 톤으로 바뀌는 4월 초순부터 능글이의 잠자리는 한곳으로 고정되었다. 올림픽대로 사면을 덮고 있는 개나리 군락이었다. 왜 저 녀석이 저기서만 잠을 잘까? 꿀 발라놨나? 저기서 뭐하는 걸까? 잠자리로 추정되는 개나리 군락으로 들어가 보았다. 빽빽하여 감히 큰마음을 먹지 않으면 들어갈 수 없는 곳이었다. 기다시피 해서 개나리 줄기 사이를 헤집자 동물이 여러 번 다녀 잘 닦여진 길이 나왔다. 옳다구나. 능글이가 뻔질나게 드나들어 길을 내었구나. 은밀한 능글이의 사생활을 엿보기 위해 무인 센서 카메라를 설치했다.

이후에도 능글이의 잠자리는 개나리 군락으로 고정되었다. 일주일 후 센서 카메라에 촬영된 영상을 확인했다. 태어난 지 한 달이 채 안 되어 보이는 꼬물이들이 개나리 군락 아래를 기어다니고 있었다. 아뿔싸. 능글이가 엄마가 되었구나. 그저 능글맞은 녀석이라 놀려먹었는데 그 행동에 실은 뱃속 새끼들 안위에 대한 걱정과 고뇌가 녹아 있었으리라. 그저 아무렇지 않게 보이던 올림픽대로 사면의 개나리 군락이 다르게 보였다. 개나리 군락은 경사가 급하고 차량 소음이 심한 곳에 있었지만 천적의 접근이 쉽지 않아 너구리가 새끼 키우기에는 훌륭한 곳이었다. 과연 너구리

올림픽대로 사면 개나리 군락. 빽빽하여 들어가기 어렵고, 차들이 쌩쌩 달리는 도로 옆 소음이 심한 곳이지만 사실은 강서습지 어느 곳보다 안전한 곳이다. 능글이는 이곳에서 새끼를 낳고 길렀다.

의 역발상에 혀를 내둘렀다.

너구리는 일반적으로 암수 일부일처제로 새끼를 암컷과 수컷이 공동 양육하지만 능글이는 남편 없이 새끼를 혼자 키워냈다. 밤에는 강서습지 일대를 쏘다니며 먹이활동을 하고, 동이 트기 전에 개나리 군락으로 재빨리 복귀하여 새끼들에게 젖을 먹였다. 4월 말이 되자 능글이의 잠자리는 바뀌었다. 이때부터는 낮 시간에 강서습지 갈대 군락으로 숨어들었다. 아마 새끼 목덜미를 물고 한 마리 한 마리 새 보금자리로 옮긴 것 같았다. 여름에 접어들자 카메라에 반가운 영상이 촬영되었다. 능글이가 앞장서고 뒤이어 새끼 6마리가 연이어 폴짝폴짝 뛰어들었다. 새끼들은 거의 성장하여 덩치는 제 어미를 거의 따라잡았다. 능글이는 새끼를 훌륭하게 키워 냈다. 엄마는 위대하다. 안테나를 내려놓고 진심어린 물개박수를 쳤다.

일반적으로 육상 포유동물은 젖을 먹여 새끼를 키워내고, 젖을 떼고 먹이를 구하는 훈련을 시킨다. 새끼가 육체적으로 성숙하면 어미는 새끼를 점점 몰아낸다. 먼저 먹이를 구해 와도 곧이곧대로 주지 않고 버티기 시작한다. 새끼가 끊임없이 먹이를 갈구하고 보채면 결국 어쩔 수 없이 먹이를 내어 주지만, 점점 먹이를 내어 주는 빈도가 줄어든다. 새끼 스스로 먹이 구하는 노력을 유도하는 것이다. 새끼의 먹이 구하는 실력이 조금씩 향상되면 어미가 새끼를 대하는 태도 또한 보다 단호해진다. 그리고 결국 자신의 영역에서 몰아낸다. 마음이 아프더라도 본인과 새끼의 생존을 위해 큰마음 먹고 독하게 행하는 행위인지, 본능에 따라 새끼가 꼴도 보기 싫어진 것인지 알 수 없다. 어찌 되었든 부모자식의 연결고리를 끊어내는 모습에서 핏줄의 인연과 생존 본능 사이 크나큰 간극을 느낀다. 하지만 이 또한 삶의 숭고한 한 모습이리라. 능글이도 잘 키워낸 6마리 새끼에게 이와 같은 모습을 보였을 것이다. 노산에 홀로 새끼를 잘도 키워 낸 능글이, 봄철 꼬물이었다가 여름이 되어 훌쩍 커버린 능글이 새끼들, 짧지만 함께여서 행복했던 시간, 너구리 삶의 시계에도 어김없이 봄날은 간다.

본격적인 문제는 분산 이후에 시작된다. 어미 능글이 품에서 벗어난 새끼 6마리의 운명은 어떻게 될까. 어미의 영역에서 나온 새끼들은 새로운 서식지를 찾아나서야 한다. 어느덧 다 커버린 새끼들은 한정된 공간과 자원을 위협하는 경쟁자다. 어미 입장에서는 자신의 유전자를 물려받은 새끼들이 멀리멀리 퍼져서 살아가는 것이 가장 이상적이다. 새끼들 입장에서는 어미를 떠나 홀로서기 위한 험난한 여정이 앞에 있다. 북쪽은 한강이 흐르고, 남쪽으로는 올림픽대로가 가로막고 있다. 사방이 도로다. 그나마 트인 곳은 김포 방면 한강 하구 쪽이다. 김포 한강 하구 습지와 고촌 들판에 이르면 그나마 안정적인 서식지를 만날 수 있다. 하지만 그곳에는 원래 살던 너구리가 있을 터. 치열한 서식지 다툼과 고단한 터잡기 투쟁이 능글이 새끼들을 기다리고 있다.

우리나라의 도로 밀도는 1제곱킬로미터당 1킬로미터를 넘어선다. 봄에 태어난 새끼들이 분산하는 길목에서 도로를 건널 수밖에 없는 구조다. 새로운 영역을 찾아 낯선 곳을 헤매게 되고, 익숙하지 않은 도로 구조물을 건너다 차량사고를 당하는 위험에 쉽게 노출된다. 따라서 너구리, 삵 등 가을에 분산하는 종의 로드킬은 10~11월, 봄에 태어난 새끼들이 독립하는 시기에 집중된다. 충남야생동물구조센터 구조 기록에 따르면 로드킬 당하는 대상은 1년생 이하 새끼들의 비율이 높다(고라니의 경우 1년 이하 새끼 비율이 67퍼센트). 우리나라 야생동물의 생은 천수를 누리는 경우는 고사하고 대부분 첫돌을 넘기지 못한다.

이후에도 능글이를 15개월 더 따라다녔다. 덕분에 능글이와 함께 강서습지에서 겨울을 났다. 너구리는 일반적으로 겨울잠을 자지 않는다. 하지만 추위가 이어지는 날이면 이동이 줄어든다. 기온이 영하 15도 아래로 떨어지는 혹독한 날에는 은신처에서 아예 움직이지 않는다. 어느 추운 겨울날 한강시민공원 나무 데크에 서니 능글이의 신호가 빵빵 떴다. 안테나를 뽑아도 매우 강한 신호음이 울렸다. 도대체 뭐지? 알고 보니 능글이가 나무 데크 아래 들어가 있었던 것이다. 사람들이 많이 찾는 곳인데도 능글이는 겨울날 은신처로 이곳 나무 데크를 애용했다. 낮 시간 동안 인간들의 소음과 발걸음이 끊이지 않겠지만 나무 데크 아래는 능글이에게 비바람을 막을 수 있는 훌륭한 겨울철 보금자리였다. 서울 너구리 능글이는 생존을 위해 인공 구조물을 효율적으로 이용할 줄 알았다. 그해 겨울, 아이들의 재잘거리는 소리며 할아버지가 크게 틀어놓은 이름 모를 트로트, 심지어 연인들의 속삭임을 실은 능글이는 다 듣고 있었다.

이듬해 봄에는 능글이의 번식을 확인하지 못했다. 아마도 지난봄 번식이 노산이었던 능글이의 마지막 번식이었던 듯싶었다. 산전수전 다 겪은

능글이가 겨울나기를 한 나무 데크

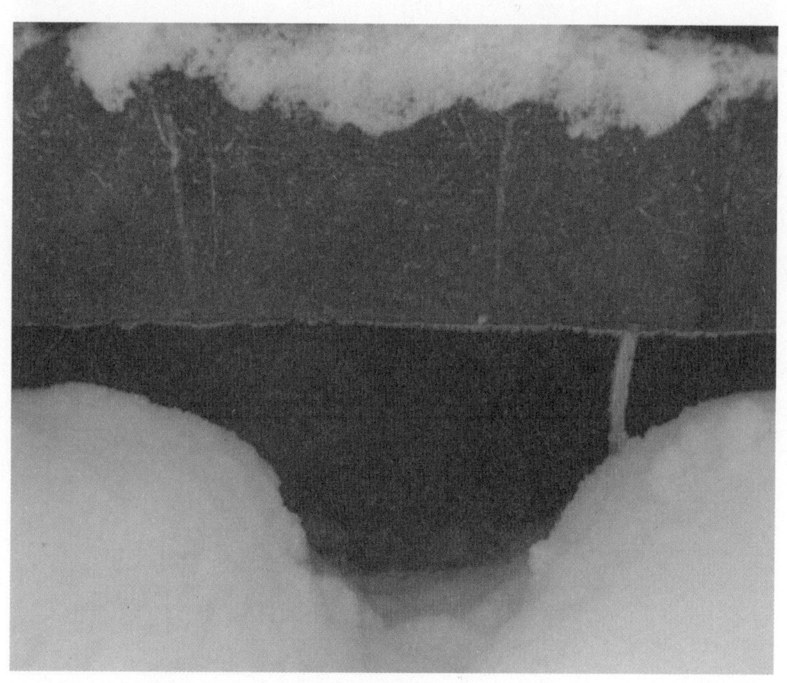
능글이는 나무 데크 아래 개구멍으로 들락날락했다.

할머니 능글이는 몇 살이나 되었을까? 새끼는 몇 마리나 낳아 길렀을까? 낳아 기른 새끼들을 하나하나 기억할까? 어디서 태어나서 어떻게 강서습지로 왔을까? 능글이 엄마아빠형제자매는 어떻게 되었을까? 몇 대째 조상부터 서울에 자리잡았을까? 능글이는 단순 연구대상 데이터 샘플 이상의 의미로 남았다. 그 삶과 다른 삶의 관계, 그 기원까지 생각하게 하는 존재로 남았다.

가을부터는 능글이 발신기가 보내오는 신호음이 약해졌다. 이제 능글이를 놓아주어야 할 때가 되었다. 발신기는 용케도 매뉴얼에 적혀 있는 수명 일 년을 가뿐히 넘겼다. 일주일 후 강서습지생태공원을 다시 찾았을 때 능글이의 주파수 신호음을 더 이상 들을 수 없었다. 습지 여기저기서 안테나를 사방으로 휘저어 보았지만 2년 남짓 익숙해진 주파수 6자리와 나름 경쾌한 신호음이 사라져 버렸다. 생량머리(초가을로 접어들어 서늘해질 무렵), 시리도록 아름다운 가을 하늘 아래 못내 마음 한 켠이 조금은 허전했다.

4 사이좋은 너구리 갑돌이와 갑순이의 소식은 경인운하 건설 이후 끊겼다

능글이와 보름 간격으로 행주대교 인근 갈대밭에 설치한 트랩에 수컷 너구리가 들어왔다. 수컷임을 확인하고 능글이의 짝이 아닐까 하는 생각이 들었지만 이 수컷 너구리의 행동권은 행주대교 남단에서 김포 전호산까지 0.7제곱킬로미터 면적에 형성되었다. 강서습지생태공원 안에서만 머무는 능글이와 달리 김포 방면으로 활동했다. 김포 전호산에 센서 카메라를 설치하고 확인해 보니 발신기를 채운 수컷 너구리는 또 다른 너구리와 함께 다니고 있었다. 잘 어울리는 한쌍이었다. 유치원 시절 배웠던 민요를 떠올려 갑돌, 갑순 부부로 이름을 지었다.

낮 시간 갑돌, 갑순 부부의 보금자리는 전호산 북쪽 사면에 있는 바위굴이었다. 바위굴은 가파른 절벽 기슭에 자리 잡고 있어서 사람이나 다른 동물의 접근이 어려웠다. 바위굴 입구는 갑돌, 갑순 부부가 잘 닦아놓아 반질반질했고, 굴 입구 바위틈에 뿌리를 내린 진달래 가지에 너구리 털이 끼어 있었다. 너구리의 주간 은신처를 찾는 데 결정적 단서가 되어 준 너

갑돌이

구리 특유의 구리구리한 냄새가 무척이나 고마웠다.

갑돌이와 갑순이의 잠자리는 전호산 바위굴로 고정되어 있었고, 야간에는 주로 강서습지생태공원에서 먹이활동을 했다. 갑돌이의 주된 은신처는 바위굴이었지만, 이따금씩 다른 곳에서 쉬기도 했다. 둘의 또 다른 은신처를 집요하게 찾아다니다 발견한 곳은 전호산 인근 밭두렁 사면의 흙굴이었다. 곳곳에 설치해 둔 센서 카메라에 금슬 좋은 갑돌, 갑순 부부가 자주 찍혔다. 보통 이동할 때는 갑순이가 앞장서고 갑돌이가 바로 뒤따라 다녔다. 바위굴 앞에서는 서로의 털을 핥아주기도 하고, 서로의 체취를 킁킁거리며 맡았다. 너구리의 은밀한 사생활이었다.

불행하게도 전호산과 강서습지를 오가던 갑돌, 갑순 부부의 평범한 일상은 오래가지 못했다. 김포 한강과 인천 앞바다를 잇는 경인운하, 이른바 경인아라뱃길 공사가 시작되었기 때문이다. 전호산과 강서습지 사이 조용하던 파밭이 일순간 뒤집어졌다. 공사 장비가 들어오고 터파기 공사가 시작되자 엄청난 굉음이 이 지역을 뒤덮었다. 갑돌이의 행동권 한가운데서 대규모 공사가 시작된 것이다.

갑돌이와 갑순이의 바위굴. 입구에 다다르려면 위험을 감수해야 하지만 덕분에 다른 동물의 접근이 어렵다.

갑돌이 흙굴. 갑돌이는 1가구 2주택자였다.

예전에 보았던 애니메이션 〈폼포코 너구리 대작전〉이 떠올랐다. 도쿄 인근에 사는 너구리들이 뉴타운 개발로 자신들의 보금자리를 잃게 된다. 서식지를 지키기 위해 안간힘을 쓰는 너구리와 도시를 확장하고자 하는 인간의 탐욕 사이의 갈등을 묘사하는 쌉싸름한 애니메이션이다. 같은 처지의 지금 이곳에서의 영화 주인공은 개발사업으로 서식지를 잃게 된 갑돌이, 갑순이였다. 가림막이 설치되고 구조물이 만들어지고 공사 공정률이 높아지면서 매일 오가던 갑돌이의 출퇴근길이 막혀 버렸다. 갑돌이 입장에서는 참으로 기가 찬 일이었다.

이런 현실이 무척 안타깝지만 연구자 입장에서는 개발사업으로 인한 갑돌이 삶의 방향에 대한 호기심이 일기도 했다. 자신의 행동권 가운데 운하로 서식지가 양분화되면 갑돌이는 먹이터가 있는 강서습지를 포기할 것인가, 아니면 보금자리가 있는 전호산을 포기할 것인가? 신호를 쫓아 따라다니며 갑돌이 행적에 주목했다. 이후 갑돌이는 더 이상 풍부한 먹이원이 있는 강서습지로 나오지 못했다. 갑돌이는 결국 보금자리를 선택했다. 갑돌이의 행동권은 전호산 일대로 국한되었다. 그리고 두 달 후 갑돌이는 사라졌다. 갑돌이를 찾아나섰지만 신호를 찾을 수 없었다. 주인 잃은 바위굴이 쓸쓸해 보였다. 빈 바위굴 앞에서 킁킁 갑돌이의 남은 체취를 맡아보려 애썼다.

갑돌이는 서식지 개발과 파편화로 인해 야생동물 개체가 겪는 영향에 대한 극단적인 사례를 보여 주었다. 운하는 경인아라뱃길이라는 이름을 달고 2011년 10월에 완공되었다. 서울시 강서구 개화동 한강분기점과 인천시 서구 오류동 해안을 이으며 총 길이 18킬로미터, 너비 80미터, 수심 6.3미터로 만들어졌다. 덕분에 김포는 강으로 둘러싸인 섬이 되어 버렸다. 김포시에서 다른 시군으로 가려면 다리를 건너지 않고는 나갈 수 없게 되었다. 운하는 백두대간 속리산에서 분기하여 김포 문수산에 이르는 산줄기인 한남정맥을 끊어 버렸다.

굴착으로 정맥이 끊긴 자리에 엄청난 절개지(도로나 건축물을 위해 산을 깎아 놓은 곳)가 생겼다. 겨울에는 수맥이 터진 절개지 곳곳에 얼음이 맺혔다. 생채기 가득한 산천이 울부짖는 듯했다. 운하로 수송되는 화물은 없고, 손님 없이 텅 빈 여객선이 하루 한 차례 왕복한다. 한편 운하를 따라 양옆에 만든 자전거도로는 가히 수준급이다. 운하를 따라 곧게 난 자전거길이 일품이다. 세계에서 가장 비싼 명품 자전거도로가 개설되었다. 삽질로 애꿎은 갑돌이 서식지만 날아가 버렸다. 운하를 이용하는 배는 거의 없다. 그럴듯한 경제성 분석으로 포장되었던 사업은 말 그대로 '폭망'했으나 아무도 책임지지 않았다.

삽질 덕분에 강서습지는 생태적으로 고립된 섬이 되었다. 강서습지가 도심 인근에 자리 잡고 있음에도 그나마 야생동물 개체군이 유지되었던 이유는 김포 쪽과 연결성이 확보되어서였다. 강서습지에서 태어난 개체가 김포 방면으로 분산해 나가고, 김포 쪽에서 새로운 개체들이 강서습지

파헤쳐지는 갑돌이의 행동권. 경인아라뱃길 공사 현장이다.

불철주야 삽질은 계속되었다.

명품경인항 김포터미널
공사현장

파헤쳐지는 동물들의 보금자리. 주선이가 낮에 휴식을 취하던 공간이다.

로 유입되기도 했다. 하지만 운하로 인해 강서습지는 사방이 막혀 버렸다. 경제적 타당성을 운운하며 운하의 순기능을 부르짖던 사람도, 환경영향평가를 했던 사람도 그 누구도 책임지지 않는다. 논문에는 온전히 담지 못했던 갑돌이의 억울함을 이 글에 담는다.

야생동물은 말이 없다. 조용히 도태되고, 조용히 희생되고, 조용히 사라져 갈 뿐이다. 서식 공간을 빼앗긴 야생동물에게는 실업급여도 긴급재난지원금도 없다. 어쩌면 야생동물을 공부하는 사람은 그 억울함을 조금이라도 대변해 주는 것이 또 하나의 임무라는 생각이 든다. 뒤늦게 외쳐본다. 갑돌이의 집을 돌려내라! 갑돌이의 평온했던 삶도 돌려내라! 지금껏 내던 세금 중 단 1원이라도 이 부질없는 삽질에 쓰였을 생각을 하니 육시랄 욕이 절로 나온다. 오늘도 배가 한 척도 지나가지 않는 애꿎은 운하를 보며 화풀이를 한다.

5

사체 수습에 목숨을 걸어야 했던 팔팔하던 너구리 뜬금이

강서습지에서의 포획과 무선 추적 연구를 마무리할 때가 되었다. 설치했던 트랩을 수거하기로 마음먹은 날, 새 친구가 찾아왔다. 버드나무 하반림에 설치한 트랩에서 신호가 울렸고, 급히 달려가 보니 트랩 안에 너구리 한 마리가 얌전히 앉아 있었다. 왜 하필 지금이냐, 몸무게 6.3킬로그램 나가는 다 자란 수컷 너구리였다. 접으려고 하는 날 뜬금없이 잡힌 녀석은 '뜬금이'가 되었다.

즐거운 마음으로 기꺼이 조사기간을 연장하고 뜬금이를 쫓아다녔다. 뜬금이 행동권은 행주대교 남단과 강서습지생태공원을 포함하고 있었고, 핵심 서식지는 도하훈련장 인근 버드나무 하반림이었다. 뜬금이를 추적한 지 석 달째 될 즈음 뜬금이 신호가 사라졌다. 녀석은 어디로 간 것일까? 왠지 까다로운 술래잡기 놀이가 시작되었다는 생각이 들었다.

방화대교 쪽 버드나무 하반림이 시작되는 곳에서부터 찬찬히 녀석을 찾기 시작했다. 강서습지 일대를 완벽하게 스캔해도 뜬금이 신호를 찾

뜬금이

수거하려는 트랩에 뜬금없이 들어온 뜬금이

지 못해 김포 쪽으로 발걸음을 돌렸다. 전호리와 풍곡리까지, 혹시나 해서 인천 계양구까지 찾아갔으나 빈손으로 돌아왔다. 개화산에서도 샅샅이 찾아보았지만 헛수고였다. 마지막으로 김포공항 방면으로 향했다. 올림픽대로를 달리다 신호음을 듣기 위해 온 신경을 청각에 집중하고 있던 그때, 순간 길 가운데에 작은 점 하나가, 짧지만 강렬한 시각 신호가 대뇌피질로 전달되었다. 빠른 속도였기에 일단 지나쳤고, 다시 한 바퀴 돌아 그 자리로 가보니 작은 털 뭉치가 도로에 박혀 있었다.

순간 아찔한 생각이 머리를 때렸다. 설마 아니겠지. 아닐 거야. 혼잣말로 위로하기에 바빴다. 조마조마한 마음으로 강서습지 쪽에서 사면을 걸어 올라가 올림픽대로로 접근했다. 한참을 기다려 잠시 차가 오지 않는 때를 골라 도로로 뛰어들어가 보니 너구리 털이었다. 털 뭉치 옆에는 차에 밟혀 부서진 발신기 조각이 보였다. 불길한 예감이 슬픈 현실이 되었다.

뜬금이가 단말마의 외마디 비명을 지를 새도 없이 한방에 편안하게 갔기를 바랄 뿐이었다. 그리고 어찌 되었든 녀석의 사체를 수습해 주어야 할 것 같았다. 내가 녀석을 위해 해 줄 수 있는 마지막 선물이었다.

빠른 속도로 달려오는 차들은 결코 안타까워하거나 슬퍼할 겨를을 주지 않았다. 왕복 8차선 올림픽대로의 교통량은 상당했다. 아드레날린 분비량이 많아졌는지 그 순간만큼은 이상하게도 달려오는 차들이 무섭지 않았다. 한참을 기다려 차가 안 오는 틈을 타 도로 가운데로 냅다 뛰어들었다. 눈에 보이는 대로 여기저기 흩어진 사체를 양손 가득 집어 들고는 다시 갓길로 달려가 몸을 피했다. 또 한참을 기다려 도로로 뛰어들어 사체 조각을 집어 오기를 반복했다. 차가운 핏덩이는 온기를 잃은 지 오래였다. 살점 하나라도 놓치지 않으려 나름 노력했으나 아스팔트에 눌러붙은 덩어리는 어쩔 수 없었다. 정교하게 마지막 살점까지 떼어 낼 수 있는 시간적 여유는 없었다. 자동차 행렬은 마지막까지 당최 자비를 베풀어 주지 않았다. 때깔 좋던 뜬금이는 처참한 핏덩이 여러 조각으로 남았다.

급한 대로 올림픽대로 사면 근처 버드나무 밑동 아래를 손으로 파서 구덩이를 만들었다. 핏물 묻은 손은 금세 흙투성이가 되었다. 강서한강지구 편의점에 가서 새까만 손으로 막걸리 한 병을 집어 들었다. 아주머니가 놀라 괜찮냐고 묻는데 그제야 가슴 속에서 무언가 물컹한 뜨거움이 올라왔다. 뜬금없이 만나 뜬금없이 헤어져 버린 뜬금이를 묻은 곳에 막걸리를 뿌려주고 나니 '장수長壽막걸리'라고 쓰인 라벨이 눈에 들어왔다.

6
도시의 시민들만큼 치열하게 살아가고 있는 강서습지의 동물들

꿩, 멧도요, 쇠부엉이, 멧밭쥐, 겨울 철새, 잉어, 민물게… 생명의 습지

이른 새벽 강 안개가 피어오르고 습지의 풀들은 이슬에 젖어든다. 먼동이 트고 올림픽대로에는 출근을 서두르는 차량이 점차 꼬리를 문다. 이윽고 아침 햇살이 습지를 일깨운다. 무거워진 눈꺼풀을 다시 치켜뜨고, 굳은 몸뚱이를 일으켜 안테나를 집어 든다. 녀석의 움직임이 멈추면 비로소 휴식 시간이다. 한강변에서의 하룻밤이 또 지났다. 기숙사 빈 방에 들어가 커튼을 완벽하게 치고, 침대에 몸을 누이면 잠의 수렁에 빠져든다.

늦은 점심을 먹고 다시 한강으로 나가 녀석들의 위치를 확인하고 멀찌감치 자리를 잡았다. 노을이 방화대교 붉은 철주를 더욱 붉게 물들이고 이윽고 도시의 인공 불빛들이 빛을 발하면 녀석들이 조금씩 움직이기 시작한다. 다시 밤샘 스토킹이 시작됐다. 한강 너머 행주산성 아래의 장어

강서습지의 가을

가을이 오면 모든 사물이 명징해진다.

새벽의 강서습지

낮게 깔린 안개가 습지를 보듬는다. 내 몸도 감아 준다. 이곳에서 밤을 지새운 자만이 누리는 특권이다.

습지의 봄

한강의 겨울 손님들(쇠기러기와 청둥오리)

요리집들의 간판이 반짝인다. 킁킁~ 장어 굽는 냄새가 날락말락 했다. 언젠가는 먹어 보리라 마음먹었는데 여태껏 먹어보지 못했다.

습지 곳곳에는 미세기후가 존재한다. 여름밤 습지를 거닐다 보면 유난히 서늘한 기운이 있는 곳이 있다. 습지 안에는 더운 공기, 찬 공기가 섞여 있다. 여름밤에 습지 안의 찬 공기가 있는 곳을 지날 때면 탄산음료의 첫 모금, 생맥주의 첫 모금을 들이킨 것마냥 상쾌했다. 두세 마리를 동시에 추적하려면 밤새도록 쉴 틈 없이 부지런하게 움직여야 했다. 한 녀석의 움직임과 이동 방향을 파악하고는, 다시 다른 녀석의 위치를 찾아다녔다. 새벽 4시가 넘어가면 막판 고비가 왔다. 금방이라도 쓰러질 것같이 어지럽기도 했다. 지금 잠 안 자고 여기서 무얼 하고 있는 거지라는 생각이 들었다가, 녀석들의 움직임을 예측했다가 용케 들어맞을 때면 잔재미를 느끼기도 했다. 몽롱한 가운데 하룻밤에도 머릿속의 생각은 롤러코스터를 탔고, 온갖 번뇌가 일었다 사라지기를 반복했다. 돌이켜 보면 이십대 후반의 열정 일부분을 강서습지에 파묻었던 것 같다. 그들의 삶에 조금 다가가려 했지만 역시나 알아낸 것보다 모르는 것이 많았다.

무선 추적 개체의 움직임을 따라가다가 다른 동물 친구를 우연히 만나기도 했다. 겁쟁이 꿩은 내가 다가가면 화들짝 놀라 '꿔껑껑~' 소리를 지르며 푸드덕 날아오른다. 사실 내가 더 놀란다. 봄, 가을에는 멧도요가 습지 덤불 사이에 숨어 있다. 우중충한 갈색빛의 깃털로 위장하고 있어 녀석이 먼저 움직이지 않으면 존재를 인지하지 못한다. 갯벌과 물가가 아닌 덤불에서 발견되는 도요새는 신기했다. 불 켜진 가로등 위에는 쇠부엉이가 앉아 있다. 눈가에 스모키 화장을 한 것처럼 검은 반점이 있어 특유의 카리스마와 귀여움을 동시에 가지고 있다.

갈대와 억새밭 사이사이에는 잎사귀로 엮은 작은 둥지가 여럿 보인다. 새둥지와는 다르게 완벽한 구형에 가까우며 하늘 쪽으로 열려 있지 않다.

이것은 쥐의 보금자리다. 바로 멧밭쥐의 둥지다. 멧밭쥐는 몸길이 5센티미터 남짓의 소형 설치류로 하천 습지나 초지에 서식한다. 갈대나 억새 군락에서 지면으로부터 1.3미터가량의 높이에 공 모양의 둥지를 만들어 새끼를 낳고 기른다. 몸통보다 긴 꼬리를 감아가며 갈대 사이를 누빈다. 땅에 내려가지 않아도 되니 천적들로부터도 비교적 안전하다. 새끼가 독립하고 남은 빈 둥지를 분해해 보니 새끼들을 키웠던 안쪽 공간에는 솜털같이 부드러운 재질로 꾸며놓았다. 멧밭쥐는 집을 공중부양 시키는 것도 모자라 인테리어 마감도 완벽하게 처리한 훌륭한 건축업자였다.

멧밭쥐 둥지

한편 습지의 일부는 가시박, 단풍잎돼지풀, 돼지풀과 같은 외래종이 잠식했다. 키가 3미터를 훌쩍 넘겨 버리는 돼지풀은 감히 접근할 엄두를 못 낼 정도로 무시무시했다. 그렇다면 야생동물에게 외래식물 군락은 어떤 영향을 끼칠까? 무선 추적 개체들의 좌표와 강서습지의 현존 식생도를 비교 분석한 결과 삵과 너구리 역시 외래식물 군락을 기피했다. 단일종이 우점(식물군집 안에서 가장 수가 많거나 넓은 면적을 차지하는 것)하여 생물다양성이 낮아 먹이 구하기가 어렵고, 가시가 많아 이동하기 어렵기 때문이다. 식물생태계뿐 아니라 전반적인 생물다양성 증진 측면에서도 하천 서식지의 외래식물 관리는 필요해 보인다.

강서습지는 야생동물에게 소중한 보금자리일 뿐 아니라 전략적으로도 중요한 곳이다. 강 건너 덕양산에는 임진왜란 당시 행주치마를 이용해 왜적을 물리쳤던 이야기가 전해진다. 올림픽대로 너머 개화산은 해발고도 128미터로 높지 않지만 주변 들판을 널리 볼 수 있는 중요한 고지다. 한국전쟁 때 치열한 전투가 벌어졌으며, 지금도 정상부에는 방공포대가 들어서 있다.

일 년에 한두 차례 한미합동훈련 시에는 강서습지에 군인들이 주둔한다. 이곳에서 한강 도하 훈련을 진행한다. 숙영지가 만들어지고, 텐트가 습지 여기저기에 세워진다. 안테나를 들고 밤새 이곳저곳을 쑤시며 설치고 다니는 나는 그들에게 요주의 인물이다. "손들어 움직이면 쏜다 XX!" 암구호를 대라고 하면 나는 으레 군 시절 암구호 단골 단어였던 텍사스,

족제비에도 발신기(무게 10g)를 달아서 무선추적을 실시했다. 하지만 발신기가 초소형이라서 출력이 약했다. 가까이 가지 않으면 신호를 감지할 수 없었다. 심지어 굴에 들어가면 신호가 뜨지 않았다. 배터리 수명도 짧아서 족제비 무선 추적은 이렇다 할 결과를 내지 못했다.

성냥, 공장 등의 단어를 마구 쏟아내며 아무 말 대잔치를 하지만 제대로 들어맞을 리가 없다. 그럼에도 불구하고 공포탄을 쏘지 않은 장병들의 인내와 은총에 고마움을 전한다. 일주일 정도의 훈련이 끝나면 조심해야 할 것이 있다. 그들은 훈련기간 내내 수많은 지뢰를 여기저기 깔고 간다. 응가를 밟지 않기 위해 수풀을 헤쳐 나갈 때마다 신경을 바짝 곤두세워야 했다.

풍부한 유기물과 영양소가 상류로부터 공급되는 한강 하류의 습지생태계는 식물 생산성이 매우 높다. 밀집한 식물군락에 다양한 생물종이 살아가며 먹이 자원도 풍부하다. 설치류 밀도를 조사해 보니 오히려 산림지역보다도 밀도가 높았다. 겨울철에는 기러기, 청둥오리, 비오리 등 갖가지 겨울 철새가 이곳을 찾는다. 초지에는 꿩이 살고 있다. 한강변에는 종종 팔뚝 굵기만 한 잉어가 떠내려 온다. 밀물과 썰물의 영향을 받는 만큼 민물게도 습지에서 살아간다. 이처럼 강서습지에는 삵과 너구리에게 다양하고 풍부한 먹이원이 펼쳐져 있다.

도심 구석 자투리 땅에서도 야생동물 이야기는 계속된다

문제는 공간이다. 인구 천만 대도시의 주택난, 공간 부족의 문제는 비단 사람들만의 문제가 아니다. 강서습지의 야생동물은 도심과 강으로 둘러싸인 제한된 공간에서 살아가야 한다. 무선 추적 결과 강서습지의 삵과 너구리 행동권은 자연 지역에 서식하는 개체보다 작은 것으로 나타났다. 반면 서식지 내에서 이동하는 거리는 더 길었다. 삵과 너구리의 서식지 이용강도(IM)는 각각 1.4±0.7(m/km^2), 5.4±1.2(m/km^2)으로 자연 지역 서식 개체보다 행동권은 작지만 그만큼 제한된 서식지를 집약적으로 이용하고 있었다. 따라서 서식지의 감소와 변동은 이곳 야생동물에게 더욱 치명적일 수밖에 없다. 서식지를 둘러싼 개체 간의 경쟁이 치열하며, 도태된 개체와 독립하는 새끼들은 당장 로드킬의 위협에 직면한다.

한편으로는 그나마 강변에 이렇게 자투리 공간이 있어 야생의 공간이 남은 것은 분명 감사한 일이다. 대한민국은 인구 초고밀도 국가다. 2020년 기준으로 우리나라 평균 인구밀도는 1제곱킬로미터당 516명이다. 1킬로미터 × 1킬로미터 공간에 평균적으로 500명이 넘는 사람이 살고 있다는 의미다. 개발 압력도 높고, 땅에 대한 경쟁도 치열하다. 더욱이 사람들이 몰려 사는 도시에서는 공간에 대한 경쟁이 더욱 심하다. 도시의 땅은 더 이상 삶의 터전이 아닌 자본의 영역이자 투기의 대상으로 편입되었다. 자본가들에게 야생의 땅은 뭇 생명들의 터전이 아닌 언젠가 정복해야 할

미개발지로 인식되고 있다.

그러하기에 도시 곳곳에 남아 있는 산림과 녹지는 더더욱 값지고, 제한된 공간에 살아남은 야생은 복되다. 도시공원은 다른 관점에서 접근해야 한다. 엄격한 보존에 치우쳐서도 안 되며, 그렇다고 너무 사람의 편의만 생각해서도 안 된다. 도시 산림과 공원은 인간과 자연의 공존을 모색하고, 공생을 위한 치열한 고민을 할 수 있는 토론의 장이 될 수 있다. 설악산, 지리산 깊숙한 생태자연도 1등급 서어나무숲만큼이나 남산, 정발산, 우면산의 아까시숲도 소중하다.

서울 시민의 삶이 그러하듯 야생동물도 도시에서 치열하게 저마다의 삶을 이어가고 있다. 오늘도 올림픽대로에는 수만 대의 차량이 강서습지를 옆에 끼고 무심하게 지나친다. 하지만 우리가 모르는 사이 그 자투리 땅에서는 오늘도 많은 야생동물의 희노애락이 펼쳐지고 있다.

많은 날을 따라다니고, 밤을 지새웠지만 내가 그들에 대해 아는 것은 극히 일부에 불과하다. 다가가려 할수록 많은 부족함을 느낀다. 조금이라도 이해하려, 알아가려 애쓰는 일은 현재진행형이다. 과학자로서 연구대상을 인격화하는 것은 분명 경계해야 한다. 그럼에도 불구하고 그들의 일거수일투족을 확인해 나가면서 그들에게 애정이 생기는 것은 어쩔 수 없었다. 그들의 움직임을 확인하며 하루하루 안위를 걱정하고 삶을 응원했다. 따라다니던 개체가 희생되면, 그의 부모형제, 탄생의 순간, 젖을 찾아 꿈틀거리던 꼬물이적 모습을 비롯하여 여러 장면이 머릿속을 스쳐갔다.

삵과 너구리 목에 채우는 목걸이형 발신기 무게는 60그램 남짓이다. 전체 몸무게의 5퍼센트 이내 무게의 발신기를 사용할 것을 권고하는 미국포유류학회 기준에 부합한다. 하지만 무게 부담이 적다고 해도 목에 발신기가 있으면 없는 것보다 불편할 수밖에 없다. 목에 발신기를 걸게 해 준 개체들에게 미안하다. 그리고 고맙다. 그들의 불편이 헛되지 않도록 의미 있는 자료를 만들어 알리는 노력을 게을리하지 않았는지 반성해 본다.

흔히 우리나라의 급격한 경제성장을 나타내는 용어로 한강의 기적이라는 표현을 쓴다. 오늘도 천만 대도시 서울 한켠에서는 한강을 배경으로 잔잔한 야생의 이야기가 펼쳐진다. 어쩌면 우리에게 부족한 것은 기적이 아니라 감탄일지도 모른다.

내가 그의 이름을 불러주기 전에
그는 하나의 짐승에 지나지 않았다.
내가 그의 이름을 불러주었을 때
그는 나에게로 와서
갑돌이, 능글이, 영준이, 주선이 그리고 뜬금이가 되었다.

강서습지 똥 모음

삵 똥

너구리 똥

고라니 똥

족제비 똥

강서습지 발자국 모음

삵 발자국

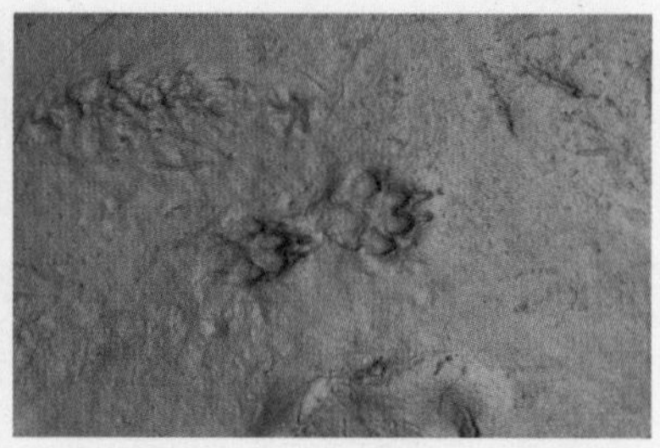
너구리 발자국

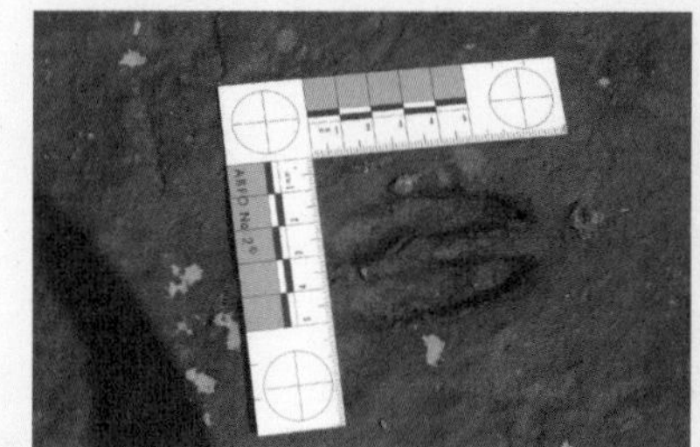
고라니 발자국

족제비 발자국

더불어 살아가기 위한 방법

하중도(하천 중간에 퇴적물이 쌓여 생기는 섬)로 쉽게 건너갈 수 있도록 징검다리 설치

탐방로 주변 차폐 식재

수로박스 이동턱 설치

행주대교 교각 아래 음수 식재

범람 시 대피처 조성

유도 울타리 설치

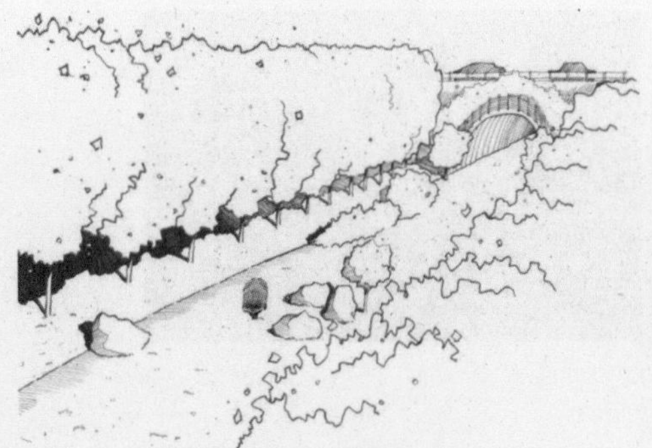

구행주대교 이동통로 개조

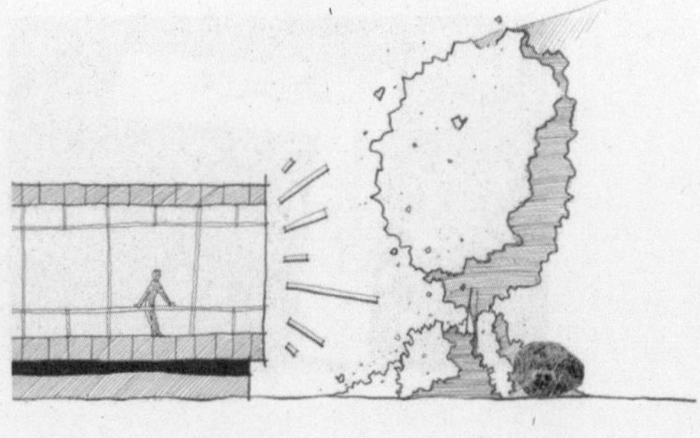

24시 편의점 둘레 차폐, 차광 식재

한강의 과거와 현재

겸재의 그림이 알려주는 서울 풍경

한강 하류 지역, 즉 지금 서울 일대는 예로부터 한반도에서 지정학적으로 핵심적인 장소였다. 생명의 젖줄인 강이 흐르고, 강이 실어온 유기물로 생산력 높은 충적평야(하천에 의해 운반된 퇴적물로 이루어진 평야)가 넓게 펼쳐져 있고, 바다와 맞닿은 교통의 요지이기도 하다.

암사동 선사 주거지가 말해 주듯 신석기시대에도 사람들이 모여 살았으며, 풍납토성을 중심으로 초기 백제의 도읍이 자리 잡았다. 고구려, 백제, 신라 삼국은 한강을 손에 넣기 위해 피나는 쟁탈전을 벌였고, 한강 하류를 차지한 나라가 한반도 패권을 쥐고 전성기를 누렸다. 개성이 수도인 고려시대에도 한강 하류 지역은 남경이라 하여 중시되었다. 조선 왕조가 도읍을 한양으로 정하면서 수도 서울 600년 시대가 열렸다. 조선이 저물고 일제강점, 광복, 분단, 한국전쟁으로 숨가쁘게 이어지는 역사의 질곡 속에서도 서울은 그 중심에 있었다. 전쟁 통에 주인이 여러 번 바뀌는 바람에 잿더미가 되었지만 전쟁의 참화를 딛고 눈부신 경제성장이 이루어졌고, 지속적인 농촌 인구의 유입으로 서울은 더욱 커졌다. 올림픽, 월드컵과 같은 굵직한 국제 행사도 훌륭하게 치러냈다.

긴 역사의 흐름에서 지난 세기만큼 서울의 모습이 급격하게 바뀐 적은 없다. 오늘날 당연하게 여겨지는 빌딩 숲과 아파트 단지, 도로로 가득 채워진 서울의 모습이 갖춰진 것은 50년이 채 되지 않는다. 강서습지 갈대밭 한가운데서 서울의 원형을 생각해 보았다. 도시화 이전의 서울 모습은 어떠했을까? 인간이 아닌 자연의 관점에서 서울은 어떻게 변화했을까?

그 답은 선조들이 남긴 예술작품을 통해 찾을 수 있었다. 조선 후기에 유행한 진경산수화는 실재하는 경관을 그대로 화폭에 표현하는 그림으로 서울의 원형 경관을 오롯이 담고 있다. 겸재 정선은 한국 고유 경관의 독특한 특성을 나름대로 표현함으로써 중국과 차별되는 한국 산수화의 서막을 열었다. 실제 경관을 단순히 재현한 것이 아니라, 회화적 구성을 통해 경관에서 받은 감흥과 정취의 본질을 표현했던 겸재는 자신이 나고 자란 북악산과 인왕산 아래를 중심으로 한양 곳곳을 진경으로 사생해 남겨놓았다. 그리하여 겸재의 진경산수화는 서울의 본래 모습을 고스란히 보여 주는 역사적 창이 된다.

겸재의 진경산수화에 담긴 수도 서울 풍경은 흥미롭다. 거대한 화강암체 암봉이 있는 인왕산과 풍화에 강한 편마암체 기반으로 홀로 우뚝 선 남산의 모습은 예나 지금이나 변함없다. 하지만 당시 한강의 모습은 지금과는 사뭇 다르다. 겸재는 양수리에서 행주에 이르기까지 한강의 풍경을 27점의 산수화로 남겼다. 그림에 표현된 한강의 모습은 상류에서 하류에 이르기까지 공통적으로 강폭이 현재에 비해 좁고, 대신 넓은 모래톱이 펼쳐져 있다. 본래 한강은 넓은 범람원을 형성하고 있는 자유곡류 하천이었다. 하천은 공격사면에는 단애(깎아 세운 듯한 낭떠러지)를 만들고, 활주면에는 넓은 모래언덕을 만들었다. 겸재의 그림 속에서 굽이치던 한강의 야생성을 뒤늦게 발견했다. 붓 터치 하나하나 뚫어져라 보면서 혼자 연신 박수를 치기도 하면서 한강의 원형 경관을 상상했다.

겸재는 지금의 강서구, 당시 양천현의 현감이어서 특히 서쪽 한강 구간의 모습을 그림으로 많이 남겼다. 〈행호관어〉는 지금의 강서습지생태공원에서 한강을 바라본 시점으로 그린 것이라 더욱 흥미로웠다. 행주산성 일대가 한눈에 들어오며 바로 앞 한강에는 모래톱과 하중도(하천의 중간에 유속이 느려지거나 흐르는 방향이 바뀌면서 퇴적물이 쌓여 형성되는 섬)가 발달해 있다. 강에는 당시 왕에게 진상하는 웅어(멸칫과의 바닷물고기)와

황복을 잡으려는 배들이 줄지어 있다. 서해의 조수가 밀려들어 민물과 섞이는 기수역이 형성되었기에 어족 자원이 풍부했다. 지금은 신곡 수중보로 인해 회유성 물고기들이 한강으로 거슬러 올라오기 어렵다. 한편 한강변을 따라 유독 두드러지는 수종은 버드나무다. 버드나무는 습지에 자라는 대표적인 선구수종(초기의 빈땅 혹은 초지에 먼저 침입하여 정착하는 나무)답게 그림 이곳저곳에 자주 등장한다. 시간을 훌쩍 뛰어넘어 옛 그림을 통한 생태 읽기가 가능하다는 사실이 놀랍다.

〈양화환도〉에서는 우뚝 솟은 바위 봉우리가 가장 먼저 눈에 들어온다. 지금의 양화대교 근처에 있었던 선유봉이다. 신선이 노니는 봉우리라는 뜻을 지닌 선유봉은 높이가 40미터에 이르는 한강의 절경 가운데 하나였다. 일제강점기에 일제는 선유봉을 폭파하여 암석을 채취해 갔고, 해방 후에도 그나마 남아 있던 암석들이 마저 사용되면서 선유봉은 역사의 뒤안길로 사라졌다. 1978년에는 그 자리에 정수장이 들어섰고, 2002년에 생태공원으로 바뀌었다. 선유봉이 그 자리에 그대로 남아 있었다면 한강의 대표적인 랜드마크가 되었을 텐데 아쉽다.

서울 시민들은 한강 백사장에서 강수욕을 즐겼다

한강의 모습이 바뀌게 된 결정적 계기는 1982년에 착공한 한강종합개발사업이다. 당시 정부는 강을 준설해 수상 교통로를 확보하고, 강변공원을 조성하고, 강의 생태계를 살린다는 구호를 내세웠다. 상류와 하류에 잠실보와 신곡보를 설치해 물을 꽉 채워서 유람선이 다닐 수 있게 했고, 강변북로와 올림픽대로가 한강을 에워싸게 되었다. 한강에는 상류에서 운반된 모래가 쌓여 만들어진 당정섬, 저자도, 난지도, 밤섬 등의 많은 하중도가 있었으나 준설과 골재 채취로 흔적도 없이 사라졌다. 모래섬은 4만 평의 압구정동 아파트 단지 바닥에 들어갔다.

뽕밭이던 잠실은 상전벽해를 겪었다. 본래 한강 본류는 송파 쪽으로 굽어 흘렀다. 그런데 강줄기를 곧게 틀고 매립을 진행했다. 과거 한강물이 흐르던 길은 흔적도 없이 사라지고 석촌호수, 송파나루공원이라는 이름만 남았다. 한강종합개발사업 후 한강은 콘크리트 호안(강이나 바다의 기슭이나 둑 따위가 무너지지 않도록 보호하는 것)과 도시 고속화도로에 둘러싸인 거대한 수로가 되었다.

한강에 금빛 모래밭이 펼쳐져 있던 시절. 서울 시민들은 한강에서 멱을 감고 모래찜질도 했다. 당시 신문들은 여름 피서철 한강 백사장에 10만, 15만 인파가 찾아와 강수욕을 즐겼다고 썼다. 과거 한강은 곳곳에 여울이 있고, 백사장과 모래섬, 습지가 어우러진 모래강이었다. 여울 구간은 부서지는 물살로 산소가 투입되면서 강의 자정 기능을 도왔고, 모래톱은 물고기가 알을 낳고 몸을 숨기는 곳이자 새들의 휴식 공간이었다.

지금 한강은 항상 물이 찰랑찰랑 차 있고 유람선과 오리배가 떠다니며 둔치에는 새파란 잔디밭이 펼쳐져 깔끔하게 정리된 모습이다. 지금 세대는 한강이 원래 이런 모습인 줄 안다. 제 아무리 상상력이 풍부해도 한강을 황금빛 모래톱과 버드나무 수변림으로 떠올리는 사람은 없을 것이다. 말끔한 한강공원의 이면엔 자연미의 부재, 생물다양성 감소, 자정 능력의 상실과 같은 어두운 면이 존재한다는 사실도 계속 잊혀져 간다.

한국에 도착한 외국인들이 이구동성으로 찬탄하는 것이 바로 서울 산수의 아름다움이다. 멋진 화강암체 명산과 큰 강을 끼고 있는 인구 천만 대도시는 세상 어디에도 없다. 한강의 본래 모습을 되살릴 수 있을지 욕심을 내고 싶다.

광나루, 뚝섬과 용산, 마포나루 수십 리 강모래 고운 백사장이 다시 자리를 잡고, 수변림이 되살아나면 꼬마물떼새, 황복과 웅어, 재첩과 말조개가 돌아올 것이다. 모래톱에는 고라니, 삵, 너구리, 수달이 저마다 발자국을 열심히 찍고 다니겠지. 한강을 종으로 횡으로 가로막는 보와 콘크리트 호안을 거두면 일어날 일들이다. 막혀 있던 강의 숨통이 트이면 강은 스스로 부단히 모래를 실어와 자신의 본래 모양과 위치를 찾아갈 것이다. 이런 모습이야말로 진정한 한강의 본질이고, 수도 서울의 위상을 드높일 경쟁력이 아닐까. 서울을 세계에서 가장 아름다운 도시로 만들 수 있는 잠재력이라고 믿는다.

물론 한강 생태계 복원 실행 과정에는 많은 이해관계가 충돌할 것이다. 특히 수중보의 철거로 예상되는 유량과 취수량 변화에 처음부터 세심한 대책이 필요하다. 하지만 여러 어려움이 있더라도 한강의 제 모습을 찾기 위한 논의와 노력은 분명 미래세대를 위해 필요해 보인다.

겸재의 그림에서는 천하제일 명당 수도 한양에 대한 자부심이 넘쳐흐른다. 겸재는 18세기 한강의 생태적 모습을 고스란히 그림에 담아 우리에게 전해 주고 있다. 정선의 작품들은 문화유적 복원에도 중요한 단서를 제공하고 있는데 겸재의 그림 〈세검정〉은 1977년 세검정을 복원하는 데 결정적인 자료가 되기도 했다. 장소성과 역사성을 상실한 거대 도시 서울에 우리의 지형, 생태, 역사적 배경에 맞는 보전정책 마련과 방법론 모색이 절실하다.

자연생태계와는 다른 도시생태계

도시생태계는 매일 빚을 지고 있다

생태계는 빛, 기후, 토양 등의 환경과 모든 생명체로 구성된 복합체계다. 생태계를 구성하는 유기체 사이에서는 끊임없는 물질과 에너지 유통과 교환이 이루어진다.

하지만 인간이라는 한 종의 영향력이 절대적인 도시생태계는 여러 면에서 자연생태계와 다르다. 자연생태계가 물질과 에너지 순환 측면에서 자급자족적인 데 반해 도시생태계는 외부의 에너지원과 물질자원에 전적으로 의존한다. 산과 들로부터 식량을 공급받지 않으면, 발전소로부터 전기를 공급받지 못하면 거대 도시는 하루도 버틸 재간이 없다. 건물 벽면, 아스팔트 도로, 마트에 진열된 과일과 채소, 백화점 쇼윈도에 비친 다이아몬드 반지까지 어느 하나 자연으로부터 오지 않은 것이 없다. 한편 도시는 경제활동과 자원소비의 결과물로 갖가지 폐기물을 쏟아낸다. 그 폐기물은 도시 안에서 감당할 수 없기에 끊임없이 외부로 내보내야 한다.

실제 서울에서 사용할 전기 생산을 위해 멀리 떨어진 한적한 바닷가에 원자력발전소가 세워지고, 서울로 향하는 거대 철탑과 송전선은 사람 사는 마을을 가로지른다. 서울에서 만들어진 쓰레기는 인천 수도권 매립지로 향한다. 서울에서 발생한 대기오염 물질은 편서풍을 타고 날아가 강원도 하늘을 덮는다.

테헤란로 빌딩숲, 홍대입구 네온사인, 올림픽대로 자동차 행렬의 화려함에는 자연의 희생이 숨어 있는 셈이다. 도시의 발전과 성장을 무조건 부정하고 폄훼하는 것이 아니다. 다만 그 이면에 담긴 자연과 지역의 희생을 기억해야 할 필요가 있다. 그것이 환경정의에 조금이나마 가까이 다가가는 길이며 희생을 겪는 존재에 대한 예의다.

도시 안에 함께 살아가는 생명체에 관심을

흔히 도시는 자연의 정반대 개념으로 여겨지기도 했다. 도시는 다른 생물종이 필요로 하는 것을 상관하지 않은 채 인간의 효율적 삶과 경제 활동에 맞추어 설계되어 있다. 도로, 자동차, 지하철, 빌딩 등 비생물적인 요소가 지배하는 도시는 인간 문명의 결정체처럼 오랫동안 서 있었다.

이러한 혹독한 조건에도 불구하고 자연의 생명력은 콘크리트 사이사이를 비집고 솟아난다. 최근 도시 내 자연의 가치에 대한 시선이 달라지고 있다. 도시는 그늘을 위해, 미적 가치를 위해, 공기정화를 위해, 열섬(주변보다 기온이 높은 도시 지역) 완화를 위해 나무를 필요로 한다. 도시민은 그늘을 위해, 스트레스 극복을 위해 녹색의 공원을 필요로 한다. 도시와 자연을 분리시키는 이분법적인 자세에서 벗어나 도시의 자연과 도시 생물다양성이 주는 생태계 서비스의 중요성이 부각되고 있다. 자연을 보기만 해도 더 편안해지고 스트레스가 감소하며, 삶의 만족감과 행복감이 커진다는 생리학과 심리학 연구결과가 연이어 발표되고 있다. 녹색도시 지수, 녹색 거버넌스, 도시지속 가능성 지수 등에서 생물다양성이 도시 경쟁력을 평가하는 중요한 지표로 자리 잡고 있다.

그럼에도 아직 대부분의 도시민은 자연에 그다지 관심을 기울이지 않는다. 우리는 대부분 동네에 사는 새나 자생식물에 대한 지식보다 날마다 접하는 주가지수나 연예계 뉴스에 더 익숙하다. 자연에 대한 관심이 많지 않기 때문에 그만큼 더 쉽게 자연의 훼손과 소멸을 간과하게 된다.

암컷 삵 주선이를 추적할 때의 일이다. 그날 따라 주선이는 해가 저물지 않았는데도 활동을 시작했다. 신호가 방방 강하게 떠서 주변을 살피니 탐방로에서 주선이가 바로 보였다. 녀석은 땅바닥을 주시한 채 가만히 얼음이 되어 있었다. 삵 특유의 미동 없는 고도의 집중력으로 그저 땅을 노려보고 있길래 봤더니 땅에 작은 굴이 하나 있었다. 옳다구나. 쥐의 움직임을 눈치 채고 굴에서 나오기를 기다리고 있구나. 대치는 한동안 이어졌고 일순간 쥐 한 마리가 굴에서 튀어나왔다. 주선이는 몸을 날렸으나 한 끝 차이로 쥐는 잽싸게 달아났다. 주선이도 이에 질세라 쥐를 뒤쫓았다. 포식자와 피식자 모두 갈대밭으로 사라져 버렸다. 사냥의 결말은 끝내 알 수 없다. 하지만 결말보다 흥미로운 사실이 있다. 한강 자전거도로와 습지탐방로에는 사람이 꽤 많다. 누구는 자전거를 타고 지나가고, 누구는 파워워킹을 하고, 아이들은 부모 손을 잡고 재잘거린다. 그들 가운데 방금 가까이서 일어난 생과 사의 드라마를 눈치 챈 사람은 아무도 없었다.

우리 곁에서 살아가는 생명체에 관심을 기울이기 시작하면 우리 사회는 좀 더 나은 방향으로 변화할 것이다. 알면 사랑하게 되고 알아야 더불어 살아가는 방법을 찾을 수 있다. 생태연구는 자연을 보는 해상도를 조금이라도 높이려는 노력의 일환이다. 보다 많은 시민들이 도시에 사는 삵과 너구리의 삶에 대한 이해를 조금이라도 넓히기를, 바람과 새와 꽃의 은밀한 신호를 읽어낼 수 있으면 좋겠다.

일상 속 자연의 존재에 눈을 뜨는 것이 첫 번째 단계다. 아이의 눈으로 돌아가자. 어렸을 때는 눈에 보이는 자연현상과 다른 생명체의 존재가 마법과도 같다. 그러나 나만 해도 커가면서 경이로움과 특별함은 지루함과 익숙함으로 대체되었고, 자연 보기를 멈추곤 했다. 버스정류장으로 가는 길에 있는 은행나무와 벚나무 가로수를 보고, 공원을 산책하며 박새와 까치 소리를 듣자. 자연에 주의를 기울이고 관찰하다 보면 경외감과 기쁨이 따라온다. 우리를 둘러싼 생명이 있고, 함께 살아가는 이웃이 있다는 사실을 깨달을 수 있다. 오스카 와일드는 말했다. "우리는 모두 시궁창에서 살아가고 있지만 그 와중에도 몇몇은 별빛을 바라볼 줄 안다."

의미를 확장시켜 시민과학Citizen Science에 직접 참여하는 방법도 있다. 시민과학은 대중 모두가 함께 자발적으로 참여할 수 있는 과학이다. 많은 사람이 협업하여 데이터를 수집하거나 집단지성을 통해 과학적인 성과를 이루어 나갈 수 있다. 특히 생태학은 시민들의 일상 속 생물 관찰 기록이 매우 중요한 자료가 된다. 조사 시간과 인원이 제한적인 전문가 조사보다 더 많은 생물종을 파악할 수 있기 때문이다. '네이처링naturing.net' 앱을 사용하면 휴대전화로 발견한 생물을 쉽게 기록할 수 있다. 시민들이 기록한 생물종 발견 자료는 생태지도와 통계자료로 실시간 공유된다. 이런 방법으로 수원청개구리 조사, 제비 번식조사, 남산·수락산·관악산 생물종 조사 등의 성과를 거두었다.

올더스 헉슬리의 소설 《멋진 신세계》는 미래의 디스토피아를 그린다. 그곳에서는 아기들에게 책과 꽃을 보여 준 다음 전기충격을 주어 혐오감을 느끼도록 만든다. 거꾸로 생각해 보면 유토피아로 가는 길은 책과 꽃에 있다는 얘기가 된다. 어쩌면 인류의 냉철한 지성과 자연을 보는 따뜻한 마음의 조합에 우리 미래가 달려 있을지도 모른다.

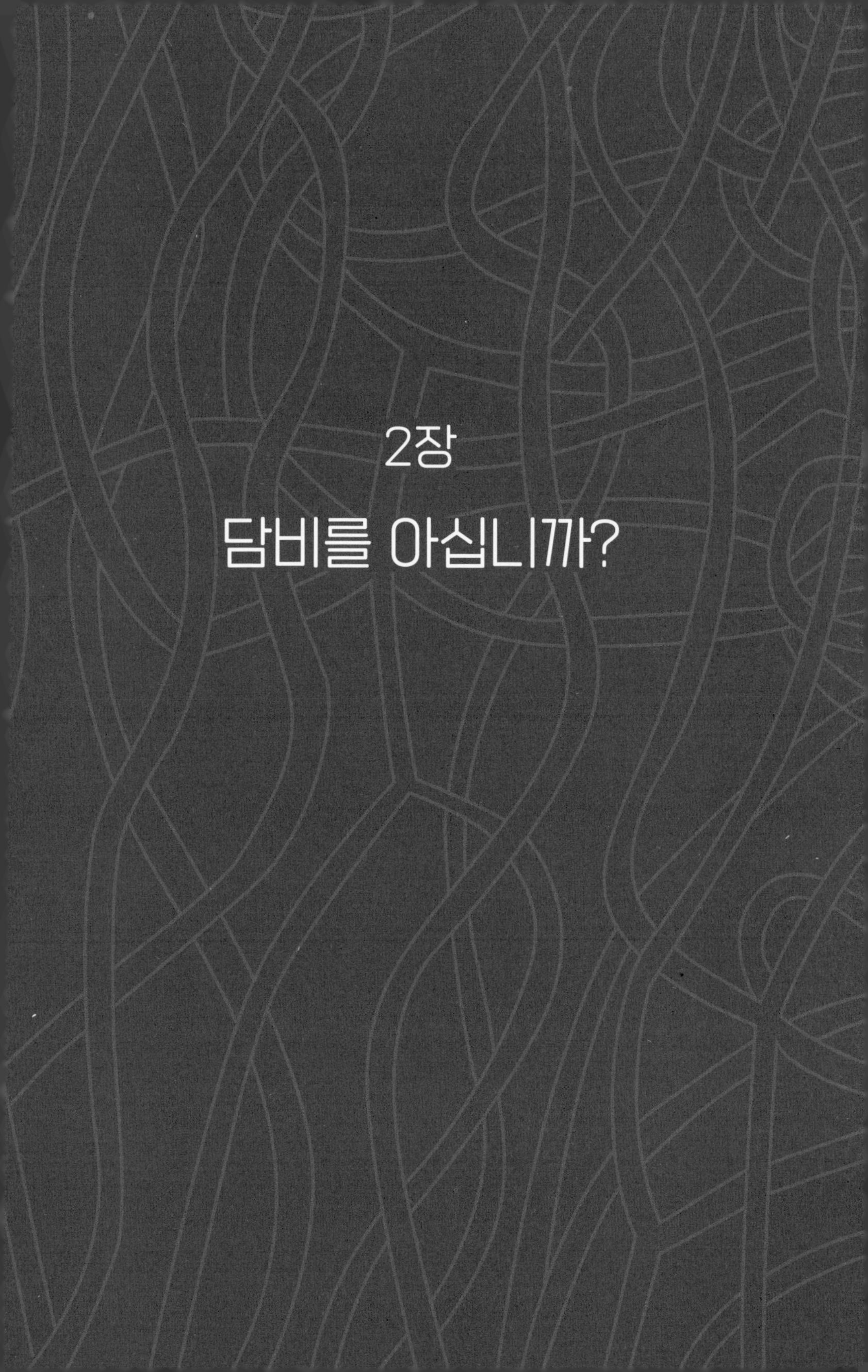

2장

담비를 아십니까?

1 속리산 담비 가족을 만나다

우리나라 담비의 모피질이 좋았다면 지금까지 살아남았을까?

소싯적 "문디 담뿌떼처럼 몰려다닌다.", "담뿌떼가 호랑이한테 달려들어 혼을 쏙 빼놓고는 똥구녕으로 기어들어가 파먹는다."라는 이야기를 들은 적 있다. 그놈의 '담뿌'가 도대체 어떻게 생겨 먹은 동물인지는 모르겠으나 굉장히 사납고 무시무시한 짐승이라는 희미한 인식을 지니게 되었다.

스무살 무렵 어느 춥지만 쨍한 겨울날, 울진에서 봉화를 잇는 답운재 고개를 넘어가고 있었다. 고갯마루 정상에서 웬 동물이 튀어나왔다. 숲에서 나온 누런 빛깔의 길쭉한 생명체는 폴짝폴짝 뛰어 길을 건너 반대편 숲으로 들어갔다. "어어 담뿌다!" 순간 짧은 외마디가 나도 모르게 새어 나왔다. 우물쭈물하는 사이 녀석이 시야에서 사라졌다. 녀석이 담뿌인지 원숭이인지 어떻게 알아차렸는지는 모르겠다. 도감에서 보았나? 다큐멘터리에서 보았나? 짧지만 강렬한 첫 만남이었다.

강서습지에서 뒹굴며 삵과 너구리 연구를 마무리하고 있을 무렵 국립 환경과학원 최태영 박사로부터 연락을 받았다. 연구과제를 같이 진행해 볼 생각이 있냐고. 별다른 인생 계획이 없었기에 냉큼 "네!"라고 대답했다.

연구주제는 다름 아닌 '담뿌'였다. 담뿌에 대하여 아는 것이라곤 성질이 고약하고 무시무시할 거라는 얄팍한 선입견과 함께 짧은 첫 만남에서 남은 희미한 이미지뿐이었다. 또 다른 암중모색의 시간이 시작되었다. 도시 수변 공원에서 벗어나 이제 좀 더 날것의 야생을 찾아 깊은 숲으로 들어갔다.

담뿌는 전설의 주인공이 아닌 바로 우리 산하에 사는 담비다. 동네에 따라 담보, 담뿌, 덤삐, 담뽀 등으로 불린다. 우리 동네에서는 담뿌로 불렸나 보다. 우리나라 포유동물 중 담비만큼 신비에 싸인 동물도 드물다. 대중매체의 힘은 실재하는 고유명사를 능가해서 흔히 담비라 하면 같은 이름을 가진 여가수나, 혹자는 이름이 비슷한 디즈니의 아기 사슴 밤비 bambi를 연상하곤 한다. 담비의 실제 모습을 본 사람은 드물다. 담비는 전형적인 산림형 동물이기 때문에 평야나 농경지 또는 습지에서는 볼 수 없고 도시 근교 숲에서는 살지 않기 때문이다. 베일 속에 가려진 존재며 멸종위기에 처한 종, 그러나 이 땅에 오롯이 살아남아 숲속을 누비는 담비에 대해 조금 다가갈 수 있는 소중한 기회를 얻었다.

담비는 족제빗과 동물로 몸길이가(코끝에서 꼬리) 90~110센티미터고, 몸무게는 2~5킬로그램이다. 머리와 목 윗부분이나 꼬리와 발아래 부분은 검은빛을 띠고, 아래턱 밑에서 뒷머리까지는 흰색이며, 뒷목에서 허리까지는 노란색이다. 계통이 다른 이질적인 색감이 모여 신비로운 느낌을 더한다. 몸통의 노란색은 겨울철에 더욱 선명해져 순백색의 산하와 강렬하게 대비된다. 다리는 짧지만 몸의 유연성이 좋아 달리기는 물론 높이뛰기에 능하다. 날카로운 발톱과 발볼 사이에 거친 털이 있어 나무를 오르내리는 데에 유리하다. 50센티미터에 이르는 긴 꼬리는 나무 위에서 균형을 잡는 추 역할을 한다.

전 세계적으로 담비속*Martes*에는 8종이 있다. 이 중 우리나라에 사는 담비*Martes flavigula*는 히말라야, 동남아시아, 대만, 중국 남부, 한반도, 러시아 연해주 등 아열대에서 온대지방에 걸쳐 분포한다. 유럽이나 북미 대륙에 서식하는 담비속의 다른 종과는 달리 우리나라에 사는 담비는 연구가 부족하다. 동물도 출신 지역이 어디냐에 따라 밝혀진 생태적 정보의 양과 질이 차이가 난다.

옛 문헌에 발해 특산물 목록에는 담비 가죽이 줄곧 등장한다. 발해에서 7세기부터 10세기 사이 담비 모피의 인기는 엄청났다. 발해의 담비 모피는 품질이 매우 우수해서 조공으로 바치거나 진귀한 무역품으로 취급되었다. 중국 북송시대 역사서《책부원구冊府元龜》에는 발해가 사신을 통해 담비 가죽 세 장을 보냈다고 적혀 있다. 남시베리아 지역의 통치자도 애용했다고 당나라 역사서《신당서新唐書》에 기록되어 있다. 연해주 주변 지역에서도 담비 모피를 생산했는데 역사학계에서는 유라시아 대륙에 걸쳐 수요가 많았던 것으로 추정한다. 그 결과 초피로貂皮路('담비 모피의 길'이라는 의미)라는 담비 모피 교역로가 실크로드와 같이 형성됐다. 담비 모피는 중앙아시아에서 귀중한 무역품으로 여겨졌으며, 품질이 뛰어난 모피를 생산하던 발해는 이 길을 통해 자연스레 중앙아시아로 진출했을 것이다.

고사성어에도 담비가 등장한다.

> 담비의 꼬리는 길고 끝이 가는데다 몸과 꼬리의 털은 촘촘하며 부드럽고 광택이 있어서 예로부터 고급 털가죽으로 쓰였다. 더러는

벼슬하는 이들의 모자에 담비 꼬리를 꽂아 그 품새를 드러내기도 했다. 많은 관원들이 담비 꼬리를 쓰려고 했기에 나중엔 개 꼬리로 담비 꼬리를 대신했다. 해서 생긴 말이 '개 꼬리로 담비를 잇는다(구미속초狗尾續貂)'는 것이다.

- 정호완/대구대 국어학 교수

과거 문헌에서 발해 특산물로 언급되는 담비는 사실 우리나라에 사는 담비가 아니다. 우리나라에 사는 담비는 아열대 지역에서 기원하여 가죽이 두껍지 않고 털이 거칠다. 반면 고위도 지역에 분포하는 검은담비 *Martes zibellina*는 추위를 잘 견뎌야 해서 털이 촘촘하고 부드러워 매우 매력적인 모피동물로 꼽힌다. 검은담비는 과거 발해의 영토였던 만주와 연해주에 분포하며, 서식 범위의 남방한계선이 한반도 북부다. 두 종은 같은 담비속에 속하지만 엄연히 다른 종이다. 문헌에 표기된 담비 초貂 해석의 문제로 오해가 빚어진 듯싶다. 역사학과 생태학의 학문적 통섭이 필요한 지점이다. 북한에는 검은담비와 담비 두 종이 같이 살고 있다. 만약 우리 땅에 사는 담비의 모피질이 훌륭했다면 과연 지금 담비가 살아남아 있을까? 모피질이 좋지 않은 것이 종 자체의 생존에는 득이 되었다.

덫에 걸렸던 뉴스 속 속리산 담비의 추적 작업에 합류하다

2009년 9월 1일 〈MBC 9시 뉴스〉에 덫에 걸렸다가 구조된 담비 소식이 보도되었다. 왼쪽 앞발이 창애에 걸린 담비가 오도 가도 못하고 고통스러워하는 모습이 고스란히 텔레비전 화면에 보였다. 덫에 걸린 담비는 8월 31일에 주민의 신고로 다행히 구조되어 치료를 받게 되었다. 구조된 담비는 생후 1년 반쯤 된 수컷으로 추정되며, 덫에 걸려 고생을 한 탓에 몸무게가 2.5킬로그램에 불과하고, 덫에 걸린 왼쪽 발등이 골절되어 3, 4주 치료를 받아야 하는 것으로 보도되었다.

2009년 9월 22일 〈SBS 9시 뉴스〉에는 치료를 받은 담비의 방사 소식이 보도되었다. 다행히도 뼈에 문제가 없어 3주 만에 방사할 수 있었다. 방사된 담비의 목에는 전파발신기가 부착되었다. 뉴스 말미에 담비가 발견된 지점으로부터 반경 1킬로미터 이내에서 불법 엽구 20여 점이 수거되었다는 사실도 전했다.

우리 산 곳곳에는 야생동물의 목숨을 호시탐탐 노리는 불법 엽구가 놓여 있다. 과거 먹고살기 힘들던 시절, 특히 고기, 단백질에 대한 결핍과 갈망이 많았던 시절에 겨울철 야생동물 고기는 소중한 단백질원이었다. 특히 농한기인 겨울철에 수렵은 농촌의 겨울철 공동체 문화이기도 했다. 하지만 지금은 영양공급 과잉의 시대다. 야생동물로 눈을 돌리지 않아도 대량 사육으로 인한 가축의 고기가 우리 주변에 넘쳐난다. 이제 야생동물은 자연생태계에서 그 역할을 할 수 있도록 사람의 먹이사슬에서 풀어주어야 한다.

한 가지 고무적인 사실은 밀렵이 점차 감소하고 있다는 것이다. 농촌 인구가 감소하는데다 고령화되면서 밀렵 인구도 줄었다. 간결해 보이는 올무나 창애는 실은 엄청나게 잔인한 도구다. 동물의 몸에 올무가 걸리면 동물은 벗어나기 위해 발버둥 친다. 빠져나오려 힘을 들일수록 올무는 동물의 몸을 더욱 조인다. 동물은 버둥거리다가 살을 파고드는 고통 속에서 외로운 최후를 맞게 된다. 자신의 몸이 묶여 오도가도 못하고, 점점 더 심해지는 통증을 느끼며 죽음을 기다리는 동물의 심정은 상상조차 두렵다. 다른 생명체의 고통에 감정이입이 잘되는 것을 보니 적어도 나는 사이코패스는 아니구나 안도감이 들었다.

그날의 뉴스의 주인공 담비는 무척이나 운이 좋았다. 마음씨 좋은 사람을 만나 구조되고 치료까지 완벽하게 받아서 다시 자연으로 돌아갈 수 있었으니 말이다. 이왕 다시 야생으로 돌아간 김에 천수를 누리며 행복하게 살면 좋겠다는 생각이 들었다. 그러고는 담비의 존재는 내 측두엽 시냅스에 깊이 저장되지 못하고 흘러가 버렸다.

2010년 새해 벽두에 담비 무선 추적 작업에 합류했다. 추적하는 개체는 뉴스에 보도된 그 담비였다. 스쳐가는 단신 뉴스에 나온 녀석과 새롭게 인연의 끈을 맺게 되었다. 수컷으로 알려진 보도와는 달리 2008년 봄에 태어난 암컷 담비였다. 2.5킬로그램에 불과하다고 보도된 몸무게도 사실 다 자란 암컷 담비의 정상체중 범주에 들었다. 발신기가 부지런히 담비의 위치를 알려주고 있으니 다시 덫에 걸릴라치면 신속하게 구조해 주리라 마음먹었다. 다행히도 담비는 산림 가장자리보다 주로 안전한 속리산국립공원 구역 안에서 생활했다.

지난날 한강에서의 야행성 동물 무선 추적은 그리 호락호락한 일이 아니었다. 밤낮을 바꾸어야 했기에 생활 리듬이 무너지기 일쑤였다. 하지만 우리가 추적하는 담비는 고맙게도 주행성이었다! 낮에 활동하고 밤에는 잠자리에 들었다. 아이고, 착해라 새 나라의 어른이 담비였다. 역시 어두울 때 멜라토닌이 생성되는 사람은 광주기에 따라 낮에 활동하고 밤에 자야 하는 것이다. 밤에 충분히 쉬고 나니 낮에 담비를 따라다닐 만했다.

담비가 잠자리에 들면 보람찬 하루 일을 마치고 휴식의 시간을 가졌다. 낮 동안 열심히 여기저기를 쏘다니다 사위가 어둑해지면 움직임이 잦아들고, 어느 순간 위치가 고정되었다. 다시 먼동이 트면 담비의 이동이 감지되었다. 이따금 무선 추적으로 밤을 꼴딱 새우고 난 뒤 멍한 기분에 온몸을 온전히 불사른 뿌듯한 느낌이 그립기도 했다. 물론 배부른 소리다. 다시 야행성 동물을 미친개처럼 추적하라고 하면 꿈속에서 군대 재입대하라는 명령을 받은 것처럼 다리에 힘이 풀려 버릴 것이다.

우리나라 담비는 다른 나라에 비해 행동권이 넓고, 이동거리가 길다

밤에 얌전히 머무는 담비가 숲에서 어떻게 자는지가 한동안 나의 화두였다. 나무 둥치에 몸을 기대어 잠이 들까? 나무 구멍에 들어갈까? 바위 틈새에서 잘까? 한참 뒤 지인이 보여 준 사진 한 장을 보고서야 실마리가 풀렸다. 경북 청송의 산벚나무 가지에 설치한 무인 센서 카메라에 오밤중에 담비가 촬영되었는데 담비는 죽부인을 끌어안듯 나무줄기를 앞발로 품고 엎드려 자고 있었다. 수리부엉이나 올빼미류의 공격을 받을 수 있어 일반적이지는 않겠지만 지표면보다는 나무 위가 안전할 수도 있다.

담비의 잠자리는 매일 바뀌었다. 하루에 직선거리로 15킬로미터 이상을 이동하기도 했다. 오늘은 어느 쪽으로 움직일까? 잠자리는 어디쯤일까? 잠자리를 예상해 보는 것이 무선 추적의 잔재미였다.

담비가 능선 너머로 넘어가 버리면 발신기 신호가 약해지거나 끊겼다. 서둘러 반대 능선으로 차를 몰아 에둘러 담비를 따라잡아야 했다. 강서습지생태공원 안과 인근에서 발로 뛰어다닐 수 있었던 무선 추적과는 스케일이 확연히 차이가 났다. 도시공원 안에서 미소 서식지를 고려했던 연구가 산줄기와 계곡을 넘어 다니며 확장되었다. 얼토당토않지만 무언가 성장한 느낌이 들었다. 요즘 말로 근자감(근거없는 자신감)일 것이다.

일반적으로 동물의 이동은 먹이 사냥, 채집, 사회적 접촉, 짝지을 대상 찾기와 관련이 있다. 이동의 범위는 영역을 효과적이고 지속적으로 관리

할 수 있는 범위 내에서 이루어진다. 무선 추적을 통해 동물의 이동을 분석함으로써 동물의 일일 생활사, 이동속도, 이동거리, 먹이활동 등의 야생동물의 활동성과 행동을 파악할 수 있다. 속리산 담비는 하루 평균 9.9킬로미터를 이동했다. 기존 연구에서 열대의 태국에 사는 담비의 일일 평균 이동거리는 하루 1킬로미터 남짓임을 고려할 때(Grassman et al., 2005) 우리나라 담비는 보다 많이 움직이고, 보다 넓은 서식 공간을 필요로 함을 알 수 있었다. 온대 지역인 우리나라는 열대 지역인 동남아시아와 먹이자원의 양과 질, 온도 및 지형 등에 의한 생태적인 조건의 차이가 확연하다. 이로 인해 같은 종이라도 우리나라에 사는 담비가 더 넓은 행동권과 더 긴 이동거리를 갖는다.

담비가 가장 활발하게 움직인 날은 11월 11일로 이날 하루 행동권은 9.75제곱킬로미터(1년 행동권의 39.83퍼센트), 이동거리는 15.59킬로미터로 나타났다. 이날 밤 담비는 꿀잠을 잤을 것이다.

전체적으로 담비는 한 지역에서 2~3일 머물거나 머무는 지역 없이 계속 이동하는 이동 패턴을 보였다. 농경지와 초지, 시가지 지역을 횡단하지 않고 산림을 따라 우회 이동하며, 이동 시 계곡과 능선을 모두 이용했다. 밤에 잠자리는 일정하지 않고 매일 바뀌었으나 공통적으로 산림 내부 지역에 자리 잡고 있었다. 좀처럼 큰길과 개활지로는 나오지 않았다.

당시 담비를 추적하며 남긴 기록 중 일부다.

> 10월 6일부터 7일까지 담비는 안바위골 계곡부에서 상모봉 능선을 넘어 낙동강 수계인 상주시 두퇴박골로 이동하였다가 도경계 능선을 넘어 미남봉과 큰연애골, 작은연애골 계곡부와 지능선에서 머물렀다. 하루 동안 9.7km를 이동하였으며, 시간당 최대 이동거리는 1.8km였다.

11월 10일부터 11일까지는 부내실에서 물푸리골을 지나 서남재를 넘어 큰독발골과 총쟁이골, 요도골로 이동하였다. 이후 삼거봉과 인삼발골을 지나 삼학봉까지 이동하였다. 하루 동안 13.9km를 이동하였으며, 시간당 최대 이동거리는 2.6km였다.

12월 8일부터 9일까지는 범바위에서 인삼발골을 지나 성고개 쪽으로 이동하였다. 하루 동안 7.8km를 이동하였으며, 시간당 최대 이동거리는 0.9km였다. 12월 9일부터 12일까지는 성고개에서 곰바위 쪽으로 이동하였다가 범바위를 지나 서낭재를 넘어 물푸리골로 이동하였다. 하루 동안 7.5km를 이동하였으며, 시간당 최대 이동거리는 1.2km였다.

요약하자면 담비는 속리산 이 골짝 요 골짝 저 골짝을 참으로 부지런하게 누비고 다녔다. 길에서 어르신을 만날 때마다 골짜기와 봉우리 이름을 여쭈었다. 무언가 숨 막히는 9자리 경위도 좌표 대신 고유지명을 활용하여 담비의 삶터를 기록하고 싶은 마음이 있었다. 무선 추적 결과를 지도에 표시하면 오밀조밀한 등고선 사이사이에 담비가 위치했던 많은 점이 박히게 된다. 그리고 그 점을 연결하면 많은 선이 생겨나고 그것은 곧 담비의 이동궤적이 된다. 의도하지 않은 기하학적인 무늬가 지도에 표현되기도 한다.

생존을 위해 열심히 이동하는 동물의 동선이 쌓이면 부분과 전체가 똑같은 모양의 자기 유사성을 가진 프랙털fractal 구조가 된다. 프랙털은 단순한 구조가 끊임없이 반복되면서 복잡하고 묘한 전체 구조를 만드는 것으로 '자기 유사성'과 '순환성'이라는 특징을 가지고 있다. 리아스식 해안선, 나무 잎맥의 모양, 산줄기의 모습도 프랙털이며 자연계의 많은 부분이 프랙털 구조로 되어 있다. 생존을 위해 열심히 이동하는 동물動物의 움직임이 켜켜이 쌓이면 자연계의 보편적인 구조로 수렴된다는 사실이 놀랍다.

세속을 벗어난 담비의 산

속리산은 수려한 산이다. 바위 봉우리, 화강암체, 풍화작용으로 생긴 절리, 작은 골짜기가 여기저기 형성되어 아기자기한 맛이 있다. 속리산 능선과 계곡 곳곳에는 특이하고도 기묘한 형태의 암석 지형이 널려 있다. 마치 돌을 일부러 조각하여 쌓아 놓은 듯한 돌탑이나 비석같이 생긴 다양한 화강암체가 산지 전역에 넘쳐난다. 멀리서 보면 봉우리, 골짜기 저마다 푸른 숲을 배경으로 하얀 바윗덩어리들이 점처럼 박혀 있다. 세찬 장맛비가 내리다 그친 날 운무가 암봉들을 휘감으며 피어오르면 미술에 문외한인 나도 당장 근사한 수묵담채화를 그려낼 수 있을 것만 같은 착각이 들었다.

《삼국유사》가 전하는 속리산의 유래는 다음과 같다. 신라 선덕여왕 시절에 진표율사가 이곳에 이르렀을 때 밭 갈던 소들이 모두 무릎을 꿇었다. 이를 본 농부들이 짐승도 저러한데 하물며 사람들이야 오죽하겠느냐며 속세를 버리고 진표율사를 따라 입산수도 하였는데 여기에서 속세를 떠난다는 의미의 속리俗離라는 이름이 유래되었다. 그래서일까, 속리의 공간을 지배하는 것은 고요함과 어떤 숙연함이다. 마음이 심란할 적에는 여적암을 찾곤 했다. 작은 암자인 여적암에는 다소 투박한 다층석탑이 있다. 하단에는 큼직한 화강암 석재 2단이 놓여 있고, 그 위로 점판암 8개층이 켜켜이 쌓여 있다. 국보나 보물로 지정된 완벽한 비율과 대칭의 미를 가진 석탑보다 오히려 무언가 부족해 보이는 듯한 이 탑에 왠지 더 마음이 갔다.

조선 중기 예언서 정감록에는 난리를 피해 몸을 보전할 수 있고 거주 환경이 좋은 10곳의 피난처 십승지十勝地를 소개해 놓았다. 십승지의 입지 조건은 자연환경이 좋고, 외침이나 정치적인 침해가 없으며, 자족적인 경제생활이 충족되는 곳이다. 조선 후기 정치, 사회적 혼란 속에 고통받던 민중들은 현실세계를 벗어난 이상향을 꿈꾸었고, 예언서 정감록에 열광했다. 십승지는 무릉도원, 샹그릴라, 엘도라도, 에덴, 유토피아와 같은 이상향의 관념과 닮아 있지만 그 실체는 보다 현실적이고 구체적인 한국인 고유의 이상향이다. 소백산 아래 풍기 금계촌을 비롯해 공주 유구, 봉화 춘양, 영월, 무주, 운봉, 변산, 예천 금당동 등 현실 지명이 등장하는데 그 십승지 중 한 곳이 속리산 자락이다. 정감록에는 난리에 보은 속리산 4개의 증항 근처에 몸을 숨기면 만에 하나 다치지 않는다는 내용이 담겨 있다.

십승지는 북쪽 오랑캐와 남쪽 왜구의 침탈로부터 안전하고, 높은 산으로 둘러싸인 분지형으로 너른 땅이 있어 자급자족이 가능하고, 밖에서는 잘 보이지 않는다는 공통점이 있다. 죽임을 당하는 현실에서 벗어나 살아남을 수 있는 곳, 생명을 보전할 수 있는 터다.

세월이 흐르고 시대가 바뀌어 우리 땅의 모습과 사람들의 이상향도 바뀌었다. 공교롭게도 십승지로 명명된 곳은 개발의 위협으로부터 벗어나 자연생태계가 잘 보존된 지역으로 남았다. 과거 민초들의 이상향이 현재는 생물다양성을 품는 공간이 되었다. 과연 속리는 담비를 비롯한 많은 야생동물에게 야생의 삶을 지켜주는 안식처 역할을 하고 있다.

엄마가 된 담비

순탄하게 진행되던 무선 추적은 4월 하순에 난관에 부딪혔다. 낮에는 담비의 신호가 잘 뜨다가 밤이 되면 담비의 위치를 잃어버렸다. 그러다가 다음 날 아침에는 어김없이 다시 담비의 신호가 또렷하게 잡혔다. 어디 그렇게 좋은 곳에, 어디 그리 은밀한 곳에, 젖과 꿀이 흐르는 곳에 잠을 자러 들어가길래 밤에 신호가 뜨지 않는 걸까?

밤마다 담비 잠자리의 행방을 찾아 속리산 골짜기 이곳저곳을 쑤시고 다녔다. 혹시나 약하게 뜨는 신호를 놓칠세라 이동 중에 수신기를 귀에 바짝 붙여가며 신경을 바짝 곤두세웠다. 담비 잠자리를 놓친 지 닷새째 되는 날 밤이었다. 농로를 따라 이동하고 있는데 미약한 수신음이 달팽이관을 약하게 자극했다. 온갖 신경을 곤두세우느라 환청에 시달렸기에 또 헛것을 들었나 싶었지만 속는 셈 치고 차를 돌려 소리를 들었던 장소로 돌아갔다.

차에서 내려 안테나를 사방으로 마구 휘젓다가 골짜기 쪽으로 안테나 방향을 잡았을 때 희미한 수신음이 들렸다. 가까스로 담비를 찾았다! 다음 날 밤에도, 그다음 날 밤에도 담비의 잠자리는 그 골짜기 안쪽이었다. 잠자리가 고정되었다는 것은… 문득 한 생각이 머리를 스쳤다. 그것은 바로 '우리 담비'가 엄마가 되었을지도 모른다는 것! 새끼를 키우느라 잠자리가 고정되었을 것이란 합리적인 추측이 가능했다.

담비가 실제 번식했는지 둥지를 찾아보기로 했다. 야음을 틈타 담비가 활동하기 전에 잠자리를 찾아야 한다. 거사를 일으키기로 약속한 날이 되자 3시 반 알람에 일어나 숙소를 출발했다. 정말이지 다시 이불 속으로 스멀스멀 기어 들어가고 싶었지만 갖은 후회와 번뇌가 찾아올 것 같아 일단 나섰다. 과연 이불 밖으로 나오는 것은 실로 대단한 용기와 결단을 필요로 한다. 담비 위치를 보다 정확하게 알기 위해서는 일단 사방이 탁 트여 신호의 방향을 정확하게 잡을 수 있는 능선에 오르는 것이 우선이었다. 사위는 어두웠고 별빛마저 투과되지 않는 시커먼 숲속으로 들어가려니 막막했다. 4월 중순 봄날이지만 이른 새벽이라 공기는 제법 차가웠다. 숨이 차오를 때마다 허연 입김이 마구 뿜어져 나와 헤드랜턴 불빛에 산란되었다. 능선으로 올라 신호의 각도를 보니 다음 능선 방향으로 신호가 잡혔다. 다음 능선 사이에는 깊은 골짜기가 자리 잡고 있었다. 능선을 길게 돌아서 접근할까 하다 정공법으로 골짜기로 내려갔다가 다시 치고 올라가는 방법을 택했다. 골짜기로 수북한 낙엽을 헤치며 미끄러지듯 내려갔다가 다시 가파른 사면을 헥헥거리며 올라갔다. 어느새 먼동이 트고 있었다. 숨이 턱까지 차올랐지만 좀 있으면 담비가 활동을 시작할 것이기에 지체할 시간이 없었다. 능선에 올라 신호를 잡으니 담비 한 마리가 소나무 위로 올라와 우리를 경계했다. 발신기를 차고 있는 우리 담비였다.

담비는 '그르릉' 경계음을 내며 우리를 위협했다. 바로 도망가지 않고 우리를 쫓아내려 하는 행동을 보니 새끼가 근처에 있을 거란 확신이 생겼다. 몇 분 동안 경계를 하던 담비가 자리를 뜨자 주변을 탐색하기 시작했다. 담비가 나타난 방향인 가파른 사면 쪽으로 내려갔다. 경사진 비탈면 아래 커다란 화강암 덩어리가 여럿 있었다. 막막했다. 경사진 바위틈을 어디서부터 뒤져야 할까. 바위 사이 곳곳에 움푹 들어간 미세지형이 있었고, 신갈나무 낙엽이 수북이 쌓여 있었다. 순간 낙엽이 미세하게 움직이고 있음을 포착했다. 당장 바위를 뛰어 내려가 조심스레 낙엽을 걷어냈다. 수북하게 쌓인 낙엽을 20센티미터 정도 걷어내자 세상에, 눈을 뜨지 못한 담비 새끼 2마리가 웅크리고 있었다. 검은색 머리에 황갈색 등허리, 검은색 꼬리. 몸은 자그마했지만 털빛은 어설프게나마 어미를 닮아 있었다. 몸길이는 약 20센티미터였고, 300그램 내외 몸무게로 추정되었

Z Z
Z Z

새끼 키우는 보금자리

낙엽에 숨겨둔 담비 새끼

다. 벼룩 몇 마리가 꼬물이들 몸에 붙어 있었다. 급하게 사진을 찍어댔다. 조심스레 많은 양의 사진을 찍었지만 나중에 확인해 보니 광량이 부족하여 대부분 초점이 맞지 않았다. 아니다. 극도로 흥분하여 손을 벌벌 떨었기에 그랬을 수도 있다. 차마 새끼를 꺼내서 신체 계측은 할 수 없었다. 낯선 냄새를 묻히면 어미가 포기할 수도 있기 때문이다. 과학적 발견과 개체 보호 사이 깊은 고민이 들었다. 고민의 시간을 오래 가질 겨를은 없었다. 얼른 원래 모습대로 낙엽을 덮어주고는 자리를 떴다.

둥지에서 벗어나자 어미 담비의 신호가 다시 가까워졌다. 새끼 쪽으로 다가오고 있었다. 제발 새끼를 포기하는 불상사는 일어나지 않기를 바랐다. 한 시간쯤 흘렀을까. 어미 담비의 신호가 반대편 능선 너머로 약하게 들렸다. 새끼 둥지로 다시 접근해 보았다. 파헤쳐진 낙엽 주변에 새끼는 없었다. 안도의 한숨과 함께 두 다리에 힘이 탁 풀렸다. 어미는 결코 새끼를 포기하지 않았다. 두 마리를 한꺼번에 물고 가진 못했을 것이고, 한 마리씩 목덜미를 물어 옮겼으리라.

어미가 새끼를 옮긴 곳은 처음 장소로부터 직선거리로 600미터 떨어진 비탈 사면이었다. 직선거리로는 얼마 안 되었지만 능선 2개를 넘어야 하는 곳이라 왔다갔다 만만치 않았을 것이다. 이제 우리 담비는 그저 단순한 담비가 아니라 새끼들의 어미였다.

자랑스러운 엄마 담비, 자랑스러운 담비 보유국

담비 번식에 대한 자료를 인터넷에서 검색하니 러시아 시베리아 중부의 노보시비르스크동물원에서 담비를 성공적으로 번식한 사례가 소개되어 있었다. 동물원에 담비 새끼 사진을 첨부해 이메일을 보냈다. 새끼에 대해 문의해 보았더니 새끼들은 생후 20~40일 정도 된 것 같다는 의견을 받았다. 4월 12일부터 17일까지 실시된 무선 추적 동안에는 어미의 잠자리의 위치가 매일 바뀐 것으로 보아 그때까지는 출산하지 않았고, 실제 출산 시기는 4월 20일 전후로 추정되었다.

이후에도 노보시비르스크동물원 담당자와는 서로 짧은 영어로 대화를 주고받았다. 자연 상태에서 담비가 살고 있지 않은 중앙시베리아에서 그들은 담비 번식을 연이어 성공하고 있었다. 그들은 5대에 걸친 동물원 담비 가계도를 자랑스럽게 보여 주었다. 부럽기 짝이 없었다. 현재 국내에서 사육하고 있는 담비는 서울대공원 3마리, 국립생태원 1마리가 있다. 아직 국내에서 사육 중인 담비의 번식 성공 사례는 없다. 서울대공원에서 암수 합사를 시도했다가 수컷이 암컷을 물어 죽이는 안타까운 일이 벌어지기도 했다. 반면 러시아 동물원 측은 이 멋진 동물이 야생에서 자유롭게 뛰어놀고 있다는 사실을 부러워했다. 그렇다. 우리는 자랑스러운 담비 보유국이다!

대다수 포유류의 경우 정자와 난자가 난관에서 만나 수정이 되면, 수정란은 자궁으로 와 자궁내벽에 착상하여 어미와의 연결고리인 태반을 통해 영양분을 받으며 배아가 자란다. 그러나 담비의 경우는 이 과정에서 착상, 즉 수정란이 자궁내벽에 붙는 시기가 지연된다. 이러한 지연착상은 영양적으로, 기후적으로 가장 최적기에 교미를 하여 수정하고, 새끼가 태어나 살아가기에 가장 적합한 때에 출산을 하기 위함이다. 지연착상을 하면 자궁내벽에 수정란이 착상하는 시기를 늦춤으로써 임신기간을 연장시킬 수 있다. 담비는 먹이가 풍부한 여름철에 발정이 나서 짝짓기를 하고 지연착상을 해서 겨울을 넘기고 날이 풀리는 이듬해 봄에 새끼를 낳는다. 담비 외에도 노루, 반달가슴곰, 오소리 등이 이렇게 지연착상을 한다. 계절주기에 따라 착상까지 지연시키는 이러한 매커니즘은 무엇일까? 개체의 의지와 상관없는 유전자 지도의 힘이 놀랍기만 하다.

옮긴 둥지에서도 어미 담비는 이전과 유사한 생활 리듬을 보였다. 동이 트면 활동을 시작하여 속리산 이곳저곳을 쏘다니다가 해가 저물면 귀신같이 둥지로 복귀했다. 밤중에는 날이 새도록 새끼들에게 젖을 먹이느라 제대로 쉬지도 못했을 것이다. 그리고 다시 먼동이 트면 먹이활동을 나섰다.

하루는 어미가 둥지로부터 꽤 멀리 떨어진 상주 화북 묘봉 인근까지 먹이활동을 하러 갔다. 해가 뉘엿뉘엿 지는데 어미의 위치는 둥지에서 멀리 떨어져 있었다. 어라, 이 녀석 왜 둥지로 돌아가지 않지? 새끼들이 눈이 빠져라 엄마를 기다리고 있을 텐데. 어미를 기다리는 새끼들은 어떤 모습일까? 너구리나 오소리에 들키지 않기 위해 고요함을 유지하겠지. 그나마 두 마리라 다행이다. 서로 끌어안으며 체온을 유지하고 있을 게다. 그럼에도 시간이 지날수록 슬슬 걱정이 몰려왔다. 어둠이 산을 덮을 무렵 갑자기 어미의 신호 감도가 점차 약해지기 시작했다. 드디어 어미의 이동이 시작된 것이다. 어미는 일말의 주저 없이 숲을 쏜살같이 가로질러 달려 나갔다. 능선을 넘어가 버려 자동차로 산을 돌아가 확인했는데 어미는 이미 또 다른 능선을 넘어가고 있었다. 30분 만에 직선거리로 6킬로미터를 주파했다. 이윽고 발신기 신호 방향이 둥지 방향으로 정확하게 잡혔다. 꼬물이들은 열심히 달려온 어미의 뜨끈한 체온이며 쿵쾅이는 심장박동을 오롯이 느끼며 한껏 부풀어 오른 젖꼭지를 힘껏 빨고 있으리라. 안도의 숨을 내쉬며 사람 사는 마을로 내려가 나도 뜨거운 국물을 들이켰다.

이후로도 담비는 날이 밝으면 먹이활동을 하고, 어두워지면 둥지로 돌아오는 생활을 이어 나갔다. 어미는 새끼 걱정을 하면서 부단히도 먹이를 찾아다녔을 것이다. 잘 먹어 둬야 젖이 잘 나올 테니까. 새끼는 새끼대로 서로 엉겨붙어서 불안한 마음으로 한나절 꼬박 어미만을 기다렸을 것이다. 또다시 시커먼 인간 사내가 낙엽을 들쑤셔 자기들을 찾아낼까 조마조마한 심정으로. 불확실한 운명 앞에서 밤마다 새끼는 젖을 빨며 몸집을 키웠고, 녹음은 짙어져 여름 한가운데로 접어들며 숲의 생명력은 절정에 달했다.

수치로 보았을 때도 새끼 젖을 먹이는 기간 동안 어미 담비의 활동 영역은 축소되었다. 어미 담비는 4~7월 동안의 포육 기간에는 9.92제곱킬로미터의 비교적 작은 행동권을 보였고, 그 외 기간은 24.24제곱킬로미터로 연간 행동권과 거의 같았다. 포육기의 1일 행동권은 평균 1.25제곱킬로미터로 비포육기(2.98제곱킬로미터)의 41.95퍼센트에 불과했다. 아무래도 새끼 둥지가 고정되어 있다 보니 잠자리를 매일 바꾸지 못하고 행동권도 축소되는 것으로 생각된다.

8월에 접어들자 다시 4월 이전처럼 어미의 잠자리가 매일 바뀌기 시작했다. 새끼들이 드디어 젖을 떼고 어미와 함께 활동하는 것으로 추정되었다. 이 시기는 새끼들의 생존과 미래를 위해 하루하루 허투루 보낼 수 없는 중요한 나날이다. 어미는 새끼들에게 서식 공간의 지형지물이며 먹이 찾는 방법을 열심히 가르칠 테다. 새끼들의 눈망울에 비친 숲은 뭐든 다 신기할 것이며, 어설프나마 이것저것 체험하고 어미를 따라하기에 여념 없을 것이다.

10월에는 바른골에 설치한 무인 센서 카메라에 반가운 영상이 촬영됐다. 어미 담비가 능선부 바위 위에 배설을 했고, 곧이어 다른 담비 한 마리가 바위로 다가와 코를 갖다대며 킁킁거렸다. 이어서 또 다른 담비가 바위로 다가왔다. 어미와 새끼들의 실물을 오랜만에 영상으로 만날 수 있었다. 어미는 새끼 두 마리를 온전히 혼자 힘으로 잘도 키워냈다. 초산이었고, 임신기간 중에 덫에 걸려 고초를 겪기도 하고, 우리에게 새끼 키우는 보금자리를 들켜 옮기기까지 하는 어려움도 겪었지만 결국 잘 키워냈다. 새끼로 추정되는 두 마리는 때깔도 곱고 덩치도 제 어미만큼 컸다. 이후로는 담비 추적에 발신기 1대의 신호를 따라다니지만 실은 3마리의 담비를, 담비 한 가족을 추적하고 있음을 당당하게 이야기할 수 있었다.

담비의 겨울나기

겨울이 되자 담비의 활동 영역은 확장되었다. 예전에는 좀처럼 넘지 않았던 37번 국도를 넘었다. 덕가산과 금단산을 넘어 채미골과 큰부시골까지 넘어갔다. 그간 행동권이 고정적이었기에 무선 추적이 자칫 매너리즘에 빠질법 했지만 담비는 갑작스러운 이동을 통해 새로운 긴장감을 불어 넣어 주었다. 겨울철에 행동권이 확장되는 까닭은 무엇일까? 아마도 먹이가 부족해서일 것이다. 자신의 영역 내에서 먹이를 구하기 힘들어 원정 사냥을 떠나지 않나 추정된다.

밤새 눈이 소복하게 내린 후 맑게 개어 쨍하니 코끝이 쌉쌀한 겨울날 아침이었다. 담비 위치를 확인하니 37번 국도를 넘어 건너편 북쪽 산으로 이동해 있었다. 마침 눈이 쌓여 있어 담비가 어느 지점에서 도로를 넘어갔는지 확인할 수 있을 듯하여 도로를 따라 담비 발자국을 찾아다녔다. 그리고 운 좋게도 찾아나선 지 채 10분도 되지 않아 도로 주변에 선명하게 찍힌 담비 발자국을 찾았다. 3마리의 발자국이 차례대로 찍혀 있었다. 숲에서 내려온 발자국은 얼어붙은 하천과 밭을 지났고, 도로를 사뿐히 건너 맞은편 숲으로 넘어갔다. 보은에서 괴산 넘어가는 37번 국도는 교통량이 그리 많지 않았다. 자동차 통행량이 많으면 자동적으로 로드킬 발생 위험도 커진다. 다행히도 담비 가족은 겨울철 37번 국도를 무탈하게 건너 다녔다. 강서습지의 너구리 새끼들처럼 담비 가족도 다른 지역으로 이동할 때 올림픽대로와 같은 어마무시한 도로를 건너야 한다면? 그 결과는 깊이 상상하고 싶지는 않다.

발신기 수명이 다 되어 가고 있었다. 발신음이 하루가 다르게 약해졌다. 겨울철 기온이 낮으면 발신기도 전력 소모량이 많아져서 수명도 급속도로 줄어든다. 담비 가족과 연하디 연한 인연의 끈을 놓을 마음의 준비를 시작했다.

담비 서식 공간에 서낭재라는 고개가 있다. 아마도 옛날 옛적에 길손들이 고개를 넘으며 안녕을 묻던 서낭당이 자리 잡고 있었을 게다. 지금 서낭당은 온데간데없고 휴대전화 기지국 철탑이 솟아 있다. 다만 국립공원 구역답게 소나무 수피 무늬를 입고 있어 자세히 보지 않으면 소나무로 착각하기 쉽다. 서낭당의 실체는 남아 있지 않지만 고개를 넘어 다닐 때마다 안녕을 기원하며 짧게 목례를 했다.

밤새 내린 눈이 온 산을 소복하게 덮은 겨울날이었다. 서낭재에서 담비 위치를 추적하고 있는데 신호음이 점점 세졌다. 이쪽으로 가까이 온다는 뜻이다. 차에 들어가 시동을 끄고 조용히 기다렸다. 신호음이 점점 커짐에 따라 내 심박수도 빨라졌다. 어디서 튀어나올 것인가. 되도록이면 차 뒤쪽이 아니라 앞쪽 잘 보이는 곳에서 나타나길 바랐다. 오랜만에 제대로 된 조우를 바라고 있었다. 이윽고 아니나 다를까 차에서 10미터가량 앞쪽 길로 담비 한 마리가 튀어나왔다. 발신기를 찬 어미였다. 흥분이 가시기도 전에 또 다른 한 마리가 튀어나왔다. 그리고 넋을 놓고 있는 순간에 또 한 마리가 나타났다. 무채색의 겨울 숲에서 담비 목덜미의 황금빛 털은 유난히도 두드러졌다. 새끼들은 여전히 어미를 졸졸 따라다니며 활동하고 있었다. 새끼는 아직 독립하지 않은 것이다. 보통 야생동물의 경우 봄에 태어난 새끼는 가을에 독립하는데, 담비는 어미가 오래 품고 있었다.

담비 모자? 모녀? 무리를 만나면서 알아차린 것은 새끼 양육은 온전히 어미 몫이라는 점이었다. 일반적으로 포유동물은 대부분 어미 혼자 힘으

서낭재 임도를 건너가는 새끼 담비. 어미가 잘도 키워냈다.
어미와 새끼 2마리, 총 3마리가 순서대로 길을 건넜다.
'어어어' 하는 사이, 어미와 새끼 한 마리가 금세 시야에서 사라져 버렸고,
마지막 차례로 길을 건너는 새끼를 가까스로 렌즈에 담았다.
담비 가족은 고맙게도 삼세 번의 기회를 주었다.

로 새끼를 키워낸다. 짝짓기가 끝나면 수컷은 암컷을 떠나버리고, 암컷은 홀로 육아를 담당한다. 혼자 남은 어미는 육아휴직을 할 수도 없다. 끊임없이 먹이활동을 하여 배를 채워야 젖이 나온다. 특히나 담비는 단위 체적(물체가 공간을 차지하는 크기)당 에너지대사율이 높다. 따라서 깨어 있는 시간에는 무언가를 끊임없이 먹어야 한다. 필요로 하는 먹이량이 많기에 많이 움직이면서 먹이를 빨리 찾아야 하고, 한 지역에 먹이가 부족하면 빨리 먹이가 풍부한 다른 지역으로 활동무대를 옮겨야 한다. 담비가 행동권이 큰 이유는 거기에 있다. 해외에서도 담비속의 종들은 비슷한 크기의 다른 동물에 비해 이동거리가 길고 행동권이 큰 것으로 연구되었다.

어미 담비의 지난 일 년 반은 정말 다사다난했다. 인간이 쳐놓은 올무에 걸렸다가 인간에 의해 신고되고, 인간의 손에 구조되어 치료를 받았

다. 다시 자연으로 돌아갔으나 인간이 매어놓은 발신기로 인해 인간에게 사생활이 고스란히 드러나 버렸다. 올무에 걸렸을 때도 사실 뱃속에는 새 생명이 태동하고 있었다. 소싯적 읊고 나서 눈물 한 방울 찔끔 지린 안도현의 시 '간장게장'이 떠올랐다. 인용하기 위해 시를 찾아보았다. 그 명시의 제목은 간장게장이 아니라 〈스며드는 것〉이었다.

스며드는 것

- 안도현

꽃게가 간장 속에 반쯤 몸을 담그고 엎드려 있다.

등판에 간장이 울컥울컥 쏟아질 때

꽃게는 뱃속의 알을 껴안으려고

꿈틀거리다가 더 낮게

더 바닥 쪽으로 웅크렸으리라

버둥거렸으리라

버둥거리다가 어쩔 수 없어서

살 속에 스며드는 것을

한때의 어스름을

꽃게는 천천히 받아들였으리라

껍질이 먹먹해지기 전에

가만히 알들에게 말했으리라

저녁이야

불 끄고 잘 시간이야

어미 담비는 덫에 걸려 죽음을 기다릴 때 자신의 운명보다 어쩌면 새끼들의 죽음에 더 비통해했을 것이다. 다가오는 사람들을 보고는 저놈들 손에 죽겠구나 싶었을 것이고, 케이지에 실려 어디론가 옮겨지고 마침내 마취약에 취해 정신을 잃으며 모든 게 끝이구나 절망하며 눈을 감았을 것이다. 뱃속 수정란들에게 나지막이 읊조렸을 것이다. 우리는 주행성 동물이야. 저녁이 되었어. 잘 시간이야.

그런데 웬일인지 꿈인지 생시인지 다시 정신이 돌아왔고 덫에 걸린 앞발은 점차 아물어 갔고, 인간들이 주는 밥을 먹으며 기력을 회복했을 것이다. 인간의 손에 좁고 어두운 철창에 갇혀 '사육'당한 지 한 달째 인간들은 갑자기 목에 목걸이를 채웠고, 다시 어디론가 옮겨졌다. 도살장 행인가? 그동안 살찌운 게 결국은 잡아먹으려고 그랬나 할 즈음 어느 곳에 당도했고 주변이 왁자지껄했다. 주변 냄새는 그리웠던 고향의 흙 내음, 풀 내음이 가득했다.

난데없이 케이지 문이 활짝 열렸다. 이게 무슨 일인가. 조심스레 밖으로 한 발짝 내딛었는데 아무런 제지가 없다. 순간 오랜만에 다리근육에 힘을 잔뜩 주었고 앞으로 쏜살같이 튀어 나갔다. 사람들의 함성과 카메라 플래시 세례를 뚫고 숲으로 정신없이 내뺐다. 숨이 턱까지 차올랐지만 계속 달려 나갔다. 얼마 동안이나 달렸을까. 사위가 조용했다. 그제야 안도의 한숨을 내쉰다. 아무도 추격해 오지 않았다. 이제 자유다!

직감적으로 이곳이 예전에 살던 터임을 깨달았다. 살아서 다시 돌아왔다. 김국환의 명곡 〈타타타〉에서 '빈손으로 와서 옷 한 벌은 건졌잖소'가 아니라 '맨발로 와서 거추장스런 목걸이 하나 얻어왔잖소'가 되었다. 예전에 쓰던 잠자리며 올랐던 나무며 똥을 싸던 바위를 다시 찾아 감격에 젖었다. 나무에 올라 제대로 농익은 다래를 실컷 따 먹으며 기운을 차렸다. 추운 겨울을 넘기자 점차 배가 불러왔다. 젖꼭지도 부풀어갔다. 초산이라 어찌해야 좋을지 당황하다가 결국 본능과 직감에 운명을 맡겼다. 가장 은밀하고 조용한 곳을 찾았다. 비탈진 바위 절벽에 위치하여 다른 동물들이 접근하기 쉽지 않고, 바위로 둘러싸여 있는데다 낙엽이 두툼하게 쌓여 있어 아늑한 자리를 찾았다. 산고 끝에 두 마리의 새끼를 낳았다. 끊어 버린 탯줄은 물고 멀리 가서 땅에 묻었다. 눈에 넣어도 아프지 않은 새끼에게 밤새도록 젖을 물렸다. 날이 밝으면 낙엽을 덮어 새끼를 숨기고 먹이를 구하러 다녔다. 낮에 먹이를 구하러 다니는 내내 새끼들 생각이 머릿속을 떠나지 않았다. 많이 먹어 두어야 젖이 잘 나오기에 부지런히 먹이를 구하러 다니는 수밖에 없었다. 해가 저물 무렵 둥지에 도착하여 낙엽을 조심스레 걷어내면 그제야 정적을 유지하던 새끼들이 어미 냄새를 맡고 낑낑대며 젖꼭지를 찾아 꼬물거렸다. 밤새 새끼에게 젖을 물리고, 배변을 물어 나르고, 털을 핥아 주다 보면 다시 동이 튼다. 다시금 새끼를 숨겨놓고 먼 길을 나선다. 새끼를 두고 가는 독박육아 워킹맘의 발걸음은 무겁다….

이처럼 의식의 흐름대로 어미 담비에 빙의하다가 명백한 한계에 부닥친다. 담비 생활을 엿보며 알게 된 단편적인 사실만을 모아 상상해 보지만 담비의 삶을 오롯이 이해하기에는 턱없이 부족했다.

어미 담비의 자손들이 머물고 있을 곳, 속리산

무선 추적을 하는 내내 추가로 담비를 포획하기 위한 노력도 기울였다. 속리산 지역 담비 개체군에 대한 연구를 심화하고자 했다. 담비를 생포하기 위한 트랩을 속리산 이곳저곳에 설치했다. 철재 트랩 하나당 10킬로그램 조금 넘게 나간다. 트랩 하나를 옆으로 비켜 들고 비탈진 오르막을 오르는 일은 여간 고된 일이 아니다. 사면에 수북이 쌓인 낙엽에 미끄

담비 서식지 전경(속리산국립공원)

러져 러닝머신 위를 걷는 느낌이 들었다. 이후 트랩은 개점휴업 상태로 망했다. 아쉽게도 신규 목걸이 클럽 회원 유치에 실패한 것이다. 이윽고 어미 담비 발신기가 수명을 다했다. 시방 속리산 도처에서 허공에 대고 아무리 안테나를 저어 봐도 사방엔 침묵만이 가득했다.

이듬해 봄에 속리산에서 연구사업을 철수했다.

문장대에 세 번 오르면 극락에 간다는 전설이 있다. 이제 한 번 남았다. 다음엔 가벼운 마음으로 어미 담비의 아이들이, 아니 손자들이 살고 있는 속리산에 언젠가는 다시 오르고 싶다. 안테나 따위는 챙기지 않아도 된다. 그곳에서 속세에 찌든 때를 잠시나마 내려놓고는 다시 사람 북적이는 저잣거리로 돌아와 뜨끈한 국밥 한 그릇 먹고 싶다.

2
지리산 담비 모녀의 삶을 응원하다

담비 개체수와 서식 밀도가 높은 지리산

담비를 연구하는 또 다른 무대는 지리산이었다. 속리산에서 추가 담비 포획 작업이 성과를 내지 못했고, 어미 담비에 달아놓은 발신기 수명이 다해서 속리산에서의 연구사업을 철수했다.

지리산은 속리산과 또 다른 맛이 있었다. 속리산이 화강암체의 바위가 보여 주는 수려함과 아기자기함을 지녔다면 지리산은 비옥한 토양이 펑퍼짐하게 내려앉은 듯한 품이 넓은 후덕함이 있었다. 속리산이 마그마가 굳어 이루어진 불火의 산이라면, 지리산은 편마암과 풍화된 토양이 두꺼운 흙土의 산이다.

한창 산 다니기에 재미를 붙이던 대학생 때 수업을 가볍게 제끼고 지리산을 여러 번 찾았다. 화엄사에서 출발하여 노고단을 오르기도 하고, 피아골에서 돼지령으로 올라 반야봉을 찍고 내려왔다. 대원사 계곡에서 올라 치밭목산장을 거쳐 천왕봉을 찾기도 했다. 세석, 노고단, 벽소령 대피소에서의 노곤했던 밤. 오랜 산행의 피로에 절은 무거운 몸뚱이에 소주 몇 모금을 털어놓고 잠의 나락으로 한없이 떨어지는 산장에서의 밤이었다. 눈을 붙인 지 얼마 안 되어 새벽 3시부터 출발을 준비하는 산꾼들의 분주한 부시럭거리는 소리에 깨어났다. 그 분위기에 휩쓸려 나도 마치 항상 그래왔던 것처럼 부지런한 산사나이 코스프레를 하며 새벽 산중으로 발걸음을 내디뎠다. 그리고 곧바로 맞닥뜨리는 골을 빠개는 듯한 청량한 새벽 공기와 검푸른 하늘에 박혀 있는 셀 수 없는 별들. 시리도록 푸른 달빛을 영접하는 호사를 누리기도 했다.

이젠 산행이 아니라 연구로 지리산을 찾는다. 일과 운동은 한끝 차이라지만 자연에서 이루어지는 현장연구는 목적 없는 산행마냥 즐겁다는 것이 이 일과 연구의 장점 중 하나다.

861번 지방도를 따라 성삼재와 시암재 인근에 담비를 포획하기 위해 트랩을 설치했다. 삼한시대 때 성터였던 성삼재는 성이 다른 세 명의 장수가 지켰다는 것에서 유래했다. 인근 정령치는 정장군이 지킨 고개라는 것에서 유래한 것을 보면 과거 이 일대가 영호남의 여러 세력이 선점하고자 했던 군사적 요충지였음을 알 수 있다.

일제강점기 일본인들은 지리산의 목재를 수탈하기 위해 성삼재에 임도를 만들었다. 사람의 접근이 어려워 살아남았던 아름드리나무들이 잘려 실려 나갔다. 임도는 한국전쟁 전후로 빨치산 토벌을 위한 군사작전도로 역할을 했다. 완전무장한 토벌대를 실은 군용 트럭이 흙먼지를 휘날리며 이 길을 오르내렸을 것이다. 성삼재 도로는 1985년 세계은행에서 차관을 끌어와 천은사에서 성삼재를 거쳐 반선을 잇는 포장도로를 건설하면서 지금의 모습을 갖게 되었다. 당시 정부는 성삼재 도로 확포장 이유를 1988년 서울올림픽을 보기 위해 우리나라를 찾는 외국인들에게 국

성삼재 도로

립공원 1호 지리산을 편하게 관광하도록 하기 위해서라고 했다. 그리고 861번 지방도라고 이름 붙였다.

목재수탈의 길, 동족상잔의 길, 외국인 관광길이 된 성삼재 도로는 근현대사의 비극과 맥락을 함께했다. 이 길은 지리산의 핵심부 속살을 관통하여 이곳 생태계에 깊은 생채기를 남겼다. 특히 고개 정상부에 설치된 성삼재주차장은 백두대간 마루금(산마루와 산마루를 잇는 선)을 거대한 콘크리트 운동장처럼 만들었다. 여름철 극성수기에는 마루금의 제법 넓은 주차장도 용량이 가득 차 버린다. 주차장에 진입하지 못하는 차량들의 꼬리가 산중턱까지 이어지는 덕분에 천백고지에서도 싱그러운 피톤치드 대신 자동차 매연 내음을 실컷 맡을 수 있다. 급기야 몇 년 전에는 성삼재 정상에 프랜차이즈 커피전문점이 생겨 바야흐로 구두를 신고 진한 에스프레소 향을 맡으며 노고단에 오를 수 있는 시대가 열렸다.

아이러니하게 도로 덕분에 연구진도 연구 대상지에 쉽게 접근할 수 있었고, 해발 1,200미터 고지까지 장비를 쉽게 운반할 수 있었다. 운해를 뚫고 이 높은 곳까지 땀 한 방울 흘리지 않고 편하게 접근할 수 있다는 것에 미안함이 들면서도 그 편리함에 쉽게 젖어 갔다. 지리산에 누를 끼치면서 노고할미께 보답할 수 있는 유일한 길은 지리산 보전을 위한 뜻깊은 연구결과를 내는 것이리라.

속리산에 비해 확실히 지리산에 사는 담비의 개체수와 밀도는 높아 보였다. 무인 센서 카메라에 촬영되는 담비의 빈도가 속리산은 하루 평균 0.3회라면 지리산은 0.9회에 달했다. 산술적으로 하루에 한 번꼴로 담비가 트랩 근처로 온다는 이야기였다. 트랩을 설치하고 미끼도 놓고 낙엽 부스러기를 덮어 최대한 자연스럽게 트랩을 치장했으니 이제 하늘의, 아니 담비의 뜻에 맡겨야 한다.

트랩 발신기에서 울리는 신호를 주기적으로 확인하며 무료한 나날을 흘려보냈다. 2~3일 간격으로 미끼를 교체하거나 트랩 발신기를 점검하러 트랩을 찾곤 했다. 깨끗하게 원형 그대로 말라 있는 미끼를 보면 아무도 입질을 하지 않은 것이다.

시간이 지나면서 아무도 입질을 하지 않는 것이 차라리 행운이었다는 것을 알았다. 담비만 가려서 문이 닫히면 좋으련만 구닥다리 철재 트랩은 AI 기능을 탑재하지 못해 오는 손님을 가리지 않고 열심히 받아들였다. 트랩은 발판에 일정 무게 이상의 압력이 가해지면 걸쇠가 풀려 자동으로 문이 닫히게 되어 있는 구조다. 트랩 발신기가 울리면 장비를 챙겨 들뜬 마음으로 출동을 했다. 드디어 지리산 담비님을 영접하는구나. 하지만 기다리던 담비 대신 오소리, 고슴도치, 멧토끼, 어치 등 여타 숲속 동물 친구들과 부지런히 인사를 나누어야 했다. 양치기 소년에게 여러 번 당한 마을 사람들처럼 트랩 발신기 울림에 낚일수록 피로감이 더해 갔다.

한편으로 좋은 점도 있었다. 좀처럼 보기 힘든 동물을 가까이서 만나볼 수 있는 기회를 얻었다. 고슴도치는 꿀에 버무린 건포도를 다 잡수시고 거나하게 낮잠에 빠져 있었다. 트랩 문을 열고 나가라고 하자 귀찮은 듯 슬렁슬렁 걸어 나갔다. 덕분에 야행성이라 대낮에 보기 어려운 고슴도치의 초근접 사진을 광량이 충분한 시간대에 찍을 수 있었다. 고슴도치의 코끝 부분은 형태가 특이했다. 콧잔등에 주름이 졌고, 들창코처럼 약간 들려 있어 코만 확대한 사진을 본다면 돼지코인 줄 착각할 정도였다. 가시보다 오히려 후각과 촉각의 신경세포가 발달한 들창코가 인상적이었다.

트랩은 도로에서 가까운 곳은 걸어서 십 분, 먼 곳은 한 시간 거리에 있었다. 가장 멀리 있는 트랩에서 신호가 울리면 새어나오는 탄식은 어찌할 수 없었다. 오밤중에 트랩 신호가 울려도 갇혀 있는 동물의 애끓는 마

잘 먹고 잘 자고 갑니다요, 고슴도치

음을 생각한다면 바삐 움직여야 했다.

규칙적인 생활을 하는 지리산 첫 번째 담비

6월에 드디어 기다리던 담비 한 마리가 트랩에 들어왔다. 긴 기다림 끝에 얻은 수확이었다. 트랩이 절로 닫히는 경우, 다른 동물이 들어온 경우를 계산해 보면 담비 트랩 성공률은 30퍼센트 남짓이었다. 성공적인 수치는 아닌 것 같으면서도 야구에서 타자가 타율을 3할 넘기면 성공적이라는 평가를 받는 걸 보면 그리 나쁜 성적은 아닌 듯하다. 아무튼 삼진을 연거푸 먹다가 간만에 맛보는 홈런이었다.

담비는 암컷 성체로 2.5킬로그램이었다. 젖이 부풀어 있었다. 젖꼭지를 살짝 누르자 허연 젖이 스멀스멀 나왔다. 속리산의 경험에 따르면 지금 6월이니까 한창 새끼를 기르고 있을 때다. 부지런히 먹어 젖을 만들어야 하는 때라 급한 마음에 미끼의 유혹에 참지 못하고 넘어갔으리라. 애타는 마음을 알기에 빨리 풀어줘야 했다.

어미 담비를 무사히 방사하고 나서야 본격적으로 지리산이 새로운 일터가 된 기분이었다. 노고할미가 드디어 우리를 받아주셨구나.

지리산 어미 담비의 주 활동 무대는 성삼재와 시암재를 중심으로 산줄기가 산동면으로 뻗어내린 서사면과 천은사 골짜기 일부에 걸쳐 있었다. 산동면은 널찍한 지리산 서쪽 사면이 병풍을 두르듯 분지를 에워싸고 있었다. 활동 범위는 넓었지만 경사가 급한 서사면이 분지에서 장애물 없이 탁 트여 보이는 만큼 위치 파악은 수월했다. 담비는 행동권 내에서 안정적으로 서식했다. 해 뜰 녘에 활동을 시작하여 해 질 녘에 잠자리에 드는 지극히 규칙적인 생활을 했다. 위치를 파악하지 못해 애먹는 일이 거의 없었다. 그래 이런 효자 아니 효녀 개체가 한 마리쯤은 있어야지.

산수유로 유명한 구례군 산동면 월계마을 어디에서나 안테나를 저으면 쉽게 담비의 위치를 파악할 수 있었다. 그렇다고 어미 담비의 행동권이 결코 작은 것은 아니었다. 분지를 둘러싼 산줄기의 절반에 해당하는 만복대에서 간미봉까지 어림잡아도 10킬로미터에 이른다. 속리산 담비가 속리산의 오밀조밀한 지형에 살며 다양한 사면과 골을 왔다리 갔다리 했다면 지리산 어미 담비는 산동분지에 면한 널따란 북사면과 서사면 급경사지를 오르락내리락했다.

생각대로 지리산 어미 담비의 잠자리는 고정되어 있었다. 속리산에서의 경험이 있었기에 당황하지 않고 '음, 새끼를 기르고 있군.' 생각했다. 일절 동요하지 않고 담비의 육아를 무덤덤하게 알아차릴 수 있었다.

속리산의 경험을 거울삼아 새벽에 담비 둥지를 찾기로 했다. 대략적인 담비 잠자리는 당동마을 뒤편 산록에 위치해 있었다. 하지만 야음을 틈탄 거사는 번번이 실패했다. 동트기 전 어미의 위치를 파악하고 주변을 뒤졌지만 둥지를 찾을 수 없었다. 새삼스레 속리산에서의 새끼 담비 발견이 무척이나 운이 좋았다는 데 생각이 미쳤다. 속리산에서 눈도 뜨지 못한 담비 꼬물이들을 찾아낸 것은 소가 뒷걸음질 치다 쥐를 잡은 격이었다. 둥지의 정확한 위치는 찾지 못했지만 속리산 사례와 유사하게 지리산에서 담비가 새끼를 키우는 곳도 급경사지 바위가 많은 지역이었다. 담비 어미는 다른 동물이 접근하기 어려운 기가 막힌 곳을 둥지 위치로 점지한 것이다.

속리산 어미 담비처럼 지리산 어미 담비도 7월 중순까지 잠자리가 고정되었다가 이후부터 잠자리가 매일 바뀌었다. 새끼를 잘 키워내어 이제는 무리를 이루어 다니고 있으리라 추정되었다.

연구자에게는 효녀이자 어미인 담비는 조심스럽지 못하고 덜렁거리는 축에 속했다. 효녀 담비가 국립공원공단 반달가슴곰 복원팀이 곰을 생포할 때 사용하는 커다란 양철 트랩에 덜컥 들어간 것이다. 순찰을 도는 공단 직원에게 발견되어 바로 훈방 조치되었다. 덤벙거리는 놈이라 허술하기 짝이 없는 우리 트랩에도 순순히 들어온 것이었구나. 아니면 우리에게 잡혀서 목걸이를 달았던 경험이 나쁘지 않아서 쉽게 트랩에 들어갔던 것일까. 미끼를 얻어먹는 것은 덤이었고. 그것도 아니면 혹시 신상 목걸이로 교체하고 싶었나? 반짝이고 알록달록한 걸로? 동물도 개체마다 각기 다른 고유의 자기 성격이 있다. 조심성이 많은 녀석도 있고 덤벙거리며 진취적인 녀석도 있다. 위협요인이 많은 서식지에서는 조심성이 많은 놈이 살아남을 가능성이 크다. 반면 안정적이고 천적이 없는 서식지에서는 보다 활동적이고 용감한 녀석이 먹이를 많이 먹고, 좋은 은신처를 구할 가능성이 크다. 난세에는 조심스럽고 매사에 의심이 많은 놈이 살아남을 수 있다. 담비를 보며 나의 소심함과 좀생이 기질도 험한 세상을 뚫고 살아남기에 적합한 형질이라고 스스로를 위로해 본다.

알고 보니 모녀 사이

2011년 12월 10일 아침 일찍 트랩 발신기 신호가 울렸다. 밤새 내려 눈이 소복하게 쌓인 고요한 아침에 적막을 깨는 트랩 발신기 소리였다. 서둘러 장비를 챙겨 트랩으로 향했다. 트랩에 다가갈 때면 언제나 마음이 설렌다. 수렵 채집 시대부터 아버지의 아버지의 아버지들이 느꼈던 감정이, 그 심장박동이 21세기 나에게도 오롯이 전해진다. 매번 낚이면서도 트랩이 보일 때까지 갖은 상상을 하게 된다. 모퉁이를 돌자 저 멀리 트랩 안에 노란색 털을 가진 동물의 움직임이 보였다. 담비다. 트랩 안 동물과

너그 어무니 뭐 하시노?

이때까진 이 녀석의 정체를 미처 몰랐다.

의 첫 조우는 항상 팽팽한 긴장감을 동반한다. 어쩌면 세상에서 가장 불편한 상견례 자리. 민첩하고 움직임이 빠른 담비이기에 트랩에 있더라도 긴장을 늦춰선 안 된다. 트랩에 조금이라도 빈틈이 생기는 순간 담비는 작은 틈을 비집고 탈출할 수 있다. 케이블타이로 트랩 여기저기를 꽁꽁 묶은 다음 담요로 트랩을 가렸다. 시각적 자극이 적으면 트랩 안 동물의 스트레스를 줄일 수 있다.

처치를 위해 트랩을 옆으로 들쳐 들고 산길을 내려간다. 마취를 하고 처치를 하기까지, 서로에게 고된 시간이다. 담비는 담비대로 불안감이 증폭되고, 나는 나대로 그 불안감에 전이된다. 경사지와 울퉁불퉁한 구간을 지날 때 담비에게 안정감을 주고자 트랩을 수평으로 유지하려 힘쓰자 손과 팔의 근육이 쉽게 피로해졌다. 트랩을 오른쪽 옆으로 둘러메었다가 왼쪽으로 둘러메었다가 자세를 여러 번 고쳐가며 담비와 끙끙거리며 산을 내려왔다. 화엄사 입구에 있는 국립공원 종복원센터의 협조를 받아 마취를 하고, 신체를 계측했다. 올봄에 태어난 암컷 아성체(새끼와 성체의 중간)였다.

지금까지 달던 VHF 발신기 대신 이번에는 GPS 발신기를 채웠다. 무게는 90그램으로, 50그램 내외의 VHF 발신기보다 조금 더 무겁지만 자동으로 위치가 기기에 저장되는 장점이 있다. 대신 저장된 위치좌표 데이터를 얻으려면 담비를 재포획하거나 해당 개체의 500미터 이내 거리에 접근하여 무선으로 데이터를 수신받아야 한다. 각성제를 투여하여 마취에서 완전히 깨어난 담비를 현장으로 데리고 가 방사했다. 담비는 다시 새하얀 겨울 숲으로 돌아갔다.

방사한 담비의 위치를 추적하는데 뭔가 특이점이 있었다. 추적하고 있는 효녀 담비와 같은 위치에 있는 것이 아닌가. 그렇다. 이 녀석은 다름 아닌 효녀 담비가 지난봄에 낳은 딸래미(딸의 전라도 사투리)였다. 6월에

효녀 포획 당시 부풀어 오른 젖은 다름 아닌 이 녀석 밥줄이었던 것이다. 모전여전. 모녀가 함께 목걸이를 달고 다녔다.

모녀의 상봉 장면을 보지는 못했지만 머릿속에 장면이 그려졌다. 딸래미를 다시는 못 볼 수도 있다고 걱정했을 텐데 딸은 건강하게 살아 돌아왔다. 서로 얼싸안고 핥아 주는 장면이 머릿속에 그려졌다. 조심성이 덜하고 덤벙거리는 어미의 기질을 딸래미도 꼭 빼닮았나 보다.

어미는 발신기를 차고 돌아온 딸래미를 보고 혀를 끌끌 찼을 것이다. "그러니까 엄마가 덤벙거리지 말라 그랬지?" 딸래미는 엄마에게 물어보았을지도 모른다. "어라 엄마! 엄마도 나랑 같은 목걸이 차고 있네? 어디서 났어?" 엄마 담비는 "야, 저기 고욤나무 있어. 어여 먹으러 올라가 보자." 고욤이 거의 다 떨어지고 말라비틀어진 고욤 몇 개만이 애처롭게 달려 있는 애꿎은 나무를 냉큼 올라갔을는지 모른다.

엄마가 아이에게 "공부해라, 공부해라!" 다그치고, 아이가 "엄마는 학교 다닐 때 공부 열심히 했어?"라고 맞받아치면 엄마는 "그럼, 열심히 했지!" 라고 반박한다. 물론 검증할 길은 없다. 어미 담비도 트랩에 들어갔던 어리석은 과거를 감쪽같이 숨기고 싶을 게다.

담비를 방사하고 나서 한숨 돌리나 싶었는데 집에서 전화 한 통이 왔다. 멍멍이가 무지개다리를 건넜다. 이십대를 온전히 함께했던 녀석이었다. 만남에는 헤어짐이 있고 떠남이 있으면 돌아옴이 있으며, 태어난 것은 반드시 죽는다. 지극히 단순한 삶의 진리가 떠올랐다. 담비를 만난 대신 멍멍이를 떠나보냈다. 무릎연골과 반려견의 부재가 뼈아픈 이십대의 마지막 나날이었다. 잔뜩 흐린 겨울 하늘과 무채색의 지리산 연봉들을 보니 가슴이 더욱 먹먹해졌다. 발신기 신호에서는 담비의 힘찬 움직임이 느껴졌다. 눈시울이 붉어진 채로 다시 담비를 쫓으러 갔다.

새끼 키우기부터 원래 행동권 복귀까지 번식의 전체 주기를 완벽하게 보여 주다

매서운 북서계절풍이 휘몰아치는 새해 벽두 새벽. 잠자리에서 일어나 부스스 눈을 비비며 발신기를 켜고 안테나를 휘둘렀다. 어느덧 몸이 기억하여 무의식적으로 알아서 작동하는 듯한 내재화된 습관이 되어 있었다. 여느 다른 날과 비슷한 일상을 기대했건만 늘 함께 다녀 위치 파악에 수월했던 어미 담비와 딸래미의 신호가 항상 뜨던 자리에 없었다. 단 한 번도 신호를 찾지 못해 애먹은 일이 없던 개체였기에 조바심이 났다.

서둘러 성삼재로 올랐다. 이윽고 마루금에 다다르자 경쾌한 모녀의 신호가 동시에 울리기 시작했다. 그리 애먹지 않고 모녀의 위치를 다시 파악할 수 있어 안도했다. 모녀는 백두대간을 너머 낙동강 수계로 넘어갔다. 이전에는 좀처럼 가지 않았던 지리산 북사면에 당도했다.

심원마을 인근 사면에 머물던 모녀는 점점 북상했다. 이튿날에는 달궁마을 근처까지 갔다. 저 녀석들 어디까지 가려나. 설마 압록강 물을 수통에 담을 때까지 계속 치고 올라가진 않겠지? 그다음 날에는 북쪽으로 3킬로미터를 더 이동하여 덕동마을 뒤편 사면에서 신호가 울렸다. 기존 서식지에서 10킬로미터 북동쪽으로 이동했다. 뱀사골과 만수천이 만나는 반선 인근에서 북상이 멈추었다. 속리산 담비의 사례처럼 겨울철에 담비의 행동권은 확장된다. 겨울철 먹이 부족으로 원정 사냥을 떠난 것으로 보였다. 이 겨울은 딸래미에게 매우 소중한 시간이다. 처음 맞이하는 추위와 겨울을 어미의 지도편달을 받으며 넘길 수 있으니까.

담비 모녀가 겨울을 나기 위해 북상한 달궁과 반선 일대는 역사의 많은 이야기가 남아 있는 곳이다. 마한(삼국시대 이전 우리나라 중남부에 있던 부족국가 삼한 중 한 나라) 왕조는 만복대와 정령치로 이어지는 대간 자락 동쪽 기슭의 달궁계곡에 은거지를 마련했다. 지리산의 험준한 산세를 천연요새로 이용했다.

역사는 흘러 달궁은 여순사건(여수·순천사건) 이후 빨치산의 요충지가 되기도 했다. 여순사건은 1948년 10월 여수 주둔 국방경비대 제14연대 지창수, 김지회 등이 남한 단독정부 수립 반대와 제주4·3사건 진압 출동을 거부하면서 시작되었다. 여수·순천 일대에는 계엄령이 선포되고 토벌작전이 시작됐다. 여순사건을 일으킨 군인들은 빨치산이 되어 지리산으로 숨어들었다. 당시 지리산은 '낮에는 대한민국, 밤에는 조선인민공화국'이었다. 남한 내 빨치산은 남과 북 어느 곳에서도 환영받지 못했다. 아픈 민족 역사의 비극적 연대기가 지리산 일대에서 펼쳐졌다.

70여 년이 훌쩍 지난 지금, 지리산 달궁에는 곳곳에 야영장이 들어섰고, 여름철엔 계곡마다 관광객으로 넘쳐난다. 일제강점기와 해방정국, 한국전쟁의 소용돌이에서 조국해방과 이념대립이 빚은 상흔은 이제 이곳에서 찾아보기 힘들다. 지리산은 국립공원으로 지정되어 '낮에는 탐방객의, 밤에는 야생'의 땅이 되었다. 다만 담비 모녀는 달궁으로 넘어와 춥고 험난한 겨울철 보급 투쟁을 이어가고 있다.

속리산에 이은 두 번째 발견 사례인만큼 담비의 겨울철 행동권 확장을 조심스레 일반화해도 될 것 같았다. 하지만 겨울철에 다른 무리와 합류하는지, 특히 수컷 무리와 합류하는지, 확장된 영역이 다른 무리의 기존 서식지이기도 할 텐데 배타성은 옅어지는지에 대한 궁금증은 여전했다.

매서운 겨울이 지나고, 눈 녹은 물이 계곡으로 흘러내리자 담비는 다시 원래 행동권 영역으로 돌아왔다. 예전처럼 지리산을 병풍처럼 두르고 있는 월계마을에서 모든 것이 해결되었다. 월계마을에서 사방으로 안테나를 휘두르기만 하면 모녀의 잠자리며 사냥터의 대략적 위치를 포착할 수 있었다. 3월이 되자 돌담마다 아지랑이 아른거리는 가운데 월계마을은 산수유 꽃으로 뒤덮였다.

소설가 김훈은 산수유를 두고 "산수유는 다만 어른거리는 꽃의 그림자로서 피어난다. 그러나 이 그림자 속에는 빛이 가득하다. 산수유가 언제 지는 것인지는 눈치 채기 어렵다. 그 그림자 같은 꽃은 다른 모든 꽃들이 피어나기 전에, 노을이 스러지듯이 문득 종적을 감춘다. 그 꽃이 스러지는 모습은 나무가 지우개로 자신을 지우는 것 같다. 그래서 산수유는 꽃이 아니라 나무가 꾸는 꿈처럼 보인다."라고 했다. 사진작가 강운구는 이 빼어난 글을 읽고 산수유에 대해 다시 쓰는 이는 바보라고 했다. 바보가 된 김에 꼭 한마디만 꼬리를 달자면 "산수유 꽃무리는 이 땅이 이른 봄에 꾸는 꿈이다."라고 했다. 캬아~ 이 명문 앞에서 나는 바보가 되기 싫어 산수유 꽃에 대해 논하는 것을 과감히 포기하기로 했다.

한철 봄날의 몽롱한 꿈처럼 산수유 꽃이 스러지듯 3월 말에 딸래미의 신호가 사라졌다. GPS 발신기의 수명이 다 된 듯했다. 반면 어미가 달고 있는 VHF 방식 발신기는 여전히 신호가 쌩쌩했다. 딸래미 신호가 끊겨도 어미의 위치를 확인하니 마음이 놓였다. 센서 카메라에도 여전히 모녀가 함께 촬영되었다. 어미의 신호를 추적하며 느껴지는 딸래미의 묵직한 존재는 동백꽃이 단칼에 이루는 낙화와 달리, 산수유 꽃의 퇴장처럼 서서히 희미해져 갔다.

4월부터는 센서 카메라에 다시 혼자가 된 어미만 촬영되었다. 딸래미를 잘 키워서 독립시켰나 보다. 어느새 월계마을 산수유나무들은 언제 샛노란 꽃을 피웠느냐는 듯이 싱싱한 푸른 잎사귀를 달았다.

어미 담비는 이후에도 계속 추적할 수 있었다. 잠자리가 매일 바뀌는 것으로 보아 이번 해는 번식을 건너뛰는 듯했다. 야생에서 담비가 매년 번식하는지 해거리를 하는지는 좀 더 지켜봐야 할 것이다. 이윽고 여름이 되자 발신기 신호 감도가 눈에 띄게 약해졌다. 6월 15일을 마지막으로 어미 담비의 신호도 사라졌다. 이제는 어느 정도 신호의 소멸과 함께 찾아오는 개체와의 작별에 익숙해졌다.

7월 13일에는 시암재 인근에 설치한 센서 카메라에 반가운 얼굴이 촬영되었다. 목덜미에 무언가 눌린 듯한 자국이 있는 담비 한 마리가 모습을 드러냈다. 카메라에 정면으로 제대로 찍히지 않아서 알아보기 힘들었지만 왼쪽 귀에 부착했던 이표가 반짝였다. 발신기는 예상된 제 수명을 훌쩍 넘겨 잘 작동했으며, 고맙게도 수명이 다하자 가죽끈이 삭아 담비 몸에서 탈락한 것이다. 우리 효녀 담비도 고생 많았고, 발신기도 수고 많았다.

21개월간 효녀는 새끼 키워내는 모습부터 겨울철 영역 확장, 원래 행동권으로의 복귀, 새끼의 독립까지의 번식의 전체 주기를 완벽하게 보여 주었다. 또한 딸래미까지 트랩으로 인도하여 주었다. 거기에다 발신기 탈락까지 완벽하게 이루어진 무선추적의 정석을 보여 주었다. 이제 편한 마음으로 모녀를 보내면서 효녀의 다음 번식의 성공과 남은 삶을 응원했다.

3
야생동물이 살아남아 성체가 되는 건 어려운 일이다

현장이 없는 생태학 공부가 의미가 있을까

그해 가을은 잔인했다. 왼쪽 무릎연골이 찢어졌다. 수술을 받고 병실에 멍하니 누워 있었다. 24시간 돌아가는 뉴스 채널에서 했던 말 또 하고 또 하는 뉴스를 하염없이 보고 있을 때 지리산에서 잇단 낭보가 날아왔다. 연구팀이 연거푸 암컷 담비 2마리씩을 포획해서 무사히 방사했다는 소식이었다. 역시 내가 빠지니 일이 잘 풀리는구나. 지난 월드컵 경기 때도 내가 보고 있을 때는 어김없이 골을 먹더니 자리를 비우니 만회골이 터지곤 했었다. 조국을 위해 텔레비전을 등지고, 이웃집에서 새어나오는 환호성과 탄식을 안주 삼아 맥주를 들이켰었다.

퇴원해서는 햇볕이 들지 않는 골방에 하루 종일 누워 있었다. 낮인지 밤인지 해가 쨍한지 비바람이 치는지도 모른 채 마음속 심연에서 바닥을 치고 있었다. 예전처럼 산에 다니기 어려울 수도 있다는 집도의의 말에

다시 산으로 돌아왔다.

가슴이 무너졌다. 현장을 가지 못하는 상태에서 생태학을 공부한다는 게 과연 무슨 의미가 있을까. 다른 일을 찾는다면 어떤 일을 해야 할까. 하지만 돌아가기에는 이 바닥에 발을 너무 깊게 담갔다. 답답한 현실에서 도피하기 위해 오지도 않는 잠을 억지로 청했다. 다 놓아 버리고 싶다가 뭐라도 해봐야겠다는 생각이 들다가, 또 스러졌다가, 하루에도 마음이 온탕과 냉탕을 수십 번 오고갔다.

열흘 넘게 골방에서 두문불출하다 목발을 짚고 밖으로 나갔다. 짙푸른 가을 하늘 아래 멀리 보이는 산이 꼭대기부터 붉게 물들고 있었다. 숲이 그리웠다. 목발을 던져 버리고 훌쩍 산에 오르고 싶었다. 일터로 돌아가기로 마음먹었다. 물론 결과는 알 수 없다. 연골의 부재를 보완하려면 무릎을 잡아주는 주변 근육을 단련시켜야 했다. 골방 홈트레이닝이 시작되었다. 깊은 잠에 빠지려면 몸을 혹사시켜 근육에 젖산을 잔뜩 쌓아두는 편이 나았다.

그리고 마침내 밤새 내린 새하얀 눈이 온 세상을 덮은 날 지리산으로 돌아갈 수 있었다. 지리산의 찬연한 가을은 놓쳐 버렸지만 상고대가 핀 주능선의 순백색 공제선과 바탕이 되는 저 시퍼런 하늘은 그 아쉬움을 단번에 상쇄시켜 주었다. 내가 다시 두 발로 산에 오를 수 있다니! 온전한 행복에 대하여 누가 내게 묻는다면 나는 그날 아침에 겪은 일이라고 대답할 것이다.

인간 때문에 생이별을 하고도 금방 가족을 찾아 합류한 딸 담비

1월 8일 새벽에 트랩 발신기를 확인해 보니 신호가 대차게 울렸다. 발신기가 나를 부르면 얼른 찾아뵈어야지. 내가 무슨 힘이 있나. 눈곱을 그냥 두고 얼굴엔 개기름을 잔뜩 두른 채 서둘러 출동했다. 모퉁이를 돌자 멀리 트랩이 보이고 트랩 안에 움직이는 생명체가 보였다. 가까워질수록 형체가 서서히 눈에 들어온다. 어라 꼬리가 제법 길다. 이런! 그분이 오셨다. 담비다. 하필 또 나 혼자 당번 설 때 담비가 들어왔다. 트랩 주변의 분위기는 심상치 않았다. 트랩 주변 바닥면이 움푹 파여 있었다. 누군가가 담비의 탈출을 돕거나 혹은 트랩 안에 있는 녀석을 꺼내 먹으려 사투를 벌인 모양이었다. 주변 상황이 어찌 됐든 담비는 온전히 트랩에 들어와 있었고, 나는 얼른 녀석을 데리고 가야 했다.

다리를 절뚝거리며 트랩을 옮기기 시작했다. 이번 트랩은 좀 고약한 곳에 있었다. 도로로 접근하려면 가파른 비탈을 올라가야 했다. 끙끙거리며 담비와 아니 트랩과 사투를 벌였다. 담비는 연신 그르릉그르릉 울어대었다. 가여운 녀석이 할 수 있는 거라곤 저렇게 분노에 찬 소리를 내는 게 전부였다. 이 와중에 빌어먹을 왼쪽 무릎에는 통증이 엄습했다. 한겨울인데 이마에는 땀이 송골송골 맺혔다. 한 발짝 한 발짝이 고난의 연속이었다. 가까스로 차에 도착해 뒷좌석에 트랩을 싣고 서둘러 산을 내려갔다. 담비는 연신 울어대고 핸들을 잡은 내 손은 부들부들 떨렸다. 여러모로 서로에게 썩 유쾌한 시간은 아니었다.

국립공원 종복원센터의 도움을 받아 마취를 하고 발신기를 부착했다. 지난봄에 태어난 암컷 아성체였다. 이윽고 마취에서 깨어난 녀석을 데리고 다시 트랩이 놓여 있던 곳으로 돌아갔다. 내리막길은 쉬울 줄 알았는데 무릎에 무게가 잔뜩 실려 내려가는 길이 더욱 힘겨웠다. 다리를 절며 한 발자국씩 디뎌 나갔다. 발걸음을 멈추고 트랩 문을 열어주고 싶다가도 도로에서 멀어질수록 녀석이 안전할 것 같아 한 걸음만 더 가자고 다독이며 계속 내려갔다. 결국 계곡에 다달아 담요를 걷고 트랩 문을 열었다.

어리둥절한 녀석은 다시 풀어주는 게 이해가 안 가는지, 입구 쪽을 바라보며 갈까 말까 망설였다. 아마 또 다른 함정이 있을 거라 의심하고 있을 것이다. 급할 것이 없던 나는 널찍한 계곡 바위에 대자로 뻗었다. 10분이나 지났을까 결심이 섰는지 담비는 트랩 문 밖으로 고개를 빼꼼 내밀더니 쏜살같이 숲으로 돌진했다. 나는 한참 더 널부러져 있었다.

트랩을 향해 있던 센서 카메라의 메모리 카드를 가지고 차로 돌아와 촬영된 영상을 확인했다. 내가 트랩에 오기 전까지 무슨 일이 있었기에 트랩 주변의 땅이 다 파여 있었을까? 다운받은 파일을 급하게 재생하니 화면에 담비 세 마리가 모인 무리가 나타났다. 그들은 자정 넘어 1시 18분에 트랩에 접근했고, 1시 19분에 한 마리가 미끼에 입질을 하다 물러났다. 1시 29분에 다른 개체가 다시 입질을 하다 트랩 문이 작동하여 갇혔다. 그때부터 눈물겨운 담비 무리의 사투가 시작되었다. 트랩 밖에 있던 나머지 두 마리가 트랩에 갇힌 담비를 구하려고 트랩을 흔들고, 트랩 주변 땅을 파기 시작했다. 땅을 파도 틈이 안 보이자 다른 방향의 땅을 파기 시작했다. 담비 무리의 유대감은 끈끈했다. 내가 트랩에 당도하기 직전까지 그들은 동료를 구해 내느라 사투를 벌였다. 그런데 어라! 화면을 확대하니 한 마리가 발신기를 달고 있다. 지난 10월, 내가 병상에 있을 때 발신기를 부착했다는 암컷 아성체 담비였다.

석 달 만에 트랩에 대한 안 좋은 기억을 잊어버린 것인지, 덜렁거리는 성격이 가족 내력인지 알 수 없지만 무리 중 두 마리가 발신기를 차게 되었다. 아마 트랩에 먼저 들어간 녀석이 발판을 어설프게 밟은 상태에서 입에 미끼를 물고 무사히 나오자, 뒤따르던 개체가 트랩에 대한 경계심을 아예 걷어 버리고 굶주린 배를 채우기에 급급했을 것이다. 트랩 안쪽에 있던 미끼까지 알뜰하게 닦아 먹다 발판을 제대로 밟아 버렸을 테지.

10월 포획 암컷 아성체 + 오늘 포획 암컷 아성체 + 신원을 알 수 없는 담비 이렇게 구성된 무리였다. 암컷 성체인 어미와 지난해 봄에 태어난 딸래미 2마리의 조합이라고 추정할 수 있었다.

그렇다면 이들 무리의 상봉은 이루어질 것인가. 인간에 의한 생이별을 끊고 이산가족이 되지 말아야 한다. 10월에 발신기를 부착한 암컷 아성체는 행동권이 천은사 계곡과 시암재, 성삼재까지를 포함하는 25제곱킬로미터였다. 행동권 내를 순회하면서 평균적으로 특정 지점을 6일 간격으로 방문했다. 방사한 새끼 담비가 가족을 잘 찾을지, 정처 없이 해매다 우연찮게 무리에 합류할지, 서로가 서로를 찾다가 오히려 엇나가지 않을까 걱정이었다.

다섯 살 무렵인가 장날 읍내 장터에서 엄마 손을 놓친 적이 있다. 인파 속에서 그저 목 놓아 울 수밖에 없었다. 불안에 떨었던 그 순간의 막막함이 지금도 눈을 감으면 아른거린다. 새끼 담비가 빨리 가족을 찾기를 바랐다. 준비가 안 된 갑작스런 이별 앞에서 혼자 맞이해야 할 밤은 새끼에게 분명 어둡고 가혹할 것이다. 안테나를 휘저으며 자매 두 마리의 위치를 계속 확인했다. 다행히 방사 4시간 후 두 마리의 위치가 같은 방향에서 잡혔다. 생각보다 빨리 가족 품으로 돌아갔다.

담비는 어미가 바위에 문질러 남기고 간 페르몬 신호를 추적했을 것이다. 부지런히 추적하여 마침내 따라잡아 합류! 담비 가족의 상봉 모습은 어떠했을까. 군에서 휴가를 나와 반년 만에 우리 집 멍멍이와 해후했을 때, 멍멍이는 문을 열자마자 꼬리를 프로펠러처럼 팽팽 돌리고 팔짝팔짝 뛰고 할짝할짝 핥고 생난리가 났었다. 담비 가족도 생이별의 시간은 짧았지만 그리움과 걱정의 농도는 더 짙었을 것이다. 반가움에 아주 물고 빨고 난리가 났을 게다. 안도하며 잠자리에 들었을 담비 가족을 확인한 후 가벼운 마음으로 하산했다. 길고 힘든 하루를 보낸 담비 가족은 서로의 몸을 포갠 채 깊은 잠에 빠졌을 것이다.

노랭이와의 첫 만남

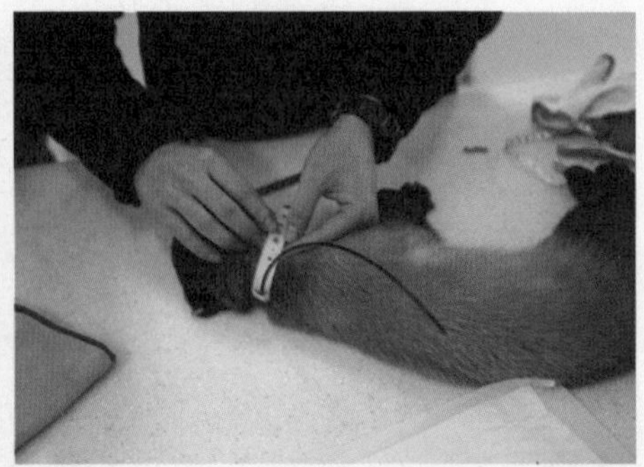

노란목도리담비에게 샛노랑 발신기를 채워 노랭이가 되었다.

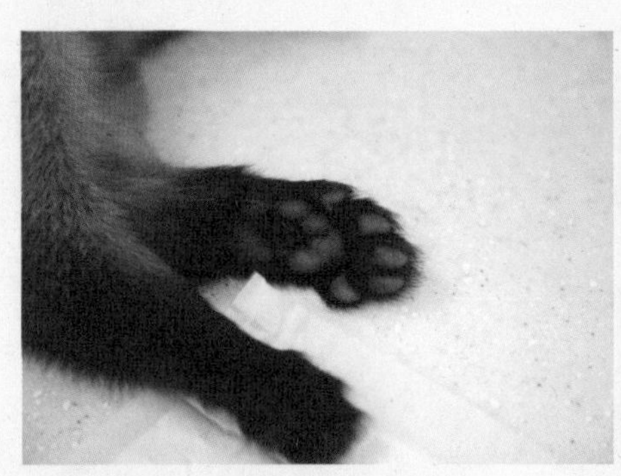

노랭이 앞발

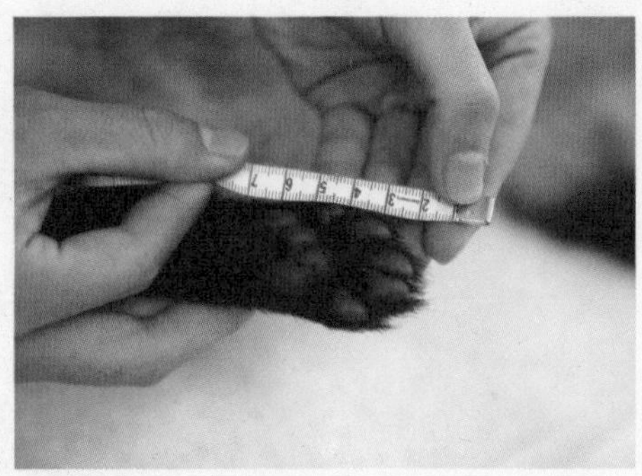

노랭이 뒷발

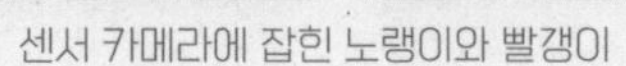

센서 카메라에 잡힌 노랭이와 빨갱이

석 달 먼저 포획한 개체는 영국제 발신기에 붉은색 끈을 달았고, 이번에 잡은 개체는 스웨덴제 발신기를 달았는데 북유럽 감성인지 샛노란색이었다. 이 무리는 유니언잭 붉은색 발신기 딸래미 1(빨갱이), 노란색 발신기 딸래미 2(노랭이), 발신기가 없는 어미로 구성되었다.

엄마와 두 자매는 간미봉, 까치절산, 천은사 계곡이 주무대였다. 안테나를 저어 보면 빨갱이와 노랭이의 위치는 항상 동일했다. 껌딱지처럼 붙어다니고 있었다. 시암재와 간미봉 인근에 설치한 센서 카메라에 이들 가족이 주기적으로 촬영되었다. 항상 어미가 앞장서고 그다음 빨갱이, 노랭이가 따라붙었다. 어미가 바위에 몸을 문지르고, 엉덩이를 비비며 똥을 싸면 빨갱이와 노랭이가 그 냄새를 킁킁 맡았다. 카메라를 점검하고, 영상을 확인할 때면 이들 가족사진이 유독 반가웠다. 무선 추적 결과와 이들 가족이 카메라 바로 앞에 있었던 시간대를 대조하면 무선 추적 오차를 파악할 수 있었다. 오차범위는 150미터 내외로 이 정도면 양호한 수준이었다.

노랭이는 어른이 되지 못하고 스러졌다

빨갱이와 노랭이의 모습은 4월까지 촬영되었다. 그러다가 4월 17일을 마지막으로 거짓말같이 자매는 사라졌다. 신호도 사라졌고 더 이상 카메라에도 촬영되지 않았다.

가출 자매 찾기 프로젝트가 시작되었다. 지리산 둘레를 빙빙 돌며 구례를 벗어나 남원과 함양, 하동까지 뒤졌다. 새끼 담비의 독립과 분산이 시작되었나 싶었다. 아무런 언질도 없이 하루아침에 갑자기 사라져 버린 자매가 야속할 지경이었다. 수색 범위를 넓혀서 산청, 거창, 장수까지 뒤져야 하나 싶었지만 지리산 기존 담비도 추적해야 했기에 선뜻 나서지 못했다.

담비의 소식은 뜬금없는 곳에서 2주 후에 전해졌다. 전남 순천이었다.

전남 순천시 송광면 이읍리 국도 15호선 도로가에서 차에 치여 죽은 담비가 발견되었다. 순천국토관리사무소 직원이 발견했고, 목걸이에 최태영 박사 전화번호가 새겨져 있어서 연락을 주었다. 담비는 전남야생동물구조센터로 인계되었다.

급하게 순천으로 담비 사체를 확인하러 갔다. 구조센터 수의사가 냉동실에서 커다란 지퍼백을 꺼냈다. 지퍼백을 열어보니 단단하게 얼어서 굳은 담비가 있었다. 노랭이였다. 살아서 만났고, 살아서 발신기를 달았고, 살아서 내보냈고, 살아서 어미와 만났고, 살아서 움직이던 녀석이 단단하게 굳어 있었다. 차갑게 얼어붙은 녀석을 품에 안으니 문득 발신기를 채울 때 전해지던 심장박동과 뜨뜻한 체온이 그리웠다.

노랭이의 죽음을 통해 담비의 분산거리가 생각했던 것 이상으로 길다는 것을 알 수 있었다. 담비가 태어난 구례 지리산에서 순천까지 직선거리로는 40킬로미터다. 하지만 담비는 농경지와 시가지로 나오기보다는 산림을 따라 이동했을 것이다. 구례 지리산에서 산림축을 따라 순천까지 노랭이의 여정을 재구성해 보았다.

엄마는 4월에 되자 자매에게 먹이도 주지 않고 타박하기 시작한다. 꼴도 보기 싫은 미운 13개월이 되었다. 4월 중순 엄마로부터 또다시 구박을 받은 노랭이는 참다못해 중대한 결심을 한다. 나 원 참 치사해서 못살것다. 가출을 감행하자! 그릉그릉 어미의 성난 울음소리를 뒤로하고 자신이 태어난 천은사 골짜기에서 무작정 튀어나온다. 성삼재에서 능선을 따라 고리봉을 거쳐 만복대에 이른다. 능선 갈

림길에서 서쪽 능선으로 갈아탄다. 밤재를 지나 견두산, 천마산으로 이어지는 능선을 따라 남진한다. 갈미봉을 지나니 산줄기가 잦아들고 산기슭으로 내려가니 섬진강과 만났다. 도강을 실시한다. 다행히 수량이 많지 않아 곳곳에 솟은 바위를 밟아가며 총총걸음으로 섬진강을 건넜다. 강을 건너자마자 17번 국도와 전라선 철길을 단숨에 건넜다. 위험한 개활지를 지나 다시 숲의 품에 안겼다. 오봉산과 봉두산을 지나 원달재에서 840번 지방도를 건넜다. 다시 능선을 따라 남진을 계속하여 삼산, 희아산, 오성산을 지나 22번 국도를 건넜다.

조계산에 접어들었다. 송광사에서 선암사를 잇는 굴목이재를 지나 천자암산을 거쳐 산기슭으로 내려갔다. 논을 가로질렀고, 송광천 너머 다시 숲이 보였다. 송광천을 무사히 건넜고, 가속도를 붙여 힘차게 뛰어나갔다. 그런데 아뿔싸! 둔탁한 소리와 함께 무엇인가 거대한 물체와 부딪혔다. 큰 충격을 받아 찰나의 멍한 느낌과 함께 몸뚱이는 튕겨 오르고, 짧은 영화 한 편이 막을 내렸다.

물론 이것은 가상의 분산 경로다. 산줄기와 산림축을 따라 이동했을 것이라는 전제로 최단거리로 노랭이의 마지막 행적을 그려보았다. 이 경로대로 추정하면 노랭이의 이동거리는 77킬로미터에 이른다. 질풍노도 시기에 노랭이가 건너야 했던 최소한의 선형 장애물 목록을 경로 순서대로 나열하면 다음과 같다.

1차선 밤재

왕복 4차선 19번 국도(밤재터널로 통과)

왕복 4차선 순천완주고속도로(천마터널로 통과)

왕복 2차선 산동-고달간도로(고산재터널로 통과)

1차선 누룩실재 임도

왕복 2차선 섬진강로

섬진강(하폭 약180m)

왕복 2차선 17번 국도

복선 전라선 철도

1차선 오봉산고개

왕복 2차선 840번 지방도 원달재

왕복 2차선 22번 국도 접치

왕복 4차선 호남고속도로(순천1터널로 통과)

송광천(하폭 약 10m)

왕복 2차선 15번 국도(교통사고 사망지점)

요약하자면 고속도로 2개, 철도 1개, 국도 4개, 지방도 1개, 기타 도로(시·군도 및 임도) 4개, 하천 2개를 건넜다. 하지만 이는 최대한 산림을 따라 이동한다고 가정하여 지도에 그린 최적 경로다. 당연히 13개월짜리 어린 담비가 이 지역에 대한 완벽한 지리 감각과 고해상도 위성지도며 네비게이션 앱을 가지고 있었을 리 만무하다. 우리의 추정을 뛰어넘어 노랭이는 이보다 더 험난한 경로로 더 많은 장애물을 건너 순천까지 갔을지도 모를 일이다.

이렇듯 야생동물은 분산 과정에서 많은 위험요소와 마주한다. 분산 경로에서 도로와 시가지를 자주 만날수록 건너야 할 길에 교통량이 많을수록 죽음의 위험이 증가한다. 캘리포니아 쿠거 연구사례를 보면 분산을 시도하던 어린 쿠거 9마리 중 7마리가 새로운 서식지를 찾는 과정에서 목숨을 잃었다. 로드킬로 3마리, 선천적 장애로 2마리, 총상으로 1마리, 질

노랭이의 분산 경로

병으로 1마리가 희생되었다(Beier, 1995). 야생동물은 인간의 입시, 병역, 취업보다 험난한 어른되기 과정을 통과해야 한다.

어린 개체들이 자신이 태어난 곳이나 그 근처에서 세력권을 잡으려고 시도해도 이미 세력권을 형성하고 있는 어른 개체와의 경쟁에서 밀려나게 마련이다. 어린 녀석은 서식지에 대한 이해와 삶의 경험 등 모든 조건

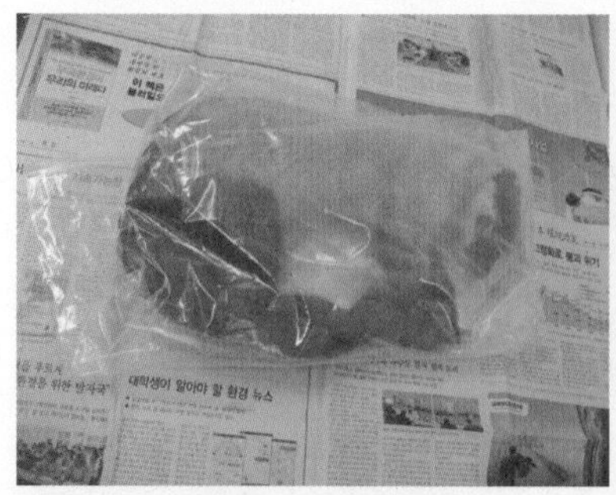

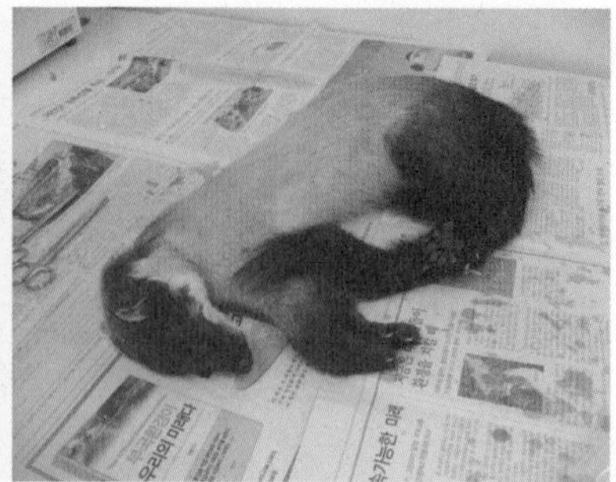

차갑게 식어 돌아온 노랭이

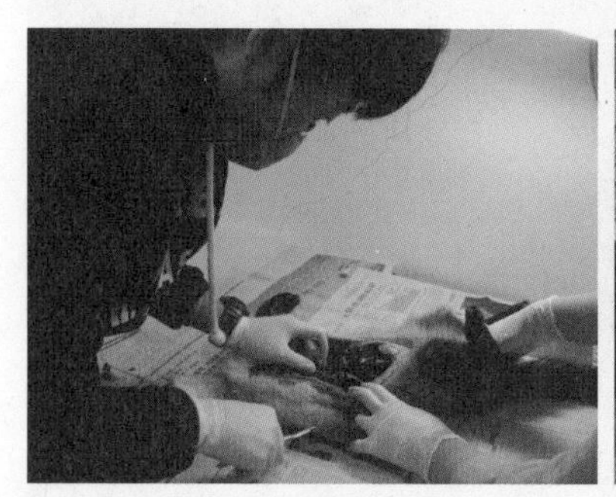

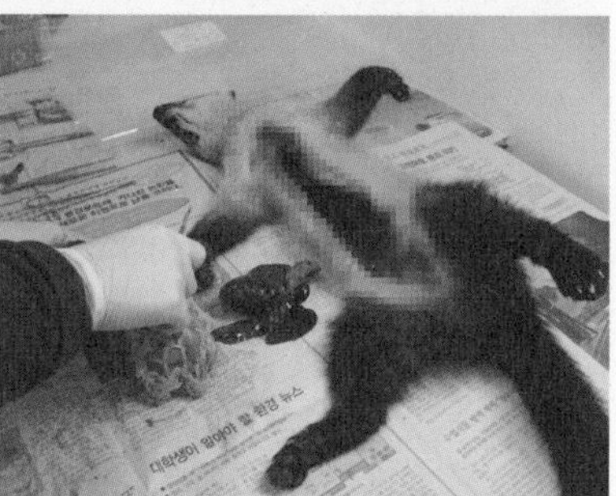

노랭이 부검. 아낌없이 다 주고 갔다.

에서 불리하다. 내 집 마련의 꿈은 사람이나 동물이나 아득하기는 매한가지다. 서울에서 청년들의 주택 마련이 어렵듯 어린 담비가 숲이 울창하고 보전이 잘된 국립공원 내에서 새로운 영역을 차지하기란 힘겹다. 이미 건장한 어른 담비들이 질 좋은 서식지를 다 차지하고 있다. 밀렵과 개발로부터 안전한 국립공원 제1호 지리산 보금자리는 새끼 담비에게는 서울의 강남구, 서초구만큼이나 높은 진입장벽이 존재한다.

이런 많은 위험에도 불구하고 분산은 종의 지속적인 생존에 있어 꼭 필요하다. 유전자를 새로운 서식지로 널리 퍼뜨릴 수 있고, 근친교배 가능성을 낮추고, 친족 간 자원에 대한 경쟁을 줄일 수 있다. 분산과정을 무사히 겪고 난 어린 개체가 새로운 서식지에 성공적으로 정착하면 안정적으로 세력권과 행동권을 형성한다. 시간이 흐를수록 정착 개체의 서식지에 대한 친숙도가 높아지며, 장소 애착, 즉 장소성이 생겨난다.

철거민이나 수몰민의 아픔만큼이나 서식지 개발과 파괴로 쫓겨나는 야생동물의 애환도 크다. 어떻게 자리 잡은 터전인데! 경제활동과 개발사업 때문에 야생동물 서식지를 밀어 버릴 거면 그곳에 터를 잡은 야생동물에게 최소한의 미안함을 가져야 하는 이유다.

분산 시기, 거리 등 같은 종의 분산 특성은 개체군 변동이나 환경변화에 따른 개체군의 반응을 예측하는 데 중요한 요소다. 서식지 파편화, 로드킬, 기후변화, 외래종 침입 등 종의 서식에 영향을 주는 요인은 날이 갈수록 증가하고 있다. 따라서 분산 특성에 따라 개체군이 어떠한 영향을 받는지 파악하는 연구는 종의 장기적인 보전 정책과 계획 수립에 필수적이다. 종의 지속 가능한 개체군 유지를 위해서는 분산과 정착, 유입과 이입이 자연스럽게 이어져야 한다. 서식 공간에서의 세대교체와 유전자 교류가 원활해야 한다. 그러려면 서식지와 서식지 간 연결성 확보, 즉 생태축의 보전과 복원이 그토록 중요하다.

노랭이와 헤어진 빨갱이는 살아 있기를

만약 노랭이가 마의 15번 국도를 무사히 건넜다면 어떻게 되었을까? 일단 망일봉 일대의 큰 산림에 접어들었을 것이다. 이곳에서 남쪽으로 이동했다면 율어와 존제산을 지나 보성 방면 호남정맥 쪽으로 넘어갔을 것이다. 북서쪽으로 경로를 잡았다면 모후산을 거쳐 백아산이나 무등산에 닿았을 것이다. 원래 이동 방향대로 계속 서진했다면 계당산과 화학산을 지나 월출산 방면으로 진출했을 것이다. 노랭이의 독립과 분산은 결국 미완의 경로로 남았다.

전남야생동물구조센터에서 노랭이를 차에 싣고 연구실로 복귀했다. 졸지에 담비 영구차가 되었다. 연구실로 돌아오는 길에 구례를 지났다. 동쪽으로 지리산 넓은 품이 펼쳐져 있었다. 담비가 뛰놀던 천은사 골짜기며 코재능선, 간미봉능선, 성삼재와 종석대가 한눈에 들어왔다. 어미 담비는 여전히 저 숲 어딘가에 있을 것이다. 노랭이는 살아 움직여 새로운 영역을 찾아 멀리멀리 돌다가 죽어서 다시 고향을 지나고 있다. 노랭이의 영혼이 있다면 자기가 나고 자란 고향 땅을 보며 무슨 생각을 할까? 제 품을 떠난 새끼가 싸늘한 주검이 되어 근처를 지나가는 걸 어미는 알고 있으려나?

한 가지 분명한 사실은 노랭이의 죽음은 결코 헛되지 않았다는 것이다. 노랭이는 죽음으로써 담비의 분산과 독립에 대한 단서를 주었다. 물론 단 하나의 사례인만큼 담비의 분산거리를 일반화할 수 없다. 노랭이가 역마살이 붙은 개체인지도, 일탈을 심하게 저지른 유별난 비행청소년인지도 모른다. 하지만 담비의 기본 행동권과 하루 이동거리가 각각 30제곱킬로미터, 20킬로미터에 달하는 것을 감안하면 지리산에서 순천까지의 분산은 그리 특별한 경우가 아닐 수 있다.

일반적으로 포유동물은 암컷보다 수컷의 분산거리가 길다(Clobert et al., 2012). 그렇다면 담비 수컷 새끼의 분산거리는 과연 얼마나 될까? 암컷만 연달아 추적하다 보니 문득 수컷의 행동권이며 이동거리가 궁금해졌다. 온전한 담비 연구에 있어 수컷이 필요한 시점이 되었다.

실험실로 데리고 온 노랭이는 부검을 했다. 오른쪽 앞다리에 골절이 있었고, 두개골 일부가 부서졌다. 복강을 열고 장기를 적출했다. 위는 제법 빵빵했다. 위를 열어보니 채 소화되지 않은 새 깃털과 식물 종자가 나왔다. 체에 걸러 건더기를 찬찬히 살폈다. 오목눈이와 버찌를 먹었음을 확인했다. 굶지 않고 잘 먹고 돌아다녔다. 지난 겨우내 어미에게 훈련을 제대로 받은 모양이다. 든든하게 때깔도 좋은 상태로 죽어 다행이라고 해야 하나 싶다가 건강한 모습으로 새로운 서식지를 찾아가는 날쌘 모습이 떠올라 더욱 구슬펐다. 노랭이는 분산 과정, 식이습성, 골격 및 장기 구조 등을 알려주며 아낌없이 다 주고 갔다.

빨갱이, 노랭이 자매가 뛰놀던 노고단 자락에는 무넹기라는 곳이 있다. 원래 노고단 북, 서사면에 떨어진 빗물은 노고단골을 거쳐 심원계곡, 만수천, 엄천강, 남강을 거쳐 낙동강으로 흘러간다. 1930년에 구례 사람들은 농업용수를 확보하기 위해 노고단 자락 해발 1,300미터의 고갯마루에 수로를 만들었다. 낙동강으로 가야 할 물이 이 수로를 통해 일부가 구례 쪽으로 넘어가 화엄사 계곡을 거쳐 구례 들판을 적시고 섬진강으로 흘러간다. 낙동강으로 가는 물을 넘겨 섬진강으로 보내기에 물넘이, 즉 무넹기가 되었다. 한날한시에 노고단 아래에서 솟아난 물 분자의 운명은 극적으로 바뀐다. 담비 자매의 운명도 그러한 것이었을까. 한배에서 났지만 자매는 각자의 살 길을 찾아 흩어졌다. 우리네 삶도 마찬가지다. 운명이라는 생의 장난에 한순간 어느 방향으로 흘러갈지 모를 일이다.

노랭이가 순천 방면으로 분산한 반면 빨갱이는 어디로 갔을까? 빨간색 발신기를 단 만큼 빨치산이 숨어들었던 백아산이나 회문산으로 갔으려나? 국정원에 신고하여 찾는 게 효과적이려나? 얼마나 찾고 싶으면 색깔론에 빠질까. 이후에도 지리산 주변부를 계속 탐색했지만 결국 빨갱이를 찾지 못했다. 빨갱이만큼은 분산에 성공하여 새로운 서식지에 잘 정착했기를 바랐다. 빨갱이의 운명을 확인할 길이 없다는 것이 답답한 노릇이지만 한편으로는 성공적 분산이라는 희망을 남겨두었다는 점에서 작은 위안이 되었다. 빨갱아, 부디 노랭이 몫까지 잘 살아다오.

담비를 찾습니다

이름 : 빨갱이(당시 13개월 여아)

발생일시 : 2012년 4월 17일

발생장소 : 전남 구례군 광의면 방광리

인상착의 : 빨가벗고 댕김, 눈이 '착해 보임'
빨간색 목걸이를 차고 있음

빨간 목걸이를 차고 있는 담비에 대한 제보를 애타게 기다립니다.

새로운 숲에 정착한 빨갱이의 정보는

담비의 분산 특성을 알려주는 값진 자료가 됩니다.

4
눈 위에 남은 동물의 흔적은 많은 정보를 담고 있다

겨울 숲속 과학수사대

담비 연구를 하는 동안 맞이한 겨울은 더욱 특별했다. 하늘이 잔뜩 찌푸려 눈이라도 내릴 기미가 있으면 설레었다. 멀리 산 위에서부터 뿌연 눈발이 날릴라치면 동네 똥개마냥 신이 났다. 가자. 숲으로!

산에 눈이 쌓이면 동물 발자국이 여기저기에 찍힌다. 새하얀 눈은 동물의 생태 정보를 가르쳐 주는 숲의 화이트보드와 같다. 저마다 일타강사라 주장하는 각색 짐승들이 눈에 이런저런 흔적을 마구 남겨 동물 생태 및 행동학 특강을 펼친다. 눈 위에 남은 동물들의 흔적은 생각보다 많은 정보를 담고 있다.

눈에 찍힌 발자국을 통해 동물의 몸 상태와 심리 상태도 간접적으로 알 수 있다. 사뿐하게 걸어 눈이 움푹 파인 깔끔한 발자국이 있는가 하면, 질질 끌려서 너저분하게 찍혀 있는 발자국도 있다. 전자의 발자국은 해당

동물이 아주 활기차고 몸이 가볍다는 것을 알려준다. 반면 후자의 발자국 주인공은 다소 지쳐 있고 몸도 무겁다. 천적을 피해 여기저기 쫓겨 다니다 에너지를 다 소진했는지도 모른다. 고단한 겨울나기의 한복판에 있는 주인공이다.

눈이 소복이 쌓인 겨울 산에서 가장 먼저 만나는 흔적은 족제비 발자국이다. 족제비는 눈이 오면 가장 부지런히 움직였다. 족제비의 주요 사냥 대상은 쥐를 비롯한 설치류다. 족제비는 지표면에서 이동하고 있는 쥐를 뒤쫓거나 쥐의 굴을 뒤져 사냥한다. 눈이 쌓이면 족제비는 눈 아래 공간을 드나들며 사냥에 열중한다. 눈이 얼어붙고 다져져 단단해지면 사냥을 하기 어려운 조건이 된다. 처음에는 족제비가 동네 똥개마냥 눈을 좋아해서 미친 듯이 뒹굴며 쏘다니는 줄 알았다. 하지만 족제비는 겨울철 생존을 위해 눈이 올라치면 눈에 부지런히 흔적을 남기며 열심히 사냥을 다녀야 했다.

눈이 오면 멧토끼 흔적 또한 많이 남아 있다. 멧토끼는 진짜 신이 난다. '신이 나. 신이 나. 에헴 에헴 신이 나.' 토끼는 발달한 앞니로 목본식물의 줄기며 껍질을 잘도 벗겨 먹는다. 단 자그마한 토끼는 나무에 기대고 일어서도 30센티미터 내외 높이까지의 잎과 줄기만 입에 닿는다. 하지만 눈이 오면 상황이 달라진다. 풍부한 적설량이 더해져 눈이 쌓이면 쌓일수록 평소에는 닿지 않던 높은 부위의 줄기를 마음껏 먹을 수 있다. 다리가 짧아서 못 먹었던 나무줄기와 겨울눈이 지천이다. 풍성한 채식 뷔페가 하얀 산하에 차려진다. 노고단 주변 관목지대에 눈이 쌓이면 곳곳에 유독 토끼 발자국과 황갈색 똥, 줄기마다 선명한 이빨 자국을 쉽게 볼 수 있다.

눈 위에는 평소에는 좀처럼 보기 힘든 야생동물의 오줌 자국도 보인다. 뜨끈한 피가 도는 항온동물의 따스함을 고스란히 지닌 오줌다발은 차

디찬 눈을 녹여 누런 오줌 구멍을 낸다. 새하얀 무채색 숲 바닥에 몇 가닥의 샛노란 오줌다발은 보색 효과가 두드러지며 적막한 겨울 숲에 진한 생명력을 불어넣는다. 초식동물의 오줌 냄새는 나만 알고 즐기고 싶은 겨울철 보물이다. 눈에 젖은 누런 오줌 얼음덩이를 한 움큼 집어 냄새를 맡으면 제법 풍미 가득한 냄새가 난다. 그 고즈넉한 내음을 어떻게 표현하면 좋을까. 약초 농축액? 허브 엑기스? 진한 오줌 냄새는 강렬한 후각적 추억을 소환하여 읍내 시장통 한약방에 처음 갔던 어린 시절로 나를 데려간다.

오줌 구멍의 위치는 주인공의 성별을 알리는 단서가 되기도 한다. 양쪽 뒷발자국이 찍힌 곳 사이에 오줌 구멍이 있으면 암컷, 좀 더 앞에 있으면 수컷이다. 암수 생식기 위치 차이에 따른 결과다.

엉금엉금 기어서 담비를 따라가 보자

눈밭 여기저기에 호기심을 자극하는 여러 신호가 있지만 정신을 차려 담비 흔적에 집중해야 한다. 담비 발자국은 돌출한 발톱 5개가 찍혀 있고 앞발자국의 크기는 4×6센티미터, 뒷발자국은 3×4.5센티미터, 보폭은 50~150센티미터가량이다. 담비는 모둠발로 뛰어다녀 왼발, 오른발이 평행하게 나란히 찍힌다. 다른 동물의 발자국과 뚜렷이 구분되므로 발자국 추적이 비교적 쉽다.

산을 헤매다 담비 발자국을 찾으면 추적을 시작한다. 추적자 학교를 운영하는 톰 브라운이 쓴 《자연에 미친 사람》을 보면 흔적만으로 기가 막히게 야생동물을 추적하는 내용이 나온다. 불행히도 나는 톰 브라운처럼 영적인 인디언 스승이 없으며 그와 같은 내공도 지니지 못했다.

눈이 그치고 날이 개면 즐거운 동계스포츠인 눈 위 발자국 추적을 시작한다.

담비 발자국을 따라가는 동안 배낭에 담긴 GPS는 열심히 담비의 이동 궤적을 그린다. 무선 추적은 담비의 이동경로를 피상적으로 좌표의 점과 점을 이어 지도상에 표현하는 것이다. 반면 발자국 추적은 담비의 길을 온전히 곡선으로 그려내며 담비의 여정을 체험하는 소중한 기회를 준다.

아무 생각 없이 담비의 발자국을 따라가다 보면 몰입하는 순간이 있다. 마치 담비가 된 것마냥 폴짝폴짝 뛰고 싶다. 가상세계 VR 안경을 낀 것처럼 바로 앞에 있는 담비 꽁무니를 쫓는 상상을 하며 발자국을 따라 밟는다. 내가 담비인지 담비가 나인지. 과몰입의 황홀경을 문자로 표현하려니 쉽지 않다. 굳이 장자의 꿈 풀이를 빌려 인간의 언어로 풀어내면 다음과 같다.

> 내가 지난 밤 꿈에 담비가 되었다. 폴짝폴짝 모둠발로 뛰며 나무 사이를 즐겁게 뛰어다녔는데 너무 기분이 좋아서 내가 나인지도 몰랐다. 그러다 꿈에서 깨어 버렸더니 나는 담비가 아니고 내가 아닌가? 그래서 생각하기를 아까 꿈에서 담비가 되었을 때는 내가 나인지도 몰랐는데 꿈에서 깨어 보니 분명 나였던 것이다. 그렇다면 지금의 나는 진정한 나인가? 아니면 담비가 꿈에서 내가 된 것인가? 내가 담비가 되는 꿈을 꾼 것인가? 담비가 내가 되는 꿈을 꾸고 있는 것인가? 그것도 아니면 방금 들려온 노랫소리는 손담비 노래란 말인가.

그럼에도 어김없이 난코스를 만나면 나는 다시 최면에서 퍼뜩 깨어나 배불뚝이 호모 사피엔스로 돌아왔다. 관목이나 덤불 지대에서는 몸을 잔뜩 웅크려 낮은 포복으로 지나야 한다. 낮은 포복이라고 하니 전술적인 냄새도 나고 뭔가 있어 보이지만 현실은 시궁창이다. 슬프게도 나는 담비처럼 날씬하고 날렵하지 못하다. 굼뜬 몸뚱이가 여기저기 장애물에 마구 걸렸다. 예전 드라마 〈전설의 고향〉에서 귀신이 '내 다리 내놔라.' 그랬던 것처럼 청미래, 다래 덩굴이 내 발목을 칭칭 감고 놓아주지 않았다. 좋게 말해 낮은 포복이지 신생아적 자세로 엉금엉금 기는 수준이다. 훌쭉하고

담비 발자국을 따라가 보자

날렵한 담비에게는 성가신 길이 아니었을 것이다. 정확한 조사를 위해 까다로운 덩굴이나 관목 지대를 우회하고 싶은 욕망을 이겨내고 담비의 길을 무조건 따라 기었다.

발해의 대표적 특산물인 검은담비 가죽이 유럽과 중동으로 팔려가던 길을 담비길이라 부른다. 비단길에 필적하는 이 길을 통해 많은 담비 가죽이 흘러나갔다. 검은담비 입장에서는 피가 끓는 애석한 길이다. 그러나 지금 밟는 이 길은 진정한 담비길이다. 죽어서 껍데기가 팔려 나간 길이 아니라 살아 있는 담비가 폴짝폴짝 뛰어가며 만들어 놓은 살아 있는 길이다.

평소라면 정밀조사를 위해서도 오지 않을 장소까지 담비의 안내로 가게 된다. 겨울은 황량하지만 다른 계절에 이 길은 천년 먹은 산삼도 찾을 수 있을 것 같은 길이다. 이 험한 비탈에 발을 딛은 자는 내가 최초가 아닐까 싶다. 아니다. 이 땅에는 유구한 역사 속 심마니, 밀렵꾼, 빨치산 조상들이 있었다. 진정한 처녀지는 없다. 그럼에도 비탈의 흙은 생경한 인간 발자국과의 만남이 그리 익숙하지는 않을 것이다. 그 만남의 순간은 고은의 시 〈순간의 꽃〉에 묘사된 결정적인 찰나에 비견할 만하다.

> 방금 도끼에 쪼개어진 장작
> 속살에
> 싸락눈 내린다

담비에 홀리다

얄궂게도 담비 발자국을 따라가다 보면 순간 발자국을 잃어버리는 경험을 하게 된다. 이때는 당황하지 말고 주변 나무를 올려다봐야 한다. 담비의 발은 5개의 날카로운 발톱이 나 있으며 발가락발볼, 앞발볼, 뒷발볼로 나누어져 넓은 접지면을 보장하며, 발볼 사이에는 거친 털이 있다. 30센티미터에 이르는 긴 꼬리는 나무를 탈 때 중심을 잡는 균형추 역할을 한다. 그야말로 나무타기에 최적화된 몸 구조다. 러시아 연해주에서 담비는 적설량이 많으면 주로 수관층(숲의 우거진 윗부분)에서 생활하고, 8~9미터 거리의 나뭇가지 사이를 뛰어넘어 다닌다는 보고가 있다(Heptner and Sludskii, 2002). 적설량이 많아 숲 바닥에서 돌아다니기 어려운 조건이 되면 나무를 자유자재로 오를 수 있는 담비의 특성상 나무 우듬지(나무의 맨 꼭대기 줄기)를 따라 이동할 가능성이 크다.

지면에서 발자국이 끊기고 나무로 올라간 발톱 자국이 보이면 고개를 젖혀 줄기며 가지 위를 올려다본다. 수색 범위를 넓혀 반경 15미터 내외의 주변 나무를 다 살펴보아야 한다. 담비가 나무에 올라갔으면 온 신경을 곤두세워 작은 단서라도 찾아야 한다. 주변에서 맴돌다 10분 이상 찾지 못하면 과감하게 조사반경을 확대한다. 이처럼 추적 중에 발자국을 한 번 잃어버리면 다시 찾느라 꽤나 애를 먹는다. 다시 이어진 경로를 찾느라 주변을 맴돌며 30분 넘게 헤매기도 한다. 짐승 발자국을 따라가다 못 찾고 헤매는 이 바보 같은 상황을 이해하지 못할 수도 있다. 나 같아도 그게 뭐가 그리 어렵냐고 반문했을 것이다. 하지만 어려운 건 어쩔 수 없이 어려운 것이다. 마치 담비에게 홀린 것마냥!

담비의 도움닫기 능력은 내 보잘것없는 상상력을 뛰어넘어 '어떻게 이쪽까지 날았지?' 싶을 만큼 엉뚱한 곳에서 다음 흔적이 이어지기도 한다. 발자국 실종 경험이 축적되어도 다시 찾는 일은 언제나 버겁다. 다만 생각보다 더 멀리 있을 수 있음을 알기에 마음의 상처를 덜 받도록 심장에 얄팍한 보호막을 치곤 한다.

담비가 나무에서 내려올 때 찍힌 발자국의 방향은 아래쪽을 향한다.

나무를 내려올 때는 땅을 향해 추락하여 돌진하듯 내리찍는 것이다. 담비가 나무를 타고 자유자재로 다니는 모습을 보면 비호에 홀린 듯 정신줄을 놓아 버릴 수도 있다. 체조 선수가 날렵한 몸놀림으로 도마 위에서 한바탕 놀 듯 담비도 쓰러진 나무줄기 위를 자유자재로 쏘다닌다. 줄기 위 좁다랗게 쌓인 눈 위에 담비 발자국이 가지런히 나 있다. 우왕좌왕 헤매다 눈 위에 정직하게 이어진 발자국을 찾으면 절로 신이 난다. 순탄한 코스를 만나면 감사한 마음으로 불평불만은 내려놓고 발자국을 따라간다.

피겨스케이트나 스피드스케이트 경기에서 빙상장의 빙질이 기록에 많은 영향을 주듯 눈 위 발자국 추적 게임에도 눈 상태가 중요하다. 낮 동안 남중고도에 오른 따스한 햇살을 받는 남사면은 눈이 빨리 녹아내린다. 발자국을 실컷 잘 따라가다가도 담비 녀석이 눈이 녹아 버린 남사면으로 넘어가 버리면 바로 게임 오버다. 톰 브라운 할배가 와도 찾기 어려울 것이다.

날씨가 풀려 눈이 흐물흐물 힘이 없을 때의 발자국은 흐리멍덩해서 발자국의 주인을 알아내기 어렵다. 큰 추위가 오지 않아 북한강이 제대로 얼어붙지 않으면 산천어축제가 망하듯 적설량이 많지 않은 겨울날이 계속되면 이 까다로운 동계스포츠를 제대로 즐길 수 없다. 어릴 적 철없던 시절에는 얼음지치기를 하지 못하는 삼한사온 중 사온 날씨를 증오했다. 나는 몸에 열이 많아 좀처럼 추위를 타지 않았다. 발이 뜨거워 잠을 이루지 못하다가도 찬물에 발을 담그면 잠이 들었다. 여전히 철이 들진 않았지만 이제는 체질이 바뀌었는지 겨울이면 허구한 날 손발이 차고 등허리가 시려 잠을 자지 못한다. 기후변화는 문제지만 난방비가 적게 드는 푹한 겨울이 그리 밉지 않다.

산에 적당한 양의 눈이 내리고 나서 맹추위가 이어지는 2~3일 정도가 눈 위 발자국 추적의 최적기인데 온전하게 발자국 추적이 가능한 날은 일 년 중에 며칠 안 된다. 하늘이 내린 기회와 발자국 프린팅 작업이 완벽히 맞아떨어져야만 신나는 담비 발자국 쫓기 놀이를 온전히 즐길 수 있다.

다음은 서산대사의 오도송이며 백범 선생이 좌우명으로 삼고 애송한 시다.

답설야중거踏雪野中去 눈 내린 들판 길을 걸어갈 때
불수호란행不須胡亂行 발걸음을 함부로 어지러이 걷지 말지어다
금일아행적今日我行跡 오늘 내가 남긴 이 발자국이
수작후인정遂作後人程 훗날 뒷사람의 이정표가 되리니

담비에게 띄운다.

눈 내린 숲을 지나갈 때
담비야 오두방정 방방 뛰어서 발자국을 많이 남겨다오
오늘 네가 남긴 이 발자국이
훗날 연구자의 추적거리가 되리니

담비의 슬기로운 겨울나기

담비 발자국은 숲에서 나와 도로 쪽으로 이어졌다. 폭설로 차량 출입이 통제된 산간도로는 담비 차지가 되었다. 담비 발자국은 아스팔트 도로를 따라 한동안 이어졌다. 가드레일을 따라가다가 배수로로 뛰어들어 여기저기를 뒤지다가 아예 대놓고 도로 한복판에서 중앙선 라인을 그리듯

뛰어가기도 했다. 차량이 통제된 것을 귀신같이 알아차린 담비가 이날 도로를 따라간 거리가 1.2킬로미터에 이르렀다.

어느새 담비는 도로를 등지고 다시 숲으로 들어갔다. 발자국은 가파른 사면을 타고 만수천 계곡으로 향해 있었다. 거기서 담비는 또 한바탕 잔치를 벌였다. 쟁기소 인근에는 제물들이 놓여 있었다. 여기서 굿도 하고, 소원도 빌었던 것 같다. 산신께 정성을 다하려면 당연히 화려한 제물이 있게 마련이다. 사탕도 있고, 떡도 있고, 과자도 있고, 무려 딸기도 있었다.

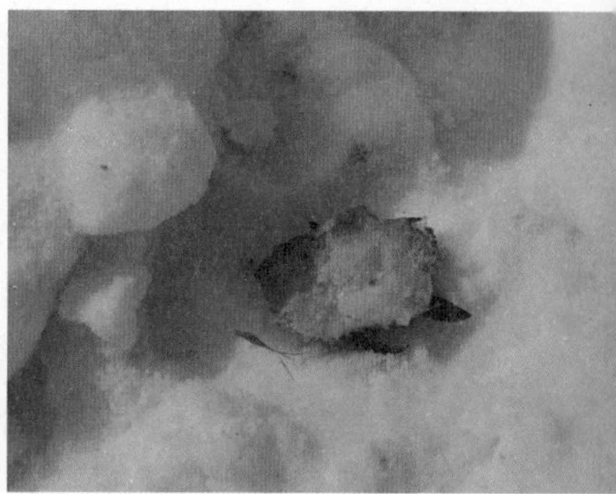
제물로 바쳐진 딸기 한 소쿠리가 금세 동이 났다.

담비는 여기서 한 끼를 제대로 때웠다. 딸기를 담았던 소쿠리는 나동그라졌고, 제단을 넘나드는 발자국의 표정은 '신남' 그 자체였다. 배가 불러 기분이 째지게 좋았는지 얼어붙은 계곡 얼음 위를 지들끼리 맘껏 뒹굴었다. 제물을 탐하면서 꽤 오래 머문 듯했다. 계곡 한편 바위 위엔 똥이 있었다. 담비가 딸기를 먹고 싼 딸기씨가 박힌 똥은 살짝 얼어붙은 분홍빛이 영롱하게 빛났다. 딸기셔벗 같았다. 먹음직스러워 하마터면 입으로 가져갈 뻔했다. 몇 번 망설이다가 순간 이성을 잃고 혀를 갖다댔다가 바로 퉤! 그냥 똥맛이었다.

산신에게 바치는 제물의 운명은 그러했다. 지리산신은 다름 아닌 담비였다. 산신님께서는 제물을 맛있게 드셨다. 한겨울에 신선한 과일이라니! 담비에게는 정말이지 뜻하지 않은 크나큰 횡재였다. 대단한 정성을 들였으니 자애로운 담비신께서 굿하는 자의 원을 들어주지 않을 수 없을 것이다. 그리하여 지리산 굿당이 그토록 영험하다고 소문난 것일까. Good Good job굿 굿 잡!

한참 동안 숲을 통과한 담비 발자국은 너덜지대로 이어졌다. 너덜지대

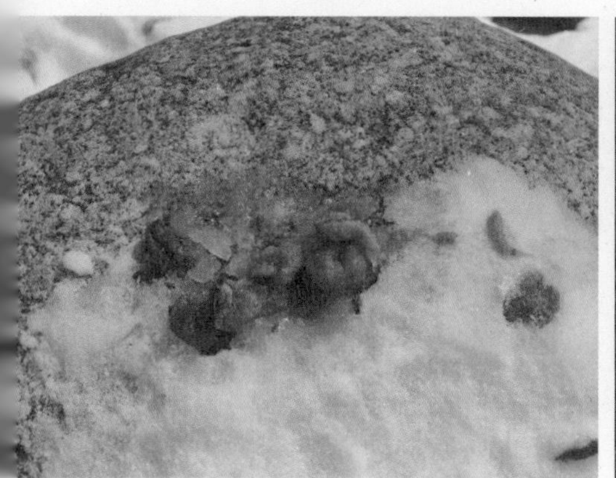

담비신께서는 매우 흡족해하시며 딸기씨가 알알이 박힌 선물을 남기고 가셨다.

는 7부 능선 해발 740미터 남동사면에 자리 잡고 있다. 족제빗과 동물의 굴의 방향은 일반적으로 일조량이 많은 남향과 남동향을 선호하고(Bicik et al., 2000), 서향을 기피하는 것으로 보고된 바 있다(Kaneko et al., 2006). 이 담비는 남동향 양지바른 곳에 자리 잡은 굴을 잘도 찾아 은신처로 쓰고 있었다. 너덜바위에는 며칠 된 발자국과 새로 찍힌 발자국이 어지럽게 섞여 있었다. 담비가 이틀 이상 굴을 지속적으로 사용한 것으로 보였다. 입구에는 담비 똥이 쌓여 있었다. 굴 입구 반경 2미터 안에도 똥 열두 덩어리를 쌌다. 똥으로 하는 주장. 이 굴의 주인공은 나야 나!

너덜 내부는 수증기 응결효과와 지하수 결빙잠열에 의해 외부보다 기온이 높게 형성된다(변희룡 등, 2004), 과연 굴 입구 쪽만 눈이 녹아 있고, 너덜 구멍에 코를 대어 보니 훈훈한 바람이 새어나왔다. 겨울철 체온 유지에 유리하고 안전한 최적의 잠자리였다. 담비의 슬기로운 겨울 생활이다.

담비 발자국은 예사롭지 않은 곳으로 나를 인도했다. 숲 한가운데 뜬금없이 감나무, 고욤나무, 복숭아나무, 밤나무 등 유실수가 자리 잡고 있고, 무너져 버린 돌담, 예전엔 밭이었음을 알려주는 소단(비탈면에 발을 딛기 위해 만든 좁은 통로) 흔적도 남아 있었다. 과거 화전민이 살던 곳이다.

감나무 수피에는 담비 발톱 자국이 가득했다. 얼마나 오르락내리락했길래 줄기에 성한 곳이 없을까. 감을 따지 않으니 앙상한 가지마다 쪼글쪼글해진 감이 달려 있다. 까치밥이 아니라 담비밥이다. 감은 겨우내 얼고 녹고를 반복하며 아이스홍시로 변신했고, 겨울철 요긴한 담비 먹을거리가 되었다. 감나무 아래 화전민이 걸터앉아 쉬었을 법한 널찍한 바위는 담비 화장실이 되었다. 감색 똥이 바위 여기저기에 놓여 있다. 아니다, 쌓여 있다고 말하는 것이, 아니 똥탑이 세워졌다고 말하는 것이 좀 더 핍진

화전민터에는 아이스홍시가 많이 남아 있었다. 까치밥이 아니라 담비밥이다.

(왼쪽) 담비가 사랑한 감나무. 수피엔 영광의 상처가 가득하다.
(오른쪽) 감을 먹고 싼 똥에는 감의 질감이 고스란히 남아 있다.

한 표현일 테다. 감을 먹고 싼 똥은 선홍색 똥덩어리에 감씨가 잘 버무려져 있다. 이 녀석들 변비 안 걸렸으려나. 감씨까지 통째로 삼켜 응가할 때 똥꼬 좀 아팠을 것이다. 담비 발자국은 화전민터 사방에 지천으로 찍혀 있었다. 연이어 사냥에 실패하고 허기가 지면 담비 무리는 다시 화전민터를 찾아올 것이다.

화전 농가는 1965년만 해도 전국적으로 4만 7,000여 호에 이르렀다. 조선 후기부터 수탈과 학정을 피해서 힘없는 민초들이 숨어든 곳은 깊은 오지 숲이었다. 산에 불을 놓은 첫해는 나무가 타고 남은 재가 거름으로 쓰여 소출이 제법 솔찮다. 하지만 이후엔 쉬이 척박해져 산림 토양의 생산력이 급속도로 떨어진다. 화전민들은 잉여 생산물 없이 겨우 입에 풀칠할 수 있을 정도의 옥수수, 감자, 콩, 기장 등으로 연명했다. 그럼에도 끈질기게 이어지던 화전민의 역사는 뜻밖에도 분단 현실로 인해 저물게 된다. 1968년 울진 고포마을로 120명 남짓의 북한 특수부대가 들어와 백두대간과 낙동정맥 숲으로 파고들었다. 일부 무장공비는 화전민 마을을 거점으로 은신했다. 국군의 작전으로 대부분의 무장공비는 사살되었지만 이 사건으로 화전민에게는 주홍글씨가 새겨졌다. 정부는 〈화전정리법〉을 공포했고, 화전민을 강제로 산 아래로 이주시켰다. 쫓아내면 다시 몰래 들어오고, 다시 내쫓고를 반복하다 1976년에 이르러서야 화전정리사업이 마무리되었다.

이렇게 남겨진 화전민터는 저마다 고유의 표정이 있다. 이곳은 산중 제법 평퍼짐한 터에 남은 유실수와 빼곡한 낙엽송이 들어차 있다. 낙엽송은 빨리 자라는 속성수로 화전민터를 녹화하는 데 선택된 단골 수종이었다. 낙엽송(일본잎갈나무)은 일본에서 들여온 외래 수종이며 뿌리가 얕아 폭풍에 잘 넘어가는 단점이 있지만 당시로서는 그나마 빨리 숲을 복구하기 위한 불가피한 선택이었을 것이다. 한편엔 소주 됫병이 뒹굴고 있었다. 화전민들이 됫병으로 소주를 즐겨 마셨나? 조림 작업하던 산꾼들이 마셨나? 보해, 삼호, 경월, 금복주 등 다양한 상표들. 모아 보면 당시 주류회사 점유율을 알 수도 있겠다. 스러져가는 아궁이와 구들장이며, 녹슬고 삭아서 종잇장처럼 얇아진 무쇠 솥뚜껑도 눈에 띈다. 깊은 산중에서 어렵게 삶을 이어갔던 선대의 유물을 바라보며 가슴속 울음을 참았다.

화전민이 떠나고 이 터는 재자연화 과정을 거치고 있다. 화전민터는 '인간의 땅이 어떻게 다시 숲으로 돌아가는가?'란 질문에 답을 준다. 인간의 흔적은 해가 갈수록 희미해지고 흩어져 간다. 고단한 삶의 터였던 화전민터는 이제 담비의 놀이터다. 곳곳에 남아 있는 화전민터의 생태적 가치를 인식하고 야생동물 먹이 공급지로 전략적으로 활용할 필요가 있지 않을까 싶다. 담비 서식지에 교란이 발생하면 과실수를 심어 안정적인 먹이 공급터로 제공하는 것도 좋은 방법이 될 것이다.

나도 십여 년 전 화전민터의 수혜자가 된 적이 있다. 한창 더운 8월 중순에 강원도 영월로 생태조사를 갔다. 가파른 산을 기어오르자 금세 열기가 올라 얼굴이 시뻘게졌다. 온몸에서 육수가 줄줄 흘러내렸다. 어서 조사를 마치고 골짜기로 내려가 시원한 계곡물에 뛰어들고 싶은 생각이 간절했다. 시원한 계곡물을 생각하며 신나게 가파른 비탈을 미끄러지듯 내려가 골짜기에 닿았다. 그런데 아뿔싸. 이곳은 석회암 지대였다. 물이 지하로 다 스며들어 지표수가 없었다. 제법 큰 골인데도 물 한 방울 없이 바짝 말라붙어 있었다. 제대로 낚였다. 석회암을 만드는 데 일조한 수천만 년 전 조개껍데기와 산호유공충이 미워졌다. 계곡을 따라 투덜거리며 내려가는데 중간에 화전민터가 나왔다. 그곳에 복숭아나무 두 그루가 있었다. 일부는 땅에 떨어졌지만 가지에 달린 탐스런 복숭아가 더 많았다. 벌레 먹은 것도 있지만 나머진 제법 싱싱했다. 한입 베어무니 제대로 익었다. 과즙이 달디달았다. 복숭아나무 그늘 아래서 우걱우걱 복숭아를 입에 쓸어 담았다. 과일 먹기 어려웠던 자취생이 오랜만에 맛보는 복숭아는 천상의 맛이었다. 허겁지겁 먹다 보니 갈증은 해소된 지 오래고 배가 불러왔다. 아직 복숭아가 지천에 널려 있었다. 마트에서 힐끗 보곤 그냥 지나칠 수밖에 없었던 복숭아 가격표가 아른거렸다. 그때부터는 주먹을 불끈 쥐고 복숭아를 으깨어 즙만 짜서 마셨다. 복숭아 플렉스! 언제 이런 잘 익은 복숭아를 원없이 맛볼까 싶어 무리해서 먹고 또 먹었다. 아니다, 마시고 또 마셨다. 무릉도원이 여기였다. 화전민터를 떠날 적에 화전민도 필시 저 탐스런 복숭아를 두고 가기에 가슴이 아팠을 것이다.

도원결의나 다름 없었다. 천하를 통일하는 것 따윈 진즉에 제쳐두고 비루한 자취생의 과일 결핍에 치여 굳건한 결기로 복숭아를 폭식했다. 한겨울에 화전민터 감나무를 찾은 담비도 이런 심정이 아니었을까. 다만 담비는 지속 가능성을 염두에 두고 배가 찰 때까지만 먹었을 것이다.

돌이켜 보니 복숭아나무에 비친 탐욕에 전 내 모습을 생각하면 쑥스러움에 복숭아처럼 볼이 발그스레해진다. 그렇다고 도화살이 붙을 정도의 매력적인 볼터치는 아니니 안심하시라. 그 비루함은 게워내면서까지 먹는 것을 멈추지 않았던 네로 황제와 다르지 않게 천박했다. 당시 저장했던 화전민터 GPS 좌표는 노트북이 초기화되면서 증발해 버렸다. 천상의 열매를 함부로 대한 업보 때문인지 덤으로 논문을 준비하던 데이터와 원고도 함께 휘발되었다. 화전민터는 어느 골짝이었는지 당최 기억이 나지 않는다. 무릉도원 전설처럼 속세로 돌아온 나로서는 다시 찾아갈 수 없게 되었다. 복숭아철만 되면 자연스레 그곳이 떠오르며 침이 고이지만 탐스런 복숭아는 숲속 동물 친구들과 진딧물에게 양보하련다. 물론 비자발적인 결심이다.

담비의 사냥 성공률은 메이저리그 급이다

2011년부터 해마다 겨울이면 담비 발자국을 따라다녔다. 추적은 학위논문을 준비하던 2012~2013년 겨울에 집중적으로 실시했다. 대부분 조사를 위해서 작정하고 발자국을 따라붙었지만 우연히 발견한 담비 발자국을 따라 호기심이 발동해 무작정 추적을 시작하기도 했다. 모처럼의 가족 산행에서 중간에 담비 발자국을 보고는 그만 홀려 버려 가족과 등산로를 등지고 숲으로 가기도 했다.

담비의 발자국 추적경로를 모두 지도에 뿌려 보니 대부분 연구 대상지인 지리산과 속리산에 몰려 있지만 강릉, 평창, 고성, 인제, 화천, 속초, 영월, 울진, 봉화, 영양, 문경 등지에도 점처럼 뿌려져 있다. 전체 GPS 트랙을 정리하니 발자국 추적 누적거리는 150킬로미터 남짓 된다. 소처럼 우직한 걸음으로 만리를 간다는 우보만리牛步萬里에는 턱없이 모자라지만 촐랑거리는 담비 걸음 따라 380리 정도 갔다.

담비 무리의 크기는 한 마리에서 최대 여섯 마리까지 다양했다. 담비 여섯 마리가 떼거지로 지나간 발자국을 보자니 어지러움이 몰려왔다. 단순 이동 시에는 같은 경로로 지나가 여섯 마리 발자국이 마구 겹쳐서 찍혔고, 먹이 탐색할 때는 5~10미터 내외의 거리를 두고 흩어졌다 합류했다를 반복했다. 혼란스럽긴 했지만 한 마리의 발자국을 놓치더라도 다른 녀석 발자국으로 갈아타면 되니 추적이 수월했다. 반면 외로워 보이는 단독생활 개체의 발자국은 놓치면 낭패이므로 보다 집중하여 차근차근 쫓아야 했다.

배고픈 담비 발자국은 여느 때보다 분주한 기색을 보인다. 발자국은 땅 위의 작은 구멍이나 나무뿌리, 나무더미, 관목림 하층부 등을 허투루 지나치지 않았다. 발자국은 나무 위로 이어져 나무 동공이나 비어 있는 새 둥지를 탐색하기도 했다. 이는 설치류, 멧토끼, 고라니 등의 은신처를 급습하는 사냥이거나 하늘다람쥐 등이 저장해 놓은 먹이를 찾고자 하는 행동이다.

담비 발자국의 간격이 갑자기 커지고, 어지럽게 찍혔다면 필히 사냥감을 쫓기 시작한 것이다. 어떤 '왕건이'를 건졌는지 궁금증에 심장박동도 빨라지며 나도 모르게 발자국을 빠르게 따라간다. 자세히 보니 멧토끼 발자국 위로 담비 발자국이 겹쳐 있다. 쫓고 쫓기는 추격전이 벌어진다. 포식자와 피식자의 발자국은 숨 가쁘게 조릿대 군락으로 이어지고, 어지럽게 흩어지다가 결국 서로 어긋난다. 사냥 실패다. 300미터에 이른 추격전은 토끼의 승리로 끝났다. 먹히는 자의 목숨을 건 달리기가 더 절실하기 마련이다. 입맛만 다신 담비는 다시 다른 먹이를 찾아 탐색을 계속한다. 토끼 발자국과 갈라선 담비 발자국의 표정은 왠지 씁쓸해 보인다.

겨울 아침 속리산 기슭에서 담비 발자국을 추적 중이었다. 담비 두 마

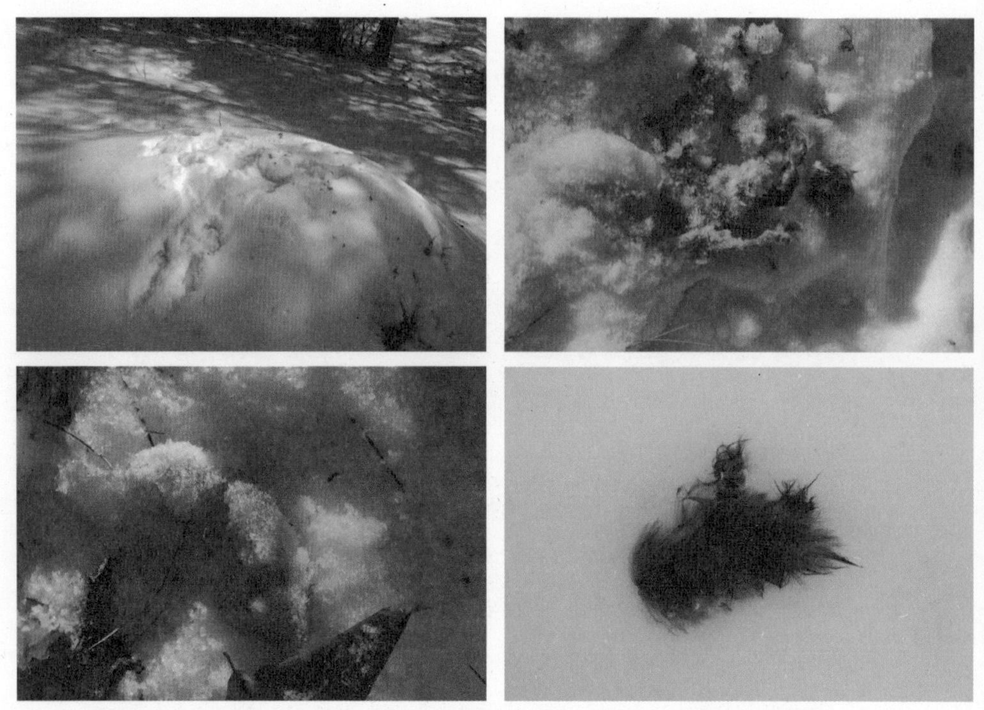

담비의 하늘다람쥐 사냥 현장. 하늘다람쥐 꼬리만 온전히 남았다. 털이 풍성한 하늘다람쥐의 꼬리는 활공 시에 방향추 역할을 한다.

리 발자국이 무덤 위로 이어졌다. 무덤 위에는 담비가 뒹굴었는지 눈이 다 헤쳐져 있었다. 자세히 살펴보니 핏덩이가 뿌려져 있다. 드디어 무언가를 잡았다. 붉은 핏덩이가 채 얼어붙지 않은 것으로 보아 사냥은 조금 전 이른 아침에 성공한 듯했다. 누구의 피일까? 무덤가를 서성이다 마침내 피해자의 신원을 확보했다. 제법 풍성한 하늘다람쥐 꼬리털이 눈밭에 떨어져 있었다. 꼬리는 하늘다람쥐가 나무와 나무 사이를 활공할 때 방향키 역할을 하는 중요한 신체 부위다. 사건을 정리하면 멸종위기 2급인 담비 두 마리가 천연기념물이자 멸종위기 2급인 하늘다람쥐를 이른 아침에 남의 무덤 위에서 잡수셨다.

물꼬가 터졌는지 이 발견을 시작으로 담비의 사냥 성공 건을 번번이 확인할 수 있었다. 청설모와 하늘다람쥐는 단골 메뉴였다. 담비가 나무 타기의 명수인만큼 나무에서 주로 생활하는 녀석들에게 나무 위는 결코 안전지대가 될 수 없다. 다람쥐처럼 겨울잠을 잤으면 좋았을 것을! 날아다닐 수 있는 조류도 담비 식단에서 빠질 수 없다. 담비 무리가 해체하고 나서 눈밭에 흩어져 있는 어치와 멧비둘기의 깃털을 확인했다. 나무 위에서 벌어진 사냥은 정확한 움직임과 과정을 알아내기 힘들었다. 수치로 정리하면 먹이 탐색 흔적은 1킬로미터당 0.86개가 발견되었고, 먹이 사냥 성공 흔적은 1킬로미터당 0.34개로 나타났으며, 사냥 성공률은 34.7퍼센트였다. 야구로 따지면 담비는 3할4푼 타율의 실력이 출중한 타자다. 메이저리그 진출도 가능하겠는데, 이거.

우리 땅에서 펼쳐지는 담비의 고라니 사냥 현장

담비의 사냥 실력을 여기까지만 기술하면 담비가 서운할 것이다. 그날의 날짜가 아직 또렷하게 기억에 남아 있다. 2011년 1월 26일. 속리산 자락의 야산이었다. 무선 추적하던 속리산 어미 담비가 며칠 머물던 숲을 탐색하던 중에 하루 전 지나간 발자국을 찾고 바로 따라붙었다. 어미 담비와 새끼들은 이미 건너편 산으로 넘어간 상태라 그들에게 교란을 줄 염려는 없었다. 담비 세 마리의 발자국은 숲 가장자리를 따라 관목과 덤불지대를 부지런히 훑고 지나갔다. 어느 지점에서부터인가 발자국이 어지럽게 흩어졌다. 낙엽송 다섯 그루가 지난 여름 태풍에 쓰러져 여기저기 뒹굴고 있었다. 발자국은 쓰러진 나무 사이에 움푹 들어간 구덩이로 이어졌다. 그리고 거기에는 고라니 사체가 있었다. 고라니 털은 여기저기 흩날려 있고, 살점은 대부분 뜯긴 상태였다. 앙상한 갈비뼈가 고스란히 드러났으며 먹을 것 없는 얼굴만 온전했다. 고라니가 당한 지 꽤 오래된 상태라 담비가 사냥한 것이라고 단정 지을 수는 없었다.

두 번째 발견은 지리산으로 무대를 옮겼다. 성삼재에서 노고단 올라가는 길목에서 등산로를 가로지른 담비 발자국을 발견했다. 냉큼 발자국을 따라 골짜기 쪽으로 발걸음을 옮겼다. 계곡에 이르자 담비 발자국은 어지럽게 흐트러졌다. 계곡 주변에서 담비 2마리 발자국이 뱅글뱅글 돌았다. 계곡 눈밭은 단단하게 다져졌고, 고라니의 털이며 핏덩이가 떨어져 있었다. 누가 봐도 심각한 사건이 일어났음을 알 수 있었다. 발자국의 최종 목적지는 조릿대 군락이었다. 조릿대 사이에 고라니 한 마리가 쓰러져 있다. 새하얀 눈에 찍힌 담비 발자국은 선홍빛이 감돌았다. 혈흔이라는 것을 몰랐다면 핑크마티니나 오미자차 혹은 아이스와인 빛깔처럼 색이 참 곱다라고 감탄했을 테지만 나는 살육의 장소 한가운데에 있었다. 고라니의 귀는 절반 이상 뜯겨 있고, 눈동자는 파여 있으며, 목덜미엔 송곳니로 물린 구멍이 나 있었다. 선혈이 낭자한 가운데 고라니 앞발 두 개는 뜯겨져 각기 따로 나뒹굴었다.

계곡 주변에는 담비 발자국만 어지럽게 찍혀 있어서 담비가 직접 살아 있는 고라니를 사냥했다는 확신이 들었다. 더욱이 사체 발견 지역은 국립공원 구역으로 총포를 사용한 수렵이 금지되어 있고, 탈진으로 사망할 정도의 폭설이 없었으며, 주변에 올무 등의 밀렵 흔적이 없어서 담비가 이미 죽은 고라니를 발견했을 가능성이 희박했다. 한반도 자연생태계에서 가장 극적으로 먹고 먹히는 장면을 꼽는다면 무엇일까? 검독수리의 노루 사냥? 삵의 두루미 사냥? 왜가리의 황소개구리 먹방? 어려운 선택이지만 담비의 고라니 사냥이 가장 극적이지 않을까. 그리고 지금 그 현장에 와 있다. 〈동물의 왕국〉과 〈퀴즈탐험 신비의 세계〉에서 보여 준 사자며 치타의 사냥 장면에 익숙해졌건만 우리 땅에서 우리 동물이 벌여놓은 기가 막힌 사냥 현장은 또 다른 의미로 다가왔다. 현장을 돌며 사진을 찍는 내내 흥분한 나머지 손을 부들부들 떨었다.

고라니 사체 주변에 카메라를 설치하고 현장을 빠져나왔다. 범인은 현장에 다시 나타나는 법이다. 게다가 고라니 사체에는 살코기가 제법 남아 있었다.

보름 뒤에 다시 계곡을 찾았다. 그새 고라니는 앙상해졌다. 갈빗대가 허옇게 드러나고, 힘줄을 제외하곤 살이 깨끗하게 발려져 있었다. 카메라에 촬영된 영상을 확인하니 담비 두 마리가 3~6일 간격으로 고라니를 찾아왔다. 고라니 몸통에다 머리를 깊숙이 들이박고 남은 살점을 뜯었다. 고라니를 찾아온 건 담비뿐이 아니었다. 너구리가 한 번, 족제비가 두 번, 어치가 다섯 번, 큰부리까마귀가 일곱 번 찾아와 굶주린 배를 채우고 갔다. 이들은 먹잇감을 두고 싸우는 대신 시간 차를 두고 차례차례 고라니를 방문했다. 즉 담비가 고라니 사냥에 성공하면 겨울 숲에 한바탕 잔치가 벌어지는 것이다. 故라니는 죽음으로서 겨우내 굶주린 여러 생명을 살리고 있었다.

이 땅에선 안타깝게도 지난 세기에 호랑이, 표범, 늑대와 같은 대형 식육목이 멸종했다. 최상위 포식자가 더 이상 존재하지 않는 것이 어쩌면 우리나라 산림생태계의 가장 큰 비극이다. 포식자의 부재로 고라니, 멧돼지와 같은 초식동물은 과도하게 번성하였고, 그 피해는 결국 사람에게 돌아왔다. 사람들은 포식자를 없애 버린 원죄는 까맣게 잊어버리고, 그저 초식동물을 원망하고 탓하기에 바쁘다.

담비의 존재는 한반도 숲에 작은 희망 하나를 던져 준다. 담비는 대형 식육목이 사라진 산림생태계에서 초식동물의 천적 역할을 하고 있다. 이들 개체군에 영향을 미치는 생태계 조절자가 아직 있다는 것은 그 존재

범인은 현장에 다시 나타나는 법이다.

평소 노고단 일대에서 관찰되는 수컷 두 마리로 구성된 무리. 고라니를 계곡으로 몰아 협공하여 사냥에 성공했다.

사냥한 고라니는 한 번에 다 먹지 못하고, 다시 찾아와 먹는다.

자체만으로도 가슴 설레는 일이다. 그 후로도 속리산에서 한 번, 오대산에서 한 번 더 담비가 사냥한 고라니 사체를 찾았다.

몸무게 2~4킬로그램인 담비가 몸무게 8~15킬로그램인 체구가 훨씬 큰 고라니를 어떻게 사냥할 수 있을까? 그 의문은 대만에서 촬영된 영상을 보고 비로소 풀렸다. 2011년 대만 임업국이 영상을 공개했다. 담비 무리가 문착사슴*Muntiacus reevesi*(15~18킬로그램)을 사냥하는 모습 일부가 우연히 촬영되었다. 담비 한 마리는 문착사슴 궁디를 바로 쫓는다. 다른 한 마리는 수관층에서 문착사슴을 한껏 교란시킨다. 혼란을 느낀 문착사슴은 달리는 방향을 이리저리 급하게 튼다. 그러자 또 다른 담비 한 마리가 회전 반경을 가로질러 문착사슴을 덮친다. 너무도 순식간에 벌어진 일이라 동체시력은 따라가지 못하고 영상재생은 어느새 끝나 있다. 재생속도를 느리게, 혹은 순간순간 화면을 정지하여 그 찰나를 찬찬히 따져본다. 역할 분담이 확실한 완벽한 협동 사냥의 순간이었다.

"담부떼가 호랑이를 잡아 묵는다."라는 옛말은 괜히 나온 말이 아니었다. 분명 날쌘 담비의 떼거리 사냥 장면을 우연찮게 목격한 심마니나 산적들이 있었을 것이다. 그 광경을 보고는 혀를 내두르며 저잣거리로 내려왔을 것이고, 말은 말을 이어 말이 되었다. 옛말은 약간의 과장은 있되, 전혀 얼토당토않은 거짓말은 아니었다. 선조들은 담비가 완벽한 민첩성과 조직력을 지녔으니, 호랑이를 홀리는 것도 가능하리라 판단했을 것이다.

담비속*Martes* Spp의 단독생활을 하는 소나무담비Pine marten, 바위담비Stone marten, 일본담비Japanese marten, 검은담비Sable의 경우 포유류 중대형종을 사냥하지 않는 것으로 보고되었다(Powell, 1979; Smith and Schaefer, 2002; Zalewski and Jędrzejewski, 2006; Parr and Duckworth, 2007; Newman et al., 2011). 소싯적 흔하게 했던 사자랑 호랑이가 싸우면 누가 이기냐는

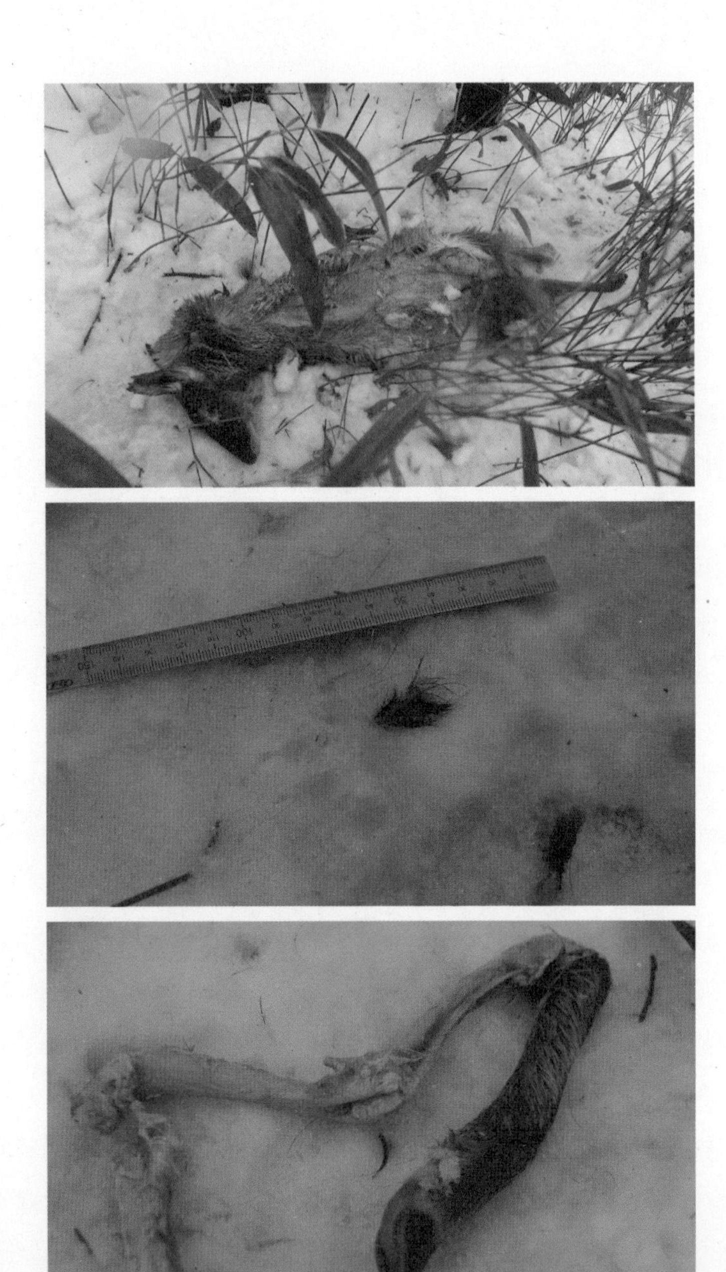

담비의 고라니 사냥 현장(지리산)

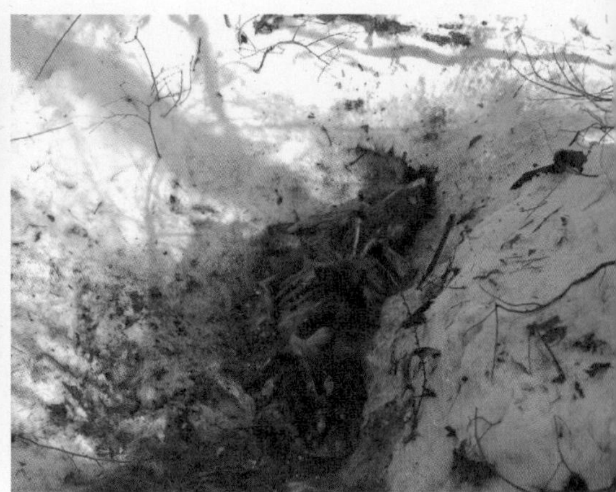

담비의 고라니 사냥 현장(속리산)

유치한 단골 질문을 담비의 세계에 적용한다면? 누가 뭐래도 우리나라 담비가 짱 먹을 것이다. 담비 세계에 있어서는 맘껏 '국뽕'에 차올라도 된다.

멧돼지를 물리치다

눈 위 담비 발자국 따라다니는 일과 더불어 당시 지상 최대 과업은 담비 똥을 모으는 것이었다. 똥을 거울 삼아 담비의 식습관을 알아보고자 했다. 세상일은 결국 먹고사는 문제로 귀결되는 법이다. 무얼 먹는지 알아야 해당 종에 대한 맞춤형 보전 전략을 세울 수 있다. 담비 똥을 가장 쉽게 찾을 수 있는 곳은 능선상에 있는 바위나 쓰러진 나무 위다. 길게 뻗은 능선을 쭉 따라가면서 똥을 줍는 것이 담비 똥을 한 번에 많이 확보하는 가장 효율적인 방법이다. 정작 약에 쓰려면 없는 개똥과는 달리 연구에 쓰려는 담비 똥은 착하게도 지리산 능선마다 풍성했다.

노고단에서 왕시루봉 방면 능선으로 내려오며 담비 똥을 줍던 날이었다. 똥 봉지를 들고 털레털레 내려오는 데 전방에서 부스럭거리는 소리가 들렸다. 소리가 점점 가까워지고, 괴생명체가 능선을 따라 올라오고 있음을 감지했다. 대낮에 능선 길을 용감하게 다니는 동물은? 그렇다. 바로 낮에 활발히 활동을 하고, 주로 능선을 이동로로 삼고 똥을 싸는 담비일 것이다. 간만에 담비와 조우하는 기회를 잡았으니 야생 담비의 기가 막힌 사진을 찍기 위한 준비를 시작했다.

아름드리 소나무 뒤에 몸을 숨겼다. 카메라 셔터 스피드를 잔뜩 올리고 망원 줌을 바짝 당겼다. 초근접 사진을 찍을 생각, 증명사진에 준하는 담비 사진을 건질 생각에 가슴이 뛰었다. 호흡이 빨라졌지만 들숨날숨 소리를 억제했다. 짐승 소리는 점점 가까워졌다. 녀석은 능선 길을 따라 산을 올라오고 있었다. 담비가 바로 코앞까지 왔을 때 나는 자객의 포즈로 날렵하게 몸을 회전하여 카메라 렌즈를 능선 방향으로 들이댔다. 그 순간, 찰나였지만 뷰파인더 너머로 포착된 뜻밖의 물체가 언뜻 보였고, 무언가 크게 잘못되었음을 알아차렸다. 바로 앞에 모습을 보인 것은 위풍당당한 멧돼지였다.

순간 나도 놀라고 멧돼지도 놀랐다. 본능적으로 눈에 보이는 소나무 줄기를 부여잡고 기어오르기 시작했다. 나도 모르는 초인적인 힘이 나왔다. 두 손으로 나무줄기를 움켜잡고 두 발을 버둥거리며 수피를 박차고 나무에 올랐다. 줄기에서 뻗어나온 가지를 눈에 보이는 대로 손에 걸리는 대로 닥치는 대로 움켜잡았다. 어느새 전체 높이의 중간 이상으로 올라온 듯싶었다. 아뿔싸! 썩은 가지였나 보다. 오른손으로 붙잡은 가지가 빠지직 소리를 내며 부러졌고 나는 보기 좋게 나무에서 떨어졌다. 뒤로 낙하하니 눈앞에 풍경이 뒤에서 앞으로 지나간다. 찰나에 온갖 생각이 머리를 스쳤다. 그 와중에 언제 땅에 닿을지 모르는 답답함이 제일 부담스러웠다. 쿵. 중력에 의해 땅과 맞닿았다. 정신을 차릴 겨를도 없이 고개를 돌려 멧돼지의 동태를 살폈다.

멧돼지는 가고 없었다. 나무에서 떨어졌을 때 멧돼지가 나를 저猪돌적으로 덮쳤더라면 나는 아마도 지금 이렇게 신나게 자판을 두드리지 못하고 있을 것이다. 아무튼 멧돼지는 없었다. '결국 내가 멧돼지를 물리쳤다!'가 아니라 멧돼지는 "저 등신, 저 모지리." 하며 혀를 끌끌 차고 자리를 떴을 것이다.

그제야 안도감과 함께 허리며 손목이며 온몸에 갖은 통증이 엄습했다. 어떻게 된 영문인지 옷이 다 찢어지고, 여기저기 피투성이가 되었다. 특히 손가락에선 어디에 베인 듯 붉은 피가 스멀스멀 뿜어져 나왔다. 급한 대로 찢어진 옷자락으로 상처 부위를 묶어 지혈하고 서둘러 산을 내려왔다.

산 아래에서 동료들을 만났을 때는 말 그대로 거지꼴이었다. 다들 무슨 일이 있었냐고 놀라워했다. 쪽팔림이 컸기에 멧돼지 무리와 18 대 1로 싸우다, 아니 반달가슴곰과 맞짱을 뜨다 이렇게 됐다고 말하고 싶었지만, 그냥 사실대로 고했다. 나라고 생존술 전문가인 베어 그릴스처럼 멋지게 나무에 훌쩍 오르고 싶지 않았겠는가. 하지만 현실의 나는 얼어죽을 운동신경과 짜리몽땅한 몸뚱이의 소유자다. 아무튼 나는 백치미를 동원하여 멧돼지를 퇴치하고 보잘것없는 생명을 부지하는 데 성공했다. 피를 질질 흘리며 주워 온 담비 똥도 무사했다. 나쁘지 않은 하루였다.

똥에서 답을 찾다

멧돼지를 물리쳐 가며, 눈 위 담비 발자국을 따라가며, 큰 능선을 걸으며 담비 똥을 부지런히 찾았다. 지리산 자락에 사는 하정옥, 박한강 님은 동네 근처에서 담비 똥을 줍는 대로 택배로 보내주었다. 그렇게 해서 총 952개의 담비 똥을 모았다.

똥은 말 그대로 동물이 먹고 삼킨 것이 체내 대사활동을 거쳐 나오는 찌꺼기다. 똥은 담비가 무엇을 먹고사는지를 알려주는 중요한 열쇠다.

똥을 처리하는 과정은 가장 먼저 담비 똥 생중량을 측정하는 것이다. 이어 드라이오븐에 넣고 5시간 동안 건조시킨 후 바짝 마른 똥을 꺼내어 건중량을 잰다. 똥을 물에 풀어 분해하여 체로 친다. 건더기를 건져내어 다시 말리고 식물, 포유류, 조류, 양서파충류, 곤충 등으로 잔해물을 분류한다. 씨앗, 털, 깃털, 껍질, 뼈, 치아 등이 종 동정에 중요한 단서가 된다.

똥 분석은 노동집약적인 가내수공업이다. 똥 작업을 할 때는 실험용 라텍스 장갑을 끼고 방진 마스크를 쓴다. 반도체 공정마냥 정밀한 과정이라기보다는 똥독과 똥 가루가 두려울 따름이다. 상쾌한 모닝 똥으로 하루를 열고, 실험실에 흩날린 똥 가루를 치우면서 하루를 마감했다. 똥으로 시작해 똥으로 끝나는 하루다. 담비 똥에 파묻혀 지내는 똥쟁이나 다름 아니었다. 하긴 이미 학창시절에도 '똥걸이'로 불렸다.

똥이 알려준 담비의 먹이 구성은 식물성 42.3퍼센트, 포유류 29.8퍼센트, 조류 11.3퍼센트, 곤충 8.2퍼센트, 꿀 4.7퍼센트, 양서파충류 1.8퍼센트순이었다.

식물성 먹이는 열매가 대부분이었다. 봄에는 버찌와 오디를 먹고, 늦여름에는 으름, 가을에는 다래, 감, 고욤, 헛개, 머루를 먹었다. 나무를 잘 오르는 담비는 단맛 나는 제철과일을 마음껏 즐기고 있었다. 담비가 섭취한 열매의 과육은 소화되고 종자는 그대로 배설되었다. 하루 이동거리가 10킬로미터에 달하고 여러 번 나누어 배설하는 특성상 담비는 숲의 재생산을 돕는 중요한 종자 산포자다. 더군다나 담비의 소화기관을 거쳐 배설된 식물 종자는 발아율이 높다(Zhou et al., 2008), 담비는 나무에 올라 그저 달달한 열매를 무전취식하는 것이 아니라 과일값을 톡톡히 지불하고 있는 셈이다.

포유류 먹이 빈도는 다람쥐, 쥐류, 청설모, 하늘다람쥐순으로 나타났고, 조류는 어치, 지빠귀류, 박새순이었다. 새들이 둥지에 알을 낳는 봄철 똥에는 알 껍데기도 나왔다. 역시 나무를 잘 타는 녀석답게 나무에 사는 먹잇감도 잘 잡았다.

포유류 먹이 중에서는 고라니, 노루, 멧돼지와 같은 중대형 유제류가 29퍼센트를 차지했다. 똥에서 나온 털의 구조를 분석한 결과 고라니, 노루의 경우 성체와 새끼의 비율이 각각 절반이었고, 멧돼지는 새끼가 80퍼센트를 차지했다. 고라니, 노루는 성체까지 사냥이 가능하며, 멧돼지는 주로 새끼를 사냥함을 알 수 있었다. 담비의 협동 사냥 능력이 똥을 통해서도 증명되었다.

특이하게도 꿀이 전체 먹이에서 5퍼센트를 차지했다. 담비가 벌집을 털어 꿀을 먹는 것이다. 그래서인지 중국에서는 담비 별명이 꿀개蜜狗다. 한편 곤충류 먹이에서는 말벌류가 82퍼센트로 다수고 꿀벌은 나오지 않았다. 즉 담비가 꿀을 얻기 위해 벌집을 습격하지만 꿀벌은 먹지 않고, 반대로 꿀벌의 천적인 말벌은 적극적으로 사냥했다. 담비는 말벌 중에서도 특히 동면중인 여왕벌을 집중 공략하는데, 여왕벌이 희생된 이듬해 말벌 개체군에 끼치는 영향력은 상당하다. 담비가 먹이사슬의 구조와 원리를 이해하고, 꿀 생산의 지속 가능성을 담보하기 위해 선택적으로 먹이를 섭취하는 것일까? 단순한 우연일까? 향후 진화생물학적 연구가 필요한 대목이다.

담비는 계절에 따라 유동적으로 다양한 먹이원을 섭취하고, 미식가적 기질을 가진 잡식동물이다. 즉, 산에 있는 좋은 거는 혼자 다 먹는다. 먹

담비 똥의 다양한 모습.
무엇을 먹었느냐가 똥의 모양과 질감을 좌우한다.

다래

말벌

고라니

버찌

꾸지뽕

고욤

이활동을 통해 다양한 분류군의 개체군을 조절하고, 식물 종자를 널리 퍼뜨려 산림생태계에서 매우 중요한 역할을 하고 있다. 우리나라 산림생태계에 봄날 마른 땅을 적셔 주는 단비와 같은 담비다.

배수 파이프를 생태통로로 이용하는 야생동물

눈 위 발자국 추적의 가장 큰 장점은 담비의 행동거지 하나하나를 유추해 볼 수 있다는 점이다. 심지어 담비의 은밀한 사생활까지도! 특히 담비 배설 습성을 제대로 확인할 수 있었다. 발자국을 따라가면서 만난 담비 똥은 모조리 줍고, 위치를 하나하나 기록했다. 주운 똥 중 31개(64.6퍼센트)는 바위 위, 15개(31.3퍼센트)는 쓰러진 나무 위, 2개(4.2퍼센트)는 땅 위에 있었다. 왜 담비는 바위 위에 응가하는 걸 좋아하는가? 바위성애자인가?

담비가 자주 배설하는 바위에 카메라를 설치하여 관찰한 적이 있다. 3마리가 한 무리인 담비 패거리가 바위로 다가왔다. 앞장선 담비가 바위에 코를 갖다 대며 냄새를 킁킁 맡고는 바위에 스윽 올라 자리를 잡고 엉덩이를 좌우로 양껏 흔들어댔다. 순간 똥이 가래떡 뽑듯 슈욱 나와 바위 위에 떨어졌다. 첫 번째 담비가 시원하게 싸고 퇴장하자 두 번째 담비도 유사한 행동을 취했다. 세 번째 담비 또한. 그저 평범해 보이는 바위가 담비에게는 의미 있는 물체인 듯했다.

족제빗과의 동물은 분비물이나 배설물을 통해 다른 개체와 의사소통을 하고 자신의 영역을 표시한다(Hutchings and White, 2000). 엉덩이를 양껏 흔드는 행위도 항문샘을 바위에 문지르면서 페로몬을 묻히는 행위다. 야생동물에게 똥은 허투루 버릴 수 없는 소중한 의사소통 수단이다.

바위 위에 얌전하게 남겨진 똥은 "내가 이 숲의 대장이야." 혹은 "나는 지금 발정기야, 달아올랐어." 혹은 "당장 이 숲에서 꺼져줄래?" 등 저마다 내는 소리 없는 아우성이다. 따라서 다른 개체가 왔을 때 눈에 잘 띄고, 비교적 오래 남을 수 있는 바위나 쓰러진 나무 위에 배설하는 것이 이러한 의사소통에 보다 유리하게 작용할 것이다.

반면 오줌은 사정이 달랐다. 오줌은 바위 위 5곳(33.3퍼센트), 쓰러진 나무 위 3곳(20.0퍼센트), 땅 위 7곳(46.7퍼센트)에서 발견되었다. 똥과는 달리 장소를 가리지 않고 지렸다(Fisher's exact test: F=13.83, p<0.01). 아무래도 고체인 똥에 비해 액체인 오줌이 쉽게 증발하므로 보존 기간이 짧아 영역표시 수단으로서의 중요도가 떨어질 것이다. 하지만 개인적으로는 똥보다 샛노란 담비 오줌이 더 반갑다. 겨울철 눈 위에서만 만날 수 있는 귀한 존재이기 때문이다.

발자국을 따라가다 보니 담비가 도로를 건너는 정확한 지점도 찾을 수 있었다. 무선 추적만으로는 도로 횡단 장소를 파악하는 데 한계가 있어 더욱 값진 기회였다. 발자국 추적 도중 2차선 도로 및 1차선 임도를 횡단한 담비의 발자국을 총 12차례 발견하였다. 이 중 산림 관통도로 횡단이 10회, 농경지와 하천 사이 도로 횡단이 1회, 산림과 하천 사이 도로 횡단이 1회로, 대부분 산림을 가로질러 가는 도로를 건너갔다. 도로를 건넌 담비 발자국은 숲에서 나와 망설이거나 주위를 살피는 기색 없이 곧장 도로로 뛰어들었다. 3마리로 구성된 무리가 함께 건넌 흔적에서는 앞장선 담비가 디뎌놓은 발자국을 따라 한 마리씩 차례대로 도로로 진입했다. 물론 이때도 좌고우면의 겨를 없이 도로로 직진했다. 도로 건너편 숲만 눈에 들어오는 듯했다. 확률상 교통량이 많은 산림 관통도로에서는 그만큼 로드킬 위험이 클 수밖에 없다.

총 12회의 도로 횡단 중 8차례는 노면 횡단을 했고, 3차례는 도로 하

담비는 도로 아래 배수 파이프를 통해 찻길을 안전하게 건너다녔다.

부의 지름 1미터의 수로 파이프, 한 차례는 0.5미터 수로 파이프를 통과하였다. 삵, 족제비, 너구리 등 식육목 동물은 배수 파이프나 수로박스 등의 좁고 어두운 공간을 마다하지 않고, 오히려 은신처로 사용하기도 한다. 좁고 음침한 곳을 좋아하는 녀석들이다. 담비 또한 이러한 구조물을 거부감 없이 잘 이용하는 것으로 나타났다.

담비 통과가 확인된 2차선 도로 아래 지름 0.5미터 배수 파이프에 카메라를 설치해 보았다. 담비는 다시 올까? 두근두근. 한 달 뒤에 뚜껑을 열어보니 담비는 약 5일 간격으로 파이프를 통과했다. 파이프를 이용한 고객 중에는 낯익은 녀석도 있었다. 바로 효녀 담비와 딸래미! 능숙하게 파이프를 '사샤삭' 통과했다. 담비는 행동권 내 도로를 수시로 횡단하는 경우가 많고, 익숙한 도로 하부 구조물을 반복적으로 이용했다. 따라서 담비 로드킬 저감을 위해서는 도로 하부 구조물로 유인할 수 있는 유도 울타리를 설치하거나 신규 생태통로를 설치하는 것이 도움이 된다. 특히 담비 서식지를 가로지르는 교통량이 많은 산림 관통도로에 이와 같은 저감대책이 우선적으로 필요하다.

담비는 전형적인 산림성 동물로 숲 깊숙한 곳에서만 생활하는 줄 알았다. 하지만 겨울에 담비 발자국은 종종 숲을 빠져나와 부지런히 설치류와 고라니, 멧토끼, 꿩 등의 은신처가 되는 숲 가장자리를 수색했다. 먹이탐색을 위해 숲 가장자리의 관목림을 따라 이동하거나 산림 밖 개활지나 과수원 및 농경지로 나오는 경우도 있었다. 겨울철 야산에 흔하게 설치되는 토끼용 올무나 덫 등에 희생될 가능성이 크다는 점이 염려되었다.

눈길을 걸으며 눈길을 서정적으로 묘사한 이청준의 소설 《눈길》을 떠올렸다.

어머니는 설 명절에 고향을 방문한 아들을 반갑게 맞이한다. 가세가 기울어 형편이 어려워졌지만 아들에게 티를 내지 않고 명절음식을 정성껏 차려 배불리 먹인다. 아들은 다시 도시로 돌아가야 하고, 모자는 이른 새벽에 눈길을 한참동안 걸어 읍내까지 간다. 어머니는 아들을 버스에 태우고, 버스가 시야에서 사라질 때까지 바라본다. 어머니 혼자 집으로 돌아오는 길에서, 아들과 함께 걸어왔던 발자국을 마주한다.

> 굽이굽이 외지기만 한 그 산길을 저 아그 발자국만 따라 밟고 왔더니라. 오목오목 디뎌논 그 아그 발자국마다 한도 없는 눈물을 뿌리며 돌아왔제. 내 자석아, 내 자석아, 부디 몸이나 성히 지내거

라. 부디부디 너라도 좋은 운 타고 복 받고 살거라. 눈앞이 가리도록 눈물을 떨구면서 눈물로 저 아그 앞길만 빌고 왔제.

유난히 해가 짧은 겨울날. 어스름이 내리자 나는 서둘러 담비와 내가 디뎌놓은 발자국을 거꾸로 즈려밟고 산에서 내려온다. 담비야. 담비야. 부디 몸이나 성히 지내거라. 도로 건널 때 조심하고, 올무 따위에 걸리지 말고. 부디부디 좋은 운 타고 복 받고 살거라.

5
만남과 이별, 재회의 기쁨을 준 콩쥐와 팥쥐 자매

지루한 현장조사가 과학을 지탱한다

4년의 공백을 깨고 2017년에 다시 담비 무선 추적 연구를 이어갈 수 있었다. 국립생태원으로 자리를 옮겼고, 나의 업무 분장은 서식지 단절과 선형 구조물에 의한 생태계 영향 파악과 저감방안 마련 연구였다. 자연스레 야생동물의 이동 특성 규명도 중요한 연구 꼭지 중 하나였다. 감사하게도 그동안 고민했던 주제를 계속 이어 나갈 수 있었다.

기술은 좀 더 발전해서 그사이 트랩 발신기를 대체한 물건이 나왔다. 동물의 움직임을 감지하면 자동으로 촬영되는 센서 카메라 영상이 통신사 기지국을 통해 휴대전화 문자 메시지로 전달되었다. 멀리 떨어져 있어도 트랩 상황을 실시간으로 알 수 있었다. 세상 참 좋아졌다.

하지만 기술의 진보엔 언제나 어두운 이면이 있게 마련. 자칫하면 현장에서 멀어지는 결과를 초래할 수 있어서 경계해야 한다. 생태학자에게 현장에서 멀어지는 것은 자연의 이해에 대한 퇴보를 의미한다. 그저 데이터만 받아서 컴퓨터 화면을 통해 내리는 결과의 해석과 고찰은 말 그대로 탁상공론이 될 수 있으니 경계해야 한다. 지루한 현장조사가 과학을 지탱한다.

이런 걱정과 달리 문명의 이기는 달콤했다. 휴대전화로 전달된 영상에 담비가 아닌 다른 동물이 들어오면 긴장을 풀고 빈손으로 뒷짐 지고 털레털레 트랩으로 가서 그저 녀석을 풀어주면 된다. 덕분에 남원, 함양, 구례 일대 지리산 북부 백두대간 자락에서 담비 포획을 동시다발적으로 시도할 수 있었다. 기존 무선 추적 연구를 국립공원 내부의 담비 서식 밀도도 높고 식생도 양호한 큰 산림에서 실시했다면 이번에는 비교적 작은 산림 조각과 숲 가장자리, 농경지 및 사람 사는 동네와 가까운 서식지에서 진행했다.

담비가 트랩 주변에 얼쩡거리면 입질을 시작할 때부터 담비의 존재를 알 수 있었다. 들어가라. 들어가라. 제발. 담비를 낚는 낚시꾼이 되어 조마조마한 순간을 만끽한다. 낚싯대를 간질이는 입질의 손맛은 휴대전화 진동으로 대체된다. 그리고 드디어 트랩 문이 닫히면, 출동이다.

3월 중순 어느 금요일 밤이었다. 소식은 함양에서 가장 먼저 들려왔다. 함양 법화산 자락 트랩에 들어간 담비 영상이 전송되어 주머니 속 휴대전화가 흔들렸다. 트랩을 설치할 당시 트랩 앞 쓰러진 나무에는 담비 발톱 자국이 어지럽게 나 있었다. 담비가 즐겨 찾는 장소인 듯싶었는데 역시나 명당이었다. 트랩에 들어온 건 암컷 담비였다. 2.4킬로그램 남짓 나가는 전 해에 태어난 어린 녀석이었다. GPS 발신기를 부착하고 방사했다.

정확히 일주일 뒤였다. 휴대전화 진동이 울렸다. 지난 주와 같은 트랩이었다. 또다시 불금에 출동이다. 기쁜 소식이었지만 한편으로 주말의 증발이 아쉽기도 했다. 열정과 순수함은 옅어지고 어쩔 수 없는 직장인이 되어 가는 건가. 트랩에 들어온 건 암컷 담비였다. 2.3킬로그램 남짓의 역시 전 해에 태어난 어린 녀석이었다. GPS 발신기를 부착하고 방사했다.

두 녀석의 위치를 확인해 보니 항상 같이 다니고 있었다. 둘은 한 무리였다. 카메라에는 발신기를 찬 두 마리 새끼와 또 다른 담비 한 마리가 같이 다녔다. 그렇다면 나머지 한 마리의 정체는 누구일까? 센서 카메라에 촬영된 사진을 한참 들여다보았다. 이 각도 저 각도에서 촬영된 사진을 쭉 늘어놓고 본다. 생식기 쪽에 고환이 보이지 않는 것으로 보아 녀석은 암컷이다. 작년 봄에 낳은 자매를 돌보며 겨울을 같이 나고 있는 엄마로 추정된다. 엄마 + 딸래미 1 + 딸래미 2 조합의 무리다.

한 무리에 두 마리 이상 개체에 발신기를 부착한 사례는 이 번이 세 번째다. 첫 번째는 모녀, 두 번째와 이 번은 자매에게 나란히 목걸이를 달았다. 트랩에 들어와 미끼로 배를 채우고, 수면마취하고 건강검진하고, 목걸이를 얻는 일련의 과정이 그리 나쁘지 않은 경험이었던 것일까. 아니면 담비는 학습 능력이 떨어져 같은 실수를 되풀이하는 것일까. 세 마리 이상의 한 무리를 잡아들인 적은 없었다. 두 번 이상의 재교육을 받아야 깊은 교훈을 얻을 수 있는 것인가. 하지만 샘플이 많지 않아 일반화하기는 어렵다. 담비에게 직접 물어볼 수도 없는 노릇이고. 설문과 전문가 면접을 통해 심층적으로 파고들 수 있는 인문, 사회학 연구가 부러울 때도 있다. 하지만 장님이 코를 더듬다 마침내 코끼리 전체의 몸뚱이를 알아가는 식으로 과학적 진실에 조금씩 다가가는 과정 자체가 생태학의 주요한 매력이기도 하다.

두 마리는 함께 다녀서 두 마리의 좌표를 한 장소에서 다운받을 수 있었다. 얼씨구나 좋다! GPS 발신기의 성능은 썩 신통치 않았다. 한 시간에 한 포인트의 좌표를 저장하도록 설정했는데, 성공적인 좌표 생성은 30퍼센트 내외. 즉 하루 24차례의 기회 중 8개 내외의 좌표만 정상적으로 수

콩쥐와의 첫 만남

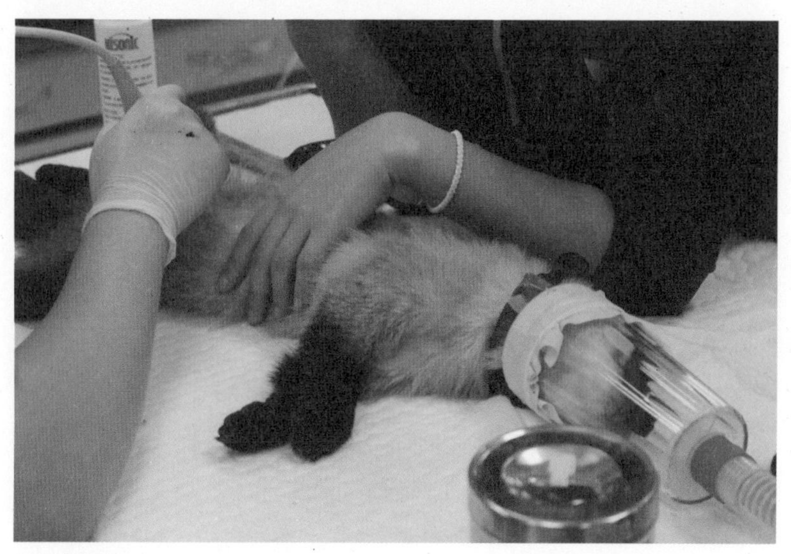
팥쥐. 초음파검사까지 완료.

신하여 저장되었다. 그나마 두 마리가 발신기를 달아서 데이터 손실을 어느 정도 벌충할 수 있었다. 둘이 분명 같이 있는데도 둘의 신호 감도가 달랐다. 발신기에도 뽑기 운이 작용하는 것 같다. 트랩에 먼저 들어온 녀석을 언니로 치고 콩쥐, 일주일 뒤 들어온 녀석을 팥쥐라고 불렀다. 누가 먼저 세상에 나왔을지 모르지만 트랩에 먼저 들어온 니가 언니 먹어라 했다. 언니의 발신기 신호감도가 조금 더 좋기도 했다.

돌이켜 보니 5년 전 노랭이, 빨갱이 자매의 사례와 비슷했다. 딸래미들은 곧 분산을 할 것이다. 노랭이와 빨갱이가 5월 중순에 독립했으니 분산까지 두 달 남짓 남았다. 데이터를 수집할 수 있는 기간이 그리 길지 않을 수도 있다. 이 무리의 행동권은 법화산 동쪽 산림에 걸쳐 있었다. 휴천면 문정리에서부터 태관리, 유림면 서주리에까지 나다녔다. 구대천저수지 뒤편 싸리재골에서 2~3일간 머물기도 했다. 전체 행동권 크기는 24제곱킬로미터에 이르렀다. 기존에 산림 면적이 큰 지역에서의 행동권(30~60제곱킬로미터)에 비하면 작게 나타났다.

무선 추적을 하기 위해 앞이 탁 트여 신호 받기가 수월한 법화산 자락 임도를 자주 들락날락했다. 산 7부에 걸쳐 이어진 임도에서는 유장하게 흐르는 엄천강이 내려다보였다. 담비 행동권의 남쪽 경계는 엄천강 수계를 따라 그려졌다. 담비 무리는 엄천강을 건너 지리산국립공원 내부로는 결코 들어가지 않았다. 강 너머 국립공원 내부 양질의 서식지는 아마 다른 담비 무리들이 득실거릴 것이다. 담비 행동권 경계 역할을 하는 엄천강을 기점으로 이쪽 마을과 저쪽 마을이 보였다. 고작 강 하나를 사이에 둔 저 두 고을의 한국전쟁 당시 운명은 극적으로 갈렸다.

박복원 리스트

1951년 2월 7일 정월 초이튿날 아침. 설 명절을 맞아 지리산 동쪽 골짜기의 산청군 가현, 방곡, 점촌 마을 주민들이 떡국을 끓여 아침을 준비하고 있을 때 산청 방면 고등재에서 한 무리의 군인들이 나타났다. 국군 11사단 9연대 3대대 군인들이었다. 군인들은 동네 사람들을 논바닥으로 불러 모았다. 영문도 모르고 불려 나간 주민들은 그 와중에 새해 덕담을 주고받았다. 주민들이 다 모이자 분위기는 급변했다. 총구가 주민들을 향했다. 국군에 의한 양민학살이 이루어졌다. 이른 아침 가현마을에서 시작된 학살극은 방곡, 점촌, 서주 마을로 오후 늦게까지 이어졌다. 133가구의 집이 잿더미가 되고, 양민 705명(어린이·여성·노인이 85퍼센트)이 느닷없이 떼죽음을 당했다. 빨치산의 보급을 차단할 목적으로 견벽청야堅壁淸野(지킬 것은 견고히 지키고 나머지는 쓸어버린다) 작전명에 의해 자행된 자국민 학살이었다.

학살이 이루어진 같은 시각 엄천강 이쪽 편에는 국군 11사단 9연대 본부가 주둔하고 있었다. 9연대장은 함양일대 면장, 지서장 등을 상대로 긴급회의를 소집해 통비분자를 색출하여 처형하고자 하니 명단을 제출하라고 했다. 각 면에 명단이 할당되었다. 청천벽력 같은 소식이었다. 휴천 지서장 최시문, 면장 정종옥, 지부장 박복원은 고심에 빠졌다. 1,000명의 처형자 명단을 억지로 만들어 내려면 대량학살을 피하지 못할 것이었다.

그날 오후 이들은 소와 돼지를 잡고 술을 마련하여 부대에 푸짐한 잔치를 베풀었다. 박복원 지부장은 자신의 집에 머물고 있는 연대장을 찾아가 회유했다. 그날 밤 사랑채에는 묘한 긴장감이 흘렀을 것이다. 백척간두에 선 그날의 대화 일부는 경상대 강희근 교수가 펴낸《산청·함양사건의 전말과 명예회복》에 다음과 같이 소개되어 있다.

"빨갱이라면 산에 있지 죽을라고 집에 숨어 있겠습니까? 차라리 내가 죽었으면 죽었지, 단 한 사람이라도 죄 없는 주민들을 죽게 할 수는 없습니다."

"주민들을 무차별 죽일 수 없으니 죄 없는 면민들을 대신하여 차라리 내가 죽겠다고 이렇게 찾아왔습니다. 죄가 있다면 이 사람에게 있으니 차라리 나를 죽여주시오."

그의 노력이 통하여 지금 담비의 행동권인 백연, 문상, 문하, 남호 마을은 가까스로 학살의 참화를 면했다. 엄천강을 사이에 두고 마을의 운명이 극적으로 갈라진 것이다. 우리 담비들은 슬픈 역사의 기운을 알아차려 저 강 너머로 얼씬도 하지 않은 것일까.

박복원은 이 사건 이외에도 수시로 억울하게 빨갱이로 몰린 휴천면민들의 석방을 위해 경찰서장을 찾아가 간청했다. 덕분에 다른 지방에서는 보도연맹으로 많은 사람이 죽었지만 휴천면에서는 희생자가 없었던 것은 그의 노력 덕분이었다.

박복원은 경남도청에서 발간한《경상남도사 제1장 인물편》에 1906년생으로 1986년에 소천했으며, 짤막한 일화만 담겨 있어 삶이 어떠했는지는 알지 못한다. 다만 그의 노력으로 무고한 수많은 생명을 살려냈다는 점에서 전쟁영웅과 다름없다. 담비로 인해 인연을 맺은 고장의 역사를 살펴보다가 나치로부터 많은 유대인을 구해 낸 쉰들러에 버금가는 한 사내를, 진정한 휴머니스트를 만났다.

콩쥐와 팥쥐 자매의 갈라진 행보

5월이 되자 묘한 긴장감이 돌았다. 이 시기에는 좌표 하나하나가 소중했다. 지금 뜨는 신호가 마지막 교신일 수도 있기에. 현장에 도착하면 서둘러 콩쥐, 팥쥐부터 찾았다. 언제 사라질지 모르는 신호를 거듭 확인했다. 물안개 피는 엄천강변에서 봄날 아침마다 조마조마했고, 신호를 찾고는 안도했다.

하지만 기어이 그날이 오고야 말았다. 5월 16일부터 팥쥐의 신호를 찾을 수 없었다. 한 가지 특이점은 콩쥐는 계속해서 법화산 인근에 머물러 있다는 사실이다. 센서 카메라에는 혼자가 된 콩쥐만 찍혔다. 혼자 다니는 콩쥐가 어미로부터 독립한 게 분명했다. 팥쥐는 분산하여 사라진 데 반해 콩쥐는 어미 영역에 남은 것이다. 어미가 불의의 사고를 당해 콩쥐가 새로운 주인이 된 것일까? 어미를 구분 지을 수 있는 외형적 특징이 없었기에 어미의 생사는 확인하지 못했다. 서식 밀도가 높지 않은 경우에는 어미 서식지에서 같이 살아가는 것일까? 팥쥐는 언니 등쌀에 못이겨 멀리 떠난 것일까? 의문을 풀 수 없었지만 어미로부터 독립하여 멀리 떠

콩쥐와 무리들

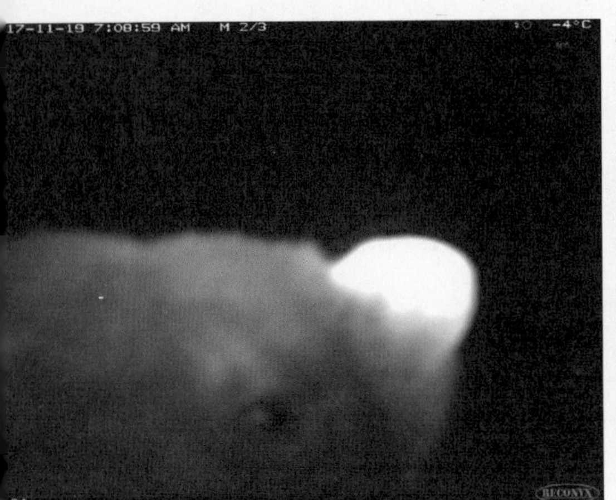

콩쥐야!
앗, 깜짝이야.

콩쥐와 짝꿍

나지 않고 그대로 남는 개체도 있음을 확인했다. 엄천강을 경계로 운명이 갈린 인간의 마을처럼 한날한시에 한배에서 나온 콩쥐와 팥쥐의 인생 여정도 엇갈렸다. 이후 콩쥐는 여름을 혼자서 났다. 발신기 수명이 다 되어 신호는 사라졌지만 카메라 화면을 통해 안부를 물을 수 있었다.

9월 10일 여느 때처럼 카메라 앞에 콩쥐가 나타났다. 어라, 그런데 혼자가 아니다. 정체를 모르는 두 마리와 같이 다니고 있었다. 새로운 무리를 형성했고, 추운 겨울도 이들과 함께 무사히 났다. 딸래미 시집보낼 적 아버지 마음에 조금이나마 다가설 수 있었다.

격동의 근현대사를 함께 겪어낸 야생동물

우리 팥쥐는 어디로 갔을까? 팥쥐를 찾아 남원, 산청, 장수 일대를 쏘다녔지만 찾지 못했다. 매번 겪는 일이지만 행방을 알 수 없는 무선 추적 개체를 찾아다니는 일은 참으로 막막했다.

한편 학살극을 벌인 3대대는 어디로 갔을까? 유족들이 펴낸 자료와 신문보도, 기밀 해제된 문서를 찾아보았다. 함양 민간인 학살 이후 3대대는 함양에서 거창으로 넘어가 719명의 양민을 학살하였다. 사건 후 유족들은 1954년 합동묘를 마련했다. 희생된 500여 명의 유골을 추슬러 큰 것은 남자, 작은 것은 여자, 아주 작은 것은 어린아이로 나누어 묘 2개를 만들었다. 1960년 4·19가 일어나고 민주정부가 세워지자 숨죽여 살던 유가족들은 학살 당시 군에 협력했던 신원면장을 찾아가 항의했지만 뉘우치는 기색이 없자 그를 불에 태워 죽였다. 피는 피를 부르고, 증오는 증오를 낳고, 폭력은 폭력을 일깨운다.

청야清野 작전은 이 땅의 야생동물에게도 적용되었다. 조선 후기부터 화전과 개간, 사냥으로 한반도에서 야생동물이 설 자리는 차츰 좁아지고 있었다. 일제강점기에 이르러 조선의 야생동물은 결정적 타격을 입었다. 조선총독부는 가엾은 식민지 백성의 안전을 위해 해로운 짐승을 잡아준다는 명분하에 일명 '해수구제정책'을 폈다. 조선총독부가 발간한 공식기록을 살펴보면 전국적으로 1915년에서 1942년 사이 호랑이 97마리, 표범 624마리가 포획되었다. 기록이 누락된 연도가 있고, 비공식적인 사냥 사례를 감안하면 이보다 훨씬 많은 수의 개체가 포획되었을 것이다. 대대적인 포획은 호랑이, 표범에 그치지 않았다. 포획 마리 수를 종 단위로 구분해 기록한 조선총독부 통계연보에 따르면 1933년에서 1942년까지 10년 사이에만 반달가슴곰 610마리, 늑대 1,141마리, 멧돼지 14,380마리, 노루 31,793마리를 잡아들였다. 말이 좋아 해수구제지 동물이란 동물은 얻어걸리는 대로 싹쓸이한 셈이다. 일제강점기 나라 잃은 설움은 이 땅의 자연생태계와 야생동물도 매한가지였다. 무분별한 남획으로 야생동물의 씨가 말라갔고, 오래된 아름드리나무 숲은 베어졌다.

해방의 기쁨도 잠시, 곧바로 이어진 전쟁은 야생동물 서식지를 철저히 파괴했다. 전란을 거치는 동안 이 땅의 야생동물의 삶은 어떠했을까. 민초들과 마찬가지로 갖은 고초를 겪었을 테다. 3년간의 전쟁으로 산림은 헐벗고 국토는 황폐해졌다. 포탄이 떨어지면 산 짐승들은 어디로 도망쳤을까. 화약 내음 풍기는 서식지는 어떠했을까. 그 험난한 시절 담비들은 어디서 목숨을 부지했을까. 야생동물도 청야 작전에 맞먹는 서식지의 교란과 소실을 고스란히 견뎌내어야 했다.

전쟁 후 사람들이 굶주리던 시절에 야생동물은 소중한 단백질원이기도 했다. 겨울철 농한기에 마을 단위로 이루어진 토끼, 멧돼지 몰이는 농촌문화가 됐다. 비로소 굶주림을 면하는 호시절이 왔어도 그릇된 보신문화로 인해 야생동물의 희생은 계속됐다. 진즉에 사라진 호랑이, 사슴과 달리 표범, 늑대, 여우는 전쟁 후에도 간신히 명맥을 유지하였으나 1960~70년대를 지나며 결국 자취를 감추었다. 지금껏 이 땅에 살아남은 동물들은 그야말로 산전수전 다 겪고도 살아남은 녀석들이다. 멸종위기종은 멸종위기종대로, 번성하고 있는 녀석들은 살아남음 그 자체로 존중받아야 하는 이유다.

한편 황폐해진 숲은 다행히 빠르게 회복되었다. 우리나라는 지구상에서 가장 모범적인 산림복원 국가로 손꼽힌다. 엄청난 추진력을 가진 조림정책에 힘입어 헐벗었던 산이 불과 반세기도 지나지 않아 푸르름을 되찾았다. 난방 연료가 나무에서 연탄으로 바뀐 것도 숲의 회복에 크게 한몫했다. 숲의 변화에 따라 야생동물의 희비가 엇갈리기도 했다. 울창한 산림 서식지를 선호하는 노루, 담비, 오소리, 청설모, 하늘다람쥐, 산양이 산림복원의 대표적인 수혜종이다. 최근 그들의 개체군 크기는 안정적이고 일부는 증가 추세에 있다. 반면 멧토끼는 예전에 비해 보기 힘들어졌다. 그들이 좋아하는 초지와 관목지대가 울창한 숲으로 바뀌었기 때문이다. 초지, 키 작은 숲, 어린 숲, 나이 많은 숲, 습지와 농경지가 어우러진 다양한 서식지가 생물다양성을 지켜준다.

반달가슴곰과 사향노루, 점박이물범은 멸종 직전에서 건져낸 녀석들이다. 전쟁은 멸종을 향해 이들에게 결정적인 펀치 한방을 날렸다. 그로기 상태로 링에 쓰러진 녀석을 향해 심판은 카운트를 외친다. 마지막 카운트 숫자가 하나둘 올라가고 종이 울리기 직전 전쟁이 끝나고 이들은 가까스로 정신을 차려 일어섰다. 이들 소수 개체가 비무장지대와 민통선 이북 지역에서 명맥을 유지하고 있다. 비무장지대는 산불 및 지뢰폭발과 같은 교란요소들이 있지만 대규모 개발과 밀렵으로부터 안전한 멸종위기종의 보금자리다. 민족분단이 남겨놓은 비무장지대와 민통선 이북 지역이 이들의 마지막 안식처가 되었다. 아직도 이들은 얼얼한 충격에 휘청

거리는 상태다. 접경지대 보전에 이들 종의 미래가 달려 있다.

앞으로 우리나라 야생동물의 운명과 미래는 어떻게 펼쳐질까. 최근에는 서식지 단절과 로드킬이 새로운 위협요소로 자리 잡았다. 이 땅에 사는 야생동물의 삶을 보듬고 함께 살아갈 방법을 모색해야 한다. 그들은 우리네 근현대사의 질곡을 함께 견뎌낸 이 땅에서의 운명공동체다.

영화 〈대호〉는 일제의 해수구제정책에도 끝까지 잡히지 않았던 조선 호랑이가 지리산에 살았다는 가정하에 조선 마지막 명포수와 호랑이의 이야기를 풀어낸다. 영화평론가들은 호랑이의 쓸쓸한 퇴장에 한줄 평을 달았다. '쫓아오는 근대에 자리를 내주어야 하는 이들의 처연함'(이화정), '사라진 존재들에 대한 연가'(장영엽), '살아야 할 것은 죽고 죽어야 할 것이 산다. 그것이 슬프다'(이용철).

이제 지리산에는 더 이상 호랑이가 없다. 하지만 아직 담비는 있다.

"고맙다 담비야, 우리 곁에 머물러 줘서."

콩쥐가 일 년 동안 차고 다닌 목걸이만 추억으로 남았다

이듬해인 2018년 2월, 법화산 자락에 다시 트랩을 설치했다. 트랩에 입질이 왔고 담비가 트랩에 들어왔다. 현장에 출동해 보니 아뿔싸 콩쥐였다. 작년에 채웠던 발신기를 고스란히 차고 있었다. 1년 사이 콩쥐의 몸길이는 8센티미터 자랐고, 체중은 450그램 불었다.

콩쥐를 다시 만나 반갑기 그지없었다. 물론 콩쥐 입장은 들어보지 못했다. 수명이 다한 발신기를 벗겨주고, 새 걸로 달아 주었다. 소싯적 두꺼비를 상대로 행했던 '헌집 줄게 새집 다오'라는 식의 무리한 청탁은 일절 하지 않았다. 그저 소소한 부탁 하나만 했다. 새 목걸이 줄게. 네 엄마와

다시 만난 콩쥐

신상 목걸이로 교체

동생 행방을 좀 알려다오. 물론 잔뜩 뿔이 난 콩쥐는 내 질문에 묵묵부답이었다.

싱싱한 새 목걸이는 경쾌한 수신음으로 콩쥐의 행방을 알려주었다. 콩쥐는 여전했다. 콩쥐의 활동범위는 작년에 형성된 행동권 크기와 같았다. 엄천강을 건너가지 않았음은 물론이다. 이곳에 안정적으로 정착한 모양이다. 지난 겨울을 함께 보낸 무리와는 떨어져 다시 혼자 생활했다. 담비의 사회구조에 대해서는 아직 의문투성이다. 확실한 것은 암컷은 새끼를 혼자 낳고 기르며, 여름이 되면 새끼와 함께 무리를 이루어 활동하며, 겨울이 되면 인근 다른 무리와 합류한다는 사실이다. 한편 수컷은 수컷끼리 무리를 지어 다니다가 겨울이 되면 암컷과 새끼 무리와 만나서 보다 큰 무리를 형성한다. 이들 무리의 사회구조는 유동적이며 생활사에 따라 만나고 헤어지고를 반복한다. 어쩌면 이어지는 만남과 이별 앞에서 우리보다 의연할지도 모른다.

5월이 되자 잘 뜨던 콩쥐 신호가 사라졌다. 이곳에 정착하여 그대로 머물 줄 알았는데 콩쥐는 허를 찔렀다. 카메라 앞에도 더 이상 나타나지 않았다. 발신기 문제는 아닌 듯싶었다. 이듬해 뒤늦은 분산을 한 것인지 불의의 사고를 당한 것인지 알 수 없었다. 뒤늦은 분산 가능성에 초점을 두고 지리산 주변을 탐색해 갔다. 동서남북 어디부터 가야 할지 갈피를 잡지 못했다. 우선 함양과 장수 일대를 뒤졌다. 성과는 없었다.

그 무렵 반달가슴곰 KM-53 일명 오삼이의 사고 소식을 들었다. 오삼이는 국립공원공단에서 반달가슴곰 복원을 위해 지리산에 방사한 수컷 반달곰이다. 오삼이는 지리산을 떠나 산청, 거창을 거쳐 김천 수도산까지 갔다. 국립공원공단에서는 김천에 있는 오삼이를 잡아들여 지리산에 풀어주었는데 오삼이는 다시 김천 수도산으로 넘어갔다. 그러자 다시 붙잡아 지리산에 풀었다. 오삼이는 또다시 지리산을 떠나 길을 나섰다. 그

학살이 벌어진 신원면 일대

러나 생초IC 인근 대전통영고속도로를 건너가다 그만 관광버스와 부딪히고 말았다. 공단에서 부상을 입은 오삼이를 포획하여 치료했다. 앞다리 골절상을 입고 8시간 넘는 수술을 받고 다행히 생명에는 지장이 없었다. 완치 후 이번에는 아예 오삼이를 수도산에다 풀어주었다.

동물의 이동과 움직임은 때때로 예상을 벗어나 놀라움을 안겨준다. 신문에 실린 오삼이의 이동을 설명한 지도를 보며 묘한 감정을 느꼈다. 산청군 금서면, 생초면, 신원면, 거창으로 넘어간 오삼이의 동선이 11사단 3대대의 학살 경로와 닮았다.

혹시 콩쥐도 저곳으로 넘어가지 않았을까. 비극적인 3대대의 학살 경로와 오삼이의 분산 경로가 주는 영감이 콩쥐의 행적에 결정적 힌트가 되진 않을는지. 마침 법화산에서 동쪽, 즉 산청과 거창 쪽은 수색하지 못한 상태였다. 촉이 온다! 불현듯 전율이 일었고 그 경로를 따라가 봐야겠다고 마음먹었다.

골프장이 숲을 깨끗하게 밀어냈다.

산청군 생초면, 오부면 일대부터 집중적으로 탐색했다. 점심나절 거창군 신원면에 도착했다. 산에 겹겹이 둘러싸인 면소재지는 아담했다. 신원면에서 학살이 처음 벌어진 청연부락 앞은 엄청난 규모의 골프장이 들어서 있었고, 산 정상에는 풍력발전기가 돌아가고 있었다. 숲이 다 베어져 사라졌다. 청야작전은 지금도 계속되고 있다. 풍력발전기가 돌아가는 감악산 정상에서 안테나를 휘휘 돌렸다.

이후 합천까지 갔지만 콩쥐는 없었다. 영화처럼 극적으로 콩쥐를 찾았다면 좋았으련만 이것이 현실이고 삶이다. 미련곰탱이 오삼이가 준 계시는 보기 좋게 엇나갔다. 괜한 설레발에 잠시 혼자 흥분했었다. 극적인 반전 대신 마주한 것은 우리 역사의 아픈 현장이었다.

콩쥐 재포획의 전리품인 중고 목걸이는 책상 서랍에 고이 모셔놓았다. 목걸이는 콩쥐가 일 년 동안 차고 다녀서 콩쥐 냄새가 찐하게 배어 있다. 족제빗과 동물의 체취는 뭐라고 표현하면 좋을까. 담비와 일 년간 함께한 목걸이의 구리구리 노릿노릿 습습한 냄새란! 콩쥐 목걸이 냄새랑 내가 여름철 두어 달 차고 있던 깁스 냄새 중에서 하나를 고르라고 한다면 그래, 옛정을 봐서 콩쥐 목걸이를 선택할란다.

결국 콩쥐 삶의 이어진 행적을 찾지 못했다. 법화산 자락의 카메라를 열어볼 때마다 아직도 콩쥐를 기다리고 있다. 이따금 콩쥐, 팥쥐 자매가 생각날 때면 이중삼중으로 싸매놓은 콩쥐 목걸이를 넣어둔 지퍼백을 조심스레 열어본다. 콩쥐 내음을 한 번 맡고 나면 삶에 대한 의지가 충만해진다. 이제 콩쥐는 향기로 남았다.

6
백두대간 사치재 담비 후남이

백두대간을 힘차게 달려 나가는 후남이

트랩에 들어온 담비를 마취하고 가장 긴장되는 순간은 성별을 확인할 때다. 지금까지 9마리째 연속해서 암컷 담비만 트랩에 들어왔다. 수컷 담비들은 '쫄보'란 말인가? 아니면 수컷은 사냥 능력이 탁월하여 미끼 따위엔 아무런 유혹을 느끼지 못하는가? 아마존의 전설 아마조니아 전사들처럼 지리산은 암컷 담비들의 여왕국인가? 담비 생태를 온전히 파악하려면 암수 데이터가 고루 있어야 하는데!

2017년 3월 전북 장수와 남원 경계인 사치재 인근 백두대간 마루금에 설치한 트랩에서 신호가 왔다. 이른 아침에 담비가 들어오셨다. 일찍 일어나는 담비가 트랩에 갇힌다. 담비는 전반적으로 수컷이 암컷보다 더 크고, 몸무게도 많이 나가지만(암컷 2~4킬로그램, 수컷 3~6킬로그램) 외형적으로는 큰 차이가 없기에 생식기를 확인하기 전까지 정확한 성별 확인이 어렵다. 마취약이 들어가고 약발이 나타나기를 기다리며 남아선호사상이 극에 달했던 시절 오매불망 고추를 기다리는 시어머니마냥 '비나이다 비나이다'를 중얼거렸다. 이윽고 담비 몸뚱이가 축 늘어지자 엄숙하게 허벅지 살을 뒤졌다. 그러고는 이어지는 짧은 탄식. 아….

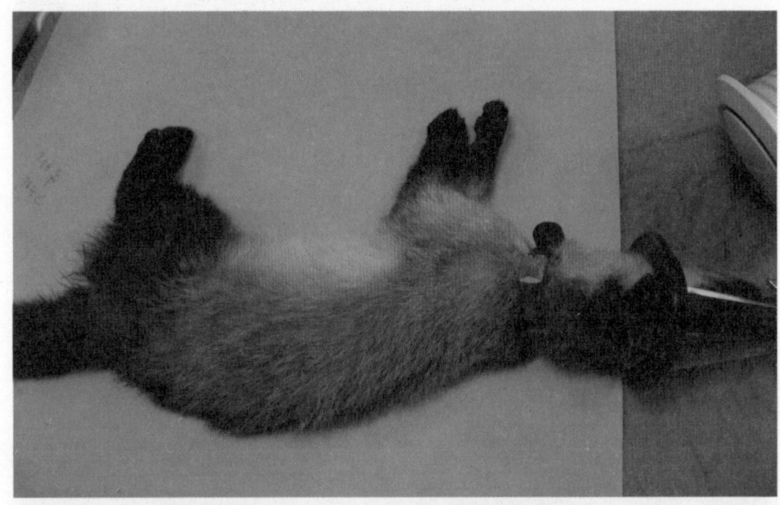

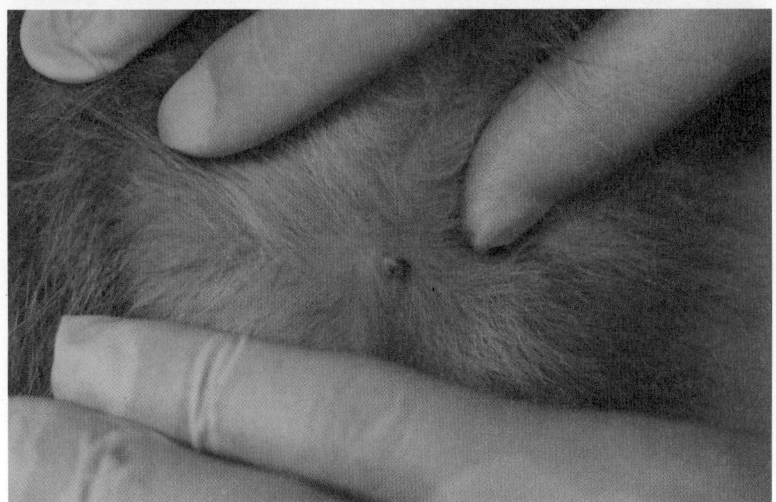

젖은 나오지 않았다.

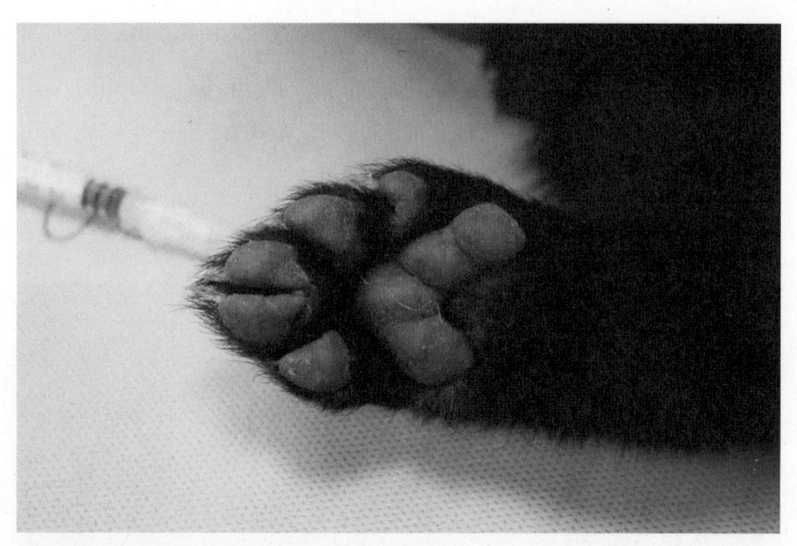

후남이 뒷발바닥. 굳은살에서 삶의 고단함이 전해진다.

이빨이 어느 정도 닳아 있는 제법 나이가 든 암컷 성체였다. 젖꼭지를 눌러도 젖은 나오지 않았다. 올해 번식을 하지 않나 보다. 암컷 담비의 젖꼭지는 2쌍이다. 젖꼭지 수는 한배 새끼 수를 대변한다. 사람의 젖꼭지는 2개니 한 아이 혹은 쌍둥이 정도를 키워내기에 알맞다. 담비의 젖꼭지는 4개로 새끼 4마리까지는 온전히 젖을 먹여 키워낼 수 있다. 일반적으로 야생에서 담비는 한배에 2~3마리의 새끼를 낳는다.

이번 담비까지 합치면 지금까지 1,000분의 1의 엄청난 확률로 암컷만 연속해서 잡아들인 셈이다. 로또 오천 원짜리도 한 번 당첨되지 않은 게 운이 다 담비에게 간 탓인가. 이쯤 되니 어쩌면 발신기가 담비 세계에서 잘 나가는 액세서리인가 싶었다. 목걸이나 귀걸이를 하면 1.5배 예뻐 보인다는 이야기가 담비 세계에도 적용되는 것일까. 물론 과학적 근거가 전혀 없는 말도 안 되는 소리다. 암컷만 계속 잡히니 별생각을 다 한다. 담비의 이름은 후남이로 정했다.

얼마간 궁시렁대다가 생각을 고쳐먹기로 마음먹었다. 담비 연구를 다시 할 수 있다는 사실에 그저 감사해야지. 아들, 딸 가리지 말고 하나 낳아 잘 키우… 아니 잘 연구하자. 새로운 담비와의 소중한 인연에 감사하며 또 한 마리의 암컷 담비 후남이를 백두대간 마루금 위에서 놓아주었다. 여기서 왼쪽으로 빠지면 섬진강 유역, 오른쪽으로 빠지면 낙동강 유역이다. 후남이는 좌고우면하지 않고 정확하게 백두대간 마루금 날등을 타고 달아났다. 지그재그로 방향을 틀며 나무를 피해, 일고의 망설임도 없이 백두대간 마루금 길을 달리는 모습을 보니 평소에 후남이가 즐겨 달리던 길임에 틀림없다.

백두대간은 한반도 생태계 보전 측면에서 큰 축복이다

백두대간은 백두산에서부터 지리산까지 이어지는 높고 연속적인 산줄기를 의미하는 전통 지리인식체계다. 백두대간은 백두산(2,750미터)을 기점으로 포태산(2,289미터), 두류산(2,309미터) 등 해발고도 2,000미터 내외의 개마고원으로 이어지며, 압록강과 두만강 유역을 양분하는 경계선을 이룬다. 산줄기는 다시 남쪽으로 차일봉(1,742미터), 추가령(752미터)으로 이어지며 잠시 숨을 고른다. 이후 동해를 가깝게 끼고 해안선과 평행하게 금강산(1,638미터), 설악산(1,708미터), 오대산(1,563미터), 두타산(1,353미터)을 거쳐 태백산(1,567미터)에 닿는다. 여기서 방향을 남서쪽으로 돌려 소백산(1,440미터), 속리산(1,059미터)으로 뻗어내린 뒤 황악산(1,111미터), 덕유산(1,614미터)을 거쳐 지리산(1,915미터)에서 1,577킬로미터의 대장정을 마무리한다.

지질구조선을 바탕으로 표시된 산맥 개념과 달리 백두대간은 실제 눈에 보이는 연속적 산줄기이므로 우리 땅을 직관적으로 이해하고 해석하기에 적합한 지리인식체계다. 백두대간은 높이가 높고 연속성이 뚜렷하여 자연스럽게 지역을 구분하는 기준이 되었다. 더욱이 하천 유역 경계, 즉 분수계分水界 역할을 하므로 전통적인 생활권 영역 형성에 큰 영향을 미쳤다. 삼국시대에는 국경이 되기도 했고, 지금은 행정구역 경계 역할을 한다. 대간을 넘나들다 보면 이쪽과 저쪽에서 들리는 사투리가 달라지는 신기한 경험을 할 수 있다.

최근에 이르러 주목받는 백두대간의 중요한 점은 한반도의 핵심적인 생태축 역할을 한다는 것이다. 높고 험준한 백두대간 지역은 개발이 쉽지 않고, 대도시 형성이 어려워 울창한 산림이 잘 보존될 수 있었다. 따라서 야생동물의 훌륭한 서식지이자 높은 생물다양성을 간직한 생태적으로 중요한 공간으로 남았다. 한강, 낙동강, 금강 등 우리의 젖줄이 되는 주요 물줄기도 백두대간에서 발원한다. 더욱이 백두대간은 남북으로 길게 뻗어 있어 기후변화에 따른 생물종의 피난 경로를 확보해 주고 있다. 백두대간의 존재는 한반도 생태계 보전 측면에서 크나큰 축복이다.

그 축복 속에 후남이도 있다. 후남이는 백두산에서부터 열심히 달려온 백두대간이 지리산에 닿기 전 마지막 숨을 고르는 해발 499미터 사치재를 중심으로 삶을 이어갔다. 사치재는 모래언덕고개라는 뜻으로 풍수의 관점에서는 기러기가 모래밭에 앉은 비안낙사飛雁落沙 형국이라 하는데 나는 아무리 봐도 잘 모르겠다. 후남이는 행정구역상으로는 장수군과 남원시를, 강의 유역으로는 섬진강과 낙동강 수계를 오갔다. 북쪽으로는 장수군 유정리 일대와 백두대간 시리봉 서쪽으로는 매요리와 유치, 남쪽으로는 황산까지 백두대간 자락 여기저기를 부지런히 움직였다.

한 가지 놀라운 점은 후남이 행동권 한복판에 중앙분리대가 설치된 왕복 4차선 광주대구고속도로가 가로지르고 있다는 것이다. 후남이는 고속도로를 수시로 넘나들며 고속도로 남쪽과 북쪽의 서식지를 자유자재로 활용했다. 후남이 전체 행동권이 24제곱킬로미터인데 고속도로를 기점으로 북쪽은 11제곱킬로미터, 남쪽은 13제곱킬로미터의 서식 영역으로 나누어져 있었다. 혹시나 요놈도 고속도로를 건너는 과정에서 사고를 당하지나 않을까 조마조마했다. 자식이 있으면 죽을 때까지 눈에 밟히게 마련이라는 어르신들의 말이 떠올랐다. 무자식이 상팔자라는 말도 괜히 나온 것이 아닐 것이다. 하나의 생명체와 연을 맺는다는 것. 걱정거리가 늘어난다는 것이기도 하다. 한편으로는 지구별에 새로운 벗 하나가 생겼다는 기쁨도 있다.

생태통로를 이용해 고속도로를 제 맘대로 건너다니는 후남이

광주대구고속도로의 전신인 88고속도로는 광주와 대구를 잇는 왕복 2차선 도로로 1984년에 완공되었다. 원래 동서고속도로로 명명했으나 서울올림픽 유치를 기념하기 위하여 88올림픽고속도로로 개칭했다. 항간에 '팔팔하다'라는 활발하고 생기 있다는 긍정적 의미도 있다고 전해진다. 88고속도로 인근에서 잡아 올린 담비의 이름을 지을 때 여러모로 의미를 담고 있는 '팔팔이'를 고민하지 않은 것은 아니다. 하지만 그 이름에는 수컷 삵 팔팔이의 슬픈 사연이 있다.

수컷 삵 팔팔이가 맨 처음 사고를 당한 때는 2004년 12월 16일. 전북 남원시 운봉읍 지리산국립공원 북쪽 88고속도로 위에서다. 소형 트럭에 치여 기절했으나 한국도로공사 순찰팀의 응급구조로 가까스로 목숨을 건졌다. 이어 순찰팀은 전남 구례에서 활동 중인 서울대 환경계획연구소 로드킬 실태조사팀에 연락해 팔팔이를 넘겼다. 순천야생동물구조센터로 옮겨져 진단한 결과 팔팔이는 전형적인 뇌진탕 증세를 보였다. 그러나 '지성이면 감천'이라 했던가. 퇴원 후 조사팀의 극진한 보살핌을 받은 팔팔이는 서서히 기력을 회복하기 시작했다. 본격적인 치료 및 재활훈련에 잘 적응한 것이다.

팔팔이는 고향으로 돌아가고 싶어하는 듯했다. 조사팀은 지난달 10일 지리산 남서쪽 자락에 팔팔이를 방사했다. 혹시 무슨 일이 생길까 봐 팔팔이의 목에 '전파발신기' 목걸이를 채웠다. 그뒤 팔팔이는 고향을 찾아 북진北進을 하기 시작했다. 남원과 구례를 가르는 해발 700m의 밤재를 넘어 지난 10일에는 애초 사고를 당했던 고향에 도착했다. 낯익은 산천은 팔팔이의 독무대였다. 전파발신기의 신호음이 끊긴 것은 그로부터 나흘 뒤인 14일. 산산이 부서진 팔팔이의 사체는 처음 사고를 당했던 그 장소에서 발견됐다. 팔팔이의 비보를 접한 조사팀은 아무 말도 못하고 망연자실했다.

-《서울신문》, 2005년 2월 28일자

더 이상 추적하는 아이를 길 위 주검으로 만나고 싶지 않았다. 하지만 나의 걱정과는 상관없이 후남이는 고속도로를 뻰질나게 넘어 남북을 오갔다.

88고속도로는 우리나라 최초의 콘크리트 포장도로였으며 입체교차로가 흔치 않던 시절 대부분의 나들목이 입체화로 건설된 당시 최첨단 도로였다. 영호남을 연결하는 최초의 고속도로이기도 했기에 80년 광주의 치부를 덮으려는 군사정권의 얄팍한 속셈도 이 도로에 투영되었다. 개통식에 참석한 전두환은 영호남의 화합을 강조했고, 자신의 정치적 기반인

사치재 생태통로 상부. 너비가 130미터에 이른다.
빨리 나무가 자라나 주변 산림과의 이질성이 없어지기를 바란다.

하늘에서 내려다 본 광주대구고속도로와 사치재 생태통로. 고속도로 양옆 산림이 후남이의 서식지다.

대구나 합천이 아닌 전남 담양에서 먼저 개통식을 갖기도 했다. 지리산휴게소에서는 영호남 간에 부부의 연을 맺은 남녀 8쌍의 합동결혼식이 열렸다.

한동안 중앙분리대가 없는 왕복 2차선 고속도로로 오랫동안 유지된 탓에 88고속도로는 전국에서 사고가 가장 많이 발생하는 죽음의 고속도로로 악명이 높았다. 저속의 화물차가 앞에 가면 뒤에는 차량이 꼬리에 꼬리를 물었다. 답답함을 느낀 차가 추월을 하려면 목숨을 건 곡예운전을 해야 했다. 남장수 및 가조 나들목은 명색이 고속도로임에도 평면교차로여서 차들이 적당히 알아서 반대편 차선을 넘나들며 진출입해야 했다. 어릴 적 그곳을 지나칠 때마다 노란색 주의 신호등이 연신 깜빡여서 고속도로에도 신호등이 있다는 게 신기했던 기억이 있다. 이쯤 되니 국도보다 못한 고속도로라고 놀림을 받기 일쑤였다. 한때 첨단도로라 불리던 도로는 그대로 있을 뿐인데 우리나라 도로 시스템의 급격한 발전상과 비교되어 후진적인 고속도로의 대명사가 되었다. 개인적으로는 통행료가 다른 고속도로 반값이었기에 그러려니 했다.

2차선에 중앙분리대도 없던 88고속도로는 2015년에 왕복 4차선으로 확포장되었다. 확포장에 따른 개통으로 새로운 고속도로 명칭에 대한 논의가 있었다. 지자체와 지역주민들은 달구벌 대구와 빛고을 광주를 잇는 도로인만큼 영호남 화합의 상징적인 의미로 '달빛고속도로'라는 기가 막힌 이름을 밀었다. 보름밤 달빛고속도로에서 고색창연한 달빛이 은은하게 나리는 가운데 인월引月 구간을 달려 백두대간을 넘어간다면 그 얼마나 서정적인 일인가. 하지만 국토교통부는 도로명에 시종점의 지명을 사용하는 기존의 원칙에 따라 광주대구고속도로(일명 광대고속도로)라는 지극히 무미건조한 명칭을 택했다. 과연 시적인 상상력과 행정의 딱딱함 사이의 간극은 크고 깊었다.

기존 도로를 직선화하면서 새로운 고속도로 노선은 많은 부분이 터널과 교량으로 건설되었다. 4개였던 터널이 26개로, 118개였던 교량이 150개로 늘어나면서 구불구불했던 도로가 곧게 펴졌다. 터널과 교량으로 대체된 구간은 도로에 의한 생태계 단절요인이 감소하였다. 하지만 일부 구간은 기존 2차선보다 야생동물이 건너다니기 힘든 4차선 도로가 만들어진데다가 대규모 절개지가 새롭게 생겨서 생태계 단절이 심화됐다. 후남이 서식지인 백두대간 사치재 통과 구간도 예전 노선을 따라 그대로 확장공사가 진행되어 마루금에 더욱 큰 생채기가 생겼다. 다행히도 환경부 주관의 한반도생태축복원계획에 따라 백두대간 마루금에 너비 130미터의 생태통로를 만들었다. 그렇다. 후남이는 이 생태통로를 이용하여 고속도로를 건너다니고 있었다.

노랭이처럼 새로운 서식지를 찾는 어린 개체를 위해서는 유도 울타리가 필수적이다

백두대간 사치재 생태통로는 육교형 생태통로로 광주대구고속도로 확장과 더불어 2015년에 완공되었다. 후남이가 고속도로를 자유자재로 넘어 다닐 수 있었던 것은 사치재에 건설된 생태통로의 역할이 컸다. 사치재 생태통로는 너비가 130미터에 이르렀기에 전 구간에 카메라를 설치하여 모니터링하기에는 어려움이 있었다. 대신 생태통로 북측과 남측 산림의 백두대간 마루금(능선) 담비 흔적이 있는 곳에 카메라를 설치했다. 예상대로 후남이는 생태통로 남측과 북측 산림에서 연달아 촬영되었다. 두 카메라 사이 거리는 280미터고 두 카메라에 촬영된 시차는 평균 4분이었다. 따라서 후남이가 생태통로를 통과한 속력은 대략 시속 5.6킬로미터다. 담비 걸음으로는 그리 서두르지 않고 여유 있게 생태통로를 건너다닌 셈이다.

후남이는 24제곱킬로미터 면적의 행동권을 형성하여 사치재 생태통로를 평균 12일에 한 번꼴로 이용했다. 생태통로 덕을 톡톡히 보고 있었다. 후남이는 도로를 안전하게 건널 수 있는 구조물의 존재와 위치를 알고, 도로 횡단 시에는 망설임 없이 반복해서 이용했다. 생태통로를 슬기롭게 사용하며 도로를 안전하게 오가는 녀석의 일상을 확인하니 맘이 놓였다. 덕분에 후남이가 고속도로 근처에 나타나도 마음을 졸이지 않고 편안하게 관조할 수 있었다.

후남이처럼 행동권이 안정된 성체는 삶의 누적된 경험을 통해 자신의 행동권 내 갖가지 지리정보를 체득하여 이를 누구보다 잘 안다. 어디가 먹이 구하기 좋은 곳인지, 어디가 숨어서 쉬기에 안전한 곳인지, 어디가 위험한 곳인지를 알고 있다. 차들이 쌩쌩 달리는 도로를 노면 횡단하기보다는 조금 돌아가더라도 안전한 생태통로나 도로 하부 수로박스를 찾아갈 줄 안다.

문제는 어린 녀석들과 떠돌이 녀석들이다. 어미로부터 독립하여 새로운 서식지를 찾아가는 개체와 새로운 영역을 탐색하는 과정에 있는 개체들은 위험을 충분히 인지하지 못하고 도로로 뛰어드는 경우가 많다. 지리산에서 순천까지 갔던 노랭이도 그러한 사례 중 하나였다. 실제 캐나다에서 로드킬 사체의 연령 구조를 조사한 결과, 도로에서 희생된 야생동물의 60퍼센트 이상은 2살 미만의 어린 개체들로 밝혀졌다(Olson et al., 2014). 설사 도로 횡단지점 주변에 생태통로가 있더라도 떠돌이 개체는 구조물을 인지하지 못하고 노면 횡단을 시도한다. 따라서 로드킬을 줄이고 도로로 인한 서식지 단절효과를 저감하기 위해서는 생태통로 구조물과 동물을 안전하게 생태통로로 인도할 수 있는 유도 울타리의 존재가 필수적이다.

연구자들의 예상을 깨고 제멋대로 멋지게 사는 후남이

봄이 오자 후남이의 출산을 기대했다. 여름에 어여쁜 새끼를 데리고 나타나길 기대했다. 하지만 이 녀석은 춘삼월이 되었음에도 번식을 하지 않았다. 한창 새끼를 낳고 기를 시기에도 후남이의 잠자리는 매일 바뀌었다. 새끼를 기른다면 일정한 둥지가 있을 텐데 후남이는 이번 해에 번식에 참여하지 않은 모양이다.

후남이는 가장자리나 징검다리 같은 독립된 산림에서도 휴식을 취했다. 지금까지 국립공원 내부 큰 산림에 서식하는 담비와는 전혀 다른 삶의 양상이었다. 농경지를 곧장 가로질러 멀리 떨어진 숲으로 들어가기도 했다. 담비는 산림 깊숙한 곳에서만 살아가는 산림 내부종이라고 섣불리 판단했던 선입견이 무너졌다.

후남이가 잠자리로 즐겨 쓰는 곳은 대구광주고속도로 지리산휴게소 인근 작은 숲이었다. 지리산휴게소에는 88고속도로 준공기념탑이 서 있다. 우뚝 솟구친 날카로운 형상의 준공기념탑은 멀리 반야봉의 후덕한 품과 극적인 대비를 이룬다. 날선 구조물은 군사정권이 이 땅의 민중과 자연을 대하였던 자세를 상징적으로 보여 준다. 후남이를 따라다니다 탑을 지나칠 때면 지리산을 향해 똥꼬를 깊숙이 찌르려고 힘을 잔뜩 준 검지 같다는 생각이 자꾸만 들었다.

휴게소 인근 작은 숲 외에도 후남이는 운봉고원에 점처럼 흩어져 있는 여러 숲 조각에서 며칠간 자주 머물렀다. 후남이가 떠나면 시차를 두고 머물렀던 숲을 뒤져 보았다. 무슨 꿀단지를 숨겨 놓았길래 작은 숲에서 며칠 머물다 갈까. 숲을 열심히 뒤졌지만 녀석이 싸고 간 똥 이외에 별다른 특이점은 찾지 못했다.

아쉽게도 GPS 발신기의 수명은 오래가지 않았다. 5월 이후 신호가 끊어졌지만 담비 서식지 일대에 무인 센서 카메라를 촘촘히 설치한 덕에 후남이의 안부는 계속 확인할 수 있었다. 카메라에 저장된 사진을 확인할 때면 목에 붉은색 끈이 달린 담비를 우선적으로 열심히 찾았다. 열흘에서 보름 간격으로 후남이는 혼자서 꾸준하게 촬영되었다. 겨울이 되면 녀석도 무리에 합류할 것이라 예상했다. 기존에 속리산과 지리산에서 추적했던 담비들은 겨울이 되면 다른 무리와 합류하여 보다 큰 무리를 형성했

후남이는 무리를 짓지 않고 늘 혼자 다녔다.

다. 먹이 구하는 것이 호락호락하지 않은 겨울에는 협동 사냥을 통해 고라니나 노루 같은 보다 큰 먹이를 사냥할 수 있기에 큰 무리를 짓는 것이 생존에 유리하게 작용한다. 하지만 후남이는 역시나 우리의 예상을 보기 좋게 벗어났다. 녀석은 겨울에도 무리에 합류하지 않고 홀로 지냈다.

이듬해 봄에 번식을 기대했지만 여름에도 새끼 없이 혼자 다녔다. 그리고 그다음 겨울에도. 무소의 뿔처럼 혼자서 가는 담비였다. 떠나간 옛 연인을 잊지 못한 것일까. 사치재 생태통로 위에 열녀비라도 세워 줘야 하나. 이후에도 후남이는 늘 혼자였다. 황산에 있는 카메라 앞에서도 혼자였고, 사치재 북쪽과 남쪽 카메라 앞에서도 혼자였고, 매요리 카메라 앞에서도 혼자였다. 겨울이 되어서도 후남이는 여전히 혼자였다.

카메라에 찍힌 담비 무리의 모습을 보고 있노라면, 이들의 유대관계가 얼마나 끈끈한지 금세 알 수 있다. 그들의 모습은 유쾌하기 짝이 없다. 뒤엉켜 레슬링을 연상시키는 엎치기 뒤치기를 하고 한데 엉켜 뒹굴며 장난을 친다. 한 마리가 뒤처져 늦게 오면 '꾸르꾸르' 소리를 내며 서로를 부른다. 세 마리 이상의 무리가 노는 장면은 더욱 흥미롭다. 네 마리 무리 중 세 마리가 서로 엉겨붙어 놀고 있으면 나머지 한 마리는 배를 긁으며 털을 고르기 바쁘다. 털을 어느 정도 고르면 혼자인 녀석은 왜 자기만 빼고 재밌게 노냐고 억울했는지 힘차게 뛰어올라 더욱 억세게 엉겨붙는다. 그간 무리를 지어다니는 담비에 익숙했기에 혼자인 후남이는 오히려 낯설었다.

하지만 후남이는 그 누구보다 씩씩했다. 그저 자신의 존재에 충실했다. 후남이가 유난히 좋아하는 아니 집착하는 소나무가 있다. 소나무의 갈라진 껍질 사이에 똥이 반지의 다이아처럼 총총 박혀 있다. 수피를 빙 둘러싸며 발톱 자국이 어지럽게 나 있다. 카메라 화각을 숲 바닥면이 아닌 소나무 줄기 쪽으로 설치했다. 며칠 후 나타난 후남이는 나무에 올라 격렬하게 엉덩이를 흔들어댔다. 초당 회전수는 걸그룹의 골반털기춤에 결코 뒤지지 않는다. 똥꼬발랄하게 땅을 보고 거꾸로 매달려서도 엉덩이를 흔든다. 현란한 움직임의 마무리는 항상 똥덩어리의 화려한 낙하로 장식한다. 좌르르르~~.

소나무 밑둥에 떨어진 혹은 수피에 그대로 붙어 엉겨붙은 후남이 똥을 떼어내 분석해 보니 다람쥐털, 멧토끼털, 오목눈이 깃털이 나온다. 혼자니 고라니나 노루 같은 대단한 만찬을 즐기지는 못하더라도 제법 실하게 먹고 다니고 있었다.

혼자서 유쾌한 녀석의 모습은 내 삶에 화두를 던졌다. 살아 있다는 것은 무엇인가? 삶은 달걀인가? 법륜 스님은 즉문즉설에서 삶의 의미를 묻는 대중의 질문에 다음과 같이 대답했다.

다람쥐처럼 살아보세요.

다람쥐는 나무가 높다고 화내지 않아요.

먹이가 있거나 없거나

나무가 높거나 낮거나

그냥 나무를 타고 먹이를 찾습니다.

삶은 다람쥐처럼

그냥 사는 것입니다.

너무 의미를 부여하지 마세요.

그리고 삶은 계속된다

후남이는 비가 내리건, 눈이 쌓이건, 폭염이 다가오건, 한파가 닥쳐오건 간에 대자연 앞에 홀로 선 존재로 그저 씩씩했다. 삶은 후남이처럼 고만조만 씩씩하게 살아가야겠다고 마음먹었다. 후남이 만나는 재미로 카메라에 촬영된 영상을 수거하러 가는 길이 즐거웠다.

2019년 6월을 마지막으로 더 이상 후남이는 카메라 앞에 나타나지 않았다. 혹시 발신기를 벗었나 싶어서 화면에 나타나는 담비들을 유심히 살폈다. 발신기를 벗어 버렸으면 다시금 홀가분해진 육신의 자유를 축하해 주고 싶었다. 하지만 아무리 영상을 돌려보아도 왼쪽 귀에 이표를 달고 이마에 작은 상처가 있으며 몸길이 55센티미터가량의 암컷 담비는 찾을 수 없었다.

농경지와 작은 산림을 자주 가로질러 이동하니 밭 주변에 설치해 놓은 올무에 걸렸으려나? 위험한 고속도로는 생태통로를 이용해 잘 건너다녔

후남이가 사랑한 소나무, 매달려서 열심히 흔들어댄다.

혼자서도 씩씩한 후남이

으면서 별것 아닌 지방도나 농로에서 방심하여 사고를 당했나? 알 수 없는 막막함에 그저 가슴이 먹먹했다. 매번 카메라를 확인하러 갈 때마다 후남이를 찾곤 했고, 영상을 확인하고는 시무룩해졌다.

낙엽이 떨어지고 첫눈이 내리자 비로소 후남이를 놓아주기로 했다. 마음속으로 뒤늦은 조종弔鐘을 울렸다. 백두대간의 새로운 주인을, 생태통로의 새로운 수혜자를 기다리기로 했다.

7
수컷 담비의 세계

덩치 있고 여유로운 첫 수컷 담비의 이름은 강쇠

운봉과 인월은 해발 500미터 고원분지에 자리 잡고 있다. 이곳에 이르려면 남원 이백에서는 여원재 고개를, 남원 주천에서는 구룡계곡 협곡을, 장수 번암에서는 복성이고개를, 함양 읍내에서는 팔량치 고개를, 각각 된비알(몹시 험한 비탈)을 지나야 한다. 숨 가쁘게 올라 고원에 닿으면 거짓말처럼 지리산과 백두대간 줄기가 병풍처럼 에워싸고 있는 평퍼짐한 들판이 나온다. 고원 내부에서 주변을 둘러보면 산세가 유순해 보이지만 고원 바깥쪽에는 가파른 사면이 펼쳐진다. 속리산과 마찬가지로 이곳도 전국에서 난리를 피해 살기 좋은 열 곳을 일컫는 십승지에 포함된다. 운봉고원의 북동쪽에는 홀로 황산이 우뚝 솟아 있다. 동서 방향으로 연결된 황산 능선상에는 사시사철 담비 똥이 득실거렸다. 포획을 위해 냉큼 트랩을 설치했다.

트랩을 설치하고 나서 일주일 후 트랩 앞 센서 카메라에서 문자가 왔다. 입질이 왔다. 실시간으로 전송되는 사진을 보니 담비 한 마리가 조심스레 트랩 앞에서 얼쩡거리고 있다. 시방 이 위험한 짐승은 낯선 쇳덩어리를 경계하지만 그 안에 놓여 있는 건포도에 대한 미련을 버리지 못하는지 계속 트랩을 맴돈다. 내적 갈등이 심해 보이는 산짐승 한 마리의 사진이 십분 넘게 연달아 전송되어 온다. 이놈의 문자를 스팸 처리해야 하나 싶었다. 15분이 지나자 녀석의 행동이 조금씩 진전을 보인다. 입구에 놓인 건포도를 물고, 또 다른 건포도를 물고, 한 발씩 조심스레 전진한다. 몸통을 반쯤 트랩에 밀어넣었지만 아무 일도 일어나지 않는다. 당이 응축된 건포도는 담비를 더욱 자극한다. 곶감과 엇비슷하지만 듣도 보도 못한 맛이다. 하지만 맛있다! 어느새 달달함에 무장해제 된 녀석은 건포도를 허겁지겁 주워 먹기 시작하고, 발판을 밟아 버리고 만다. 출동이다.

현장에 도착하여 담비를 확인해 보니 덩치가 꽤 커 보인다. 생식기를 확인하지 않더라도 단번에 수컷임을 알아차렸다. 드디어 수컷이구나. 방방 뛰고 싶었으나 주접떨지 않고 체통을 지켜 수컷을 맞이하기로 했다. 칠전팔기 끝에 결국 수컷 담비를 영접하였다. 몸무게 4.2킬로그램 나가는 성체였다. 2킬로그램 내외의 암컷 담비만 보다가 4킬로그램 넘게 나가는 수컷 담비 실물을 접하니 마치 다른 종처럼 느껴졌다. 지금까지 본 건 쇠담비(종 이름을 지을 때 몸집이 작으면 앞에 쇠를 붙이는 경우가 있다. 쇠백로, 쇠오리 등), 이 녀석은 왕담비. 황산에서 잡았으니 발신기에 노란색 테이프를 발라 놓았다. 한참 후에 안 사실이지만 부끄럽게도 황산의 한자 표기는 누런산黃山이 아니라 거친 산荒山이었다.

지금까지 담비들은 방사할 때 트랩 문을 열면 좌고우면하지 않고 곧장 튀어나갔다. 하지만 이 녀석은 범상치 않다. 트랩 문을 나와 여유 있게 몇 발자국 털썩털썩 걸어가더니 여유 있게 숲으로 사라졌다. 호랑이와 표범이 사라진 한반도 숲의 제왕은 "나야 나!"라고 멋지게 포효해도 전혀 어색하지 않은 기품을 지녔다. 물론 포효는 하지 않았다. 녀석을 보내며 미지의 영역이던 수컷의 세계를 드디어 파악할 수 있게 되었다는 기대감에 부풀었다.

담비 수컷을 만나는 날을 고대하며 평소에 생각해 놓은 이름이 있었다. 담비 포획 작전을 벌이는 이곳 남원과 함양 일대 지리산 북부는 다름 아닌 변강쇠전의 배경이다. 팔도를 떠돌던 변강쇠와 옹녀 커플은 지리산에 자리 잡았다. 풍채도 좋고, 행동에 여유가 넘치는 녀석의 별칭을 고민할 필요가 없어졌다. 첫 번째 맞이한 수컷 담비는 '강쇠'가 되었다.

고분고분하게 연구에 협조할 마음이 없는 강쇠의 기행

산천을 마구 쏘다니며 산천을 호령할 것 같은 우리 강쇠의 행보는 의외로 얌전했다. 방사 후 3일 내내 황산에서 벗어나지 않았다. 덩치만 큰 겁쟁이인가 섣부른 판단을 내릴 즈음 강쇠의 여정이 시작되었다.

황산 숲에서 내려온 녀석은 24번 국도와 람천으로 접근하였다. 2차선 국도에는 차가 제법 쌩쌩 달린다. 이곳은 고립된 산림인 황산에서 넓은 지리산 품에 들기 위해 반드시 건너야 하는 지점이다. 도로를 건너려면 바로 맞닿은 람천을 잇달아 넘어야 하는 난코스다. 황산에 접한 람천은 편평하고 넓은 너럭바위가 하상을 이루고 있다. 이성계의 고려군에게 쫓긴 왜구가 몰살되어 람천은 피로 물들었고, 그 핏자국이 바위에 남았다고 전해진다. 지금도 바위는 붉은 기운이 감돈다. 피바위라는 이름이 지어졌다. 태조 이성계의 치적을 돋보이게 하는 장소다.

지리산과 황산, 백두대간 줄기를 잇는 최단 경로에 위치하는 만큼 많은 야생동물이 이 구간을 건너다 차에 치여 희생된다. 내가 아는 것만 해도 근래에 2마리의 담비가 이곳에서 목숨을 잃었다. 현대과학은 이곳 바위가 철분 성분 함량 비율이 높은 지질적 특성으로 말미암아 붉게 보인다는 사실을 밝혀냈다. 담비 뒤꽁무니를 쫓고 있는 나에게 이 붉은 바위는 다름 아닌 로드킬로 희생된 야생동물의 피다.

다행히 강쇠는 국도와 람천을 무사히 건너 구인월(달오름마을) 뒤편 숲으로 들어갔다. 마을 뒤 작은 숲에서 강쇠는 하루를 꼬박 머물렀다. 마을 뒤편 길가에서 발신기 신호가 대차게 떴다. 가까이 있으니 데이터 다운로드도 그만큼 손쉬웠다. 마음 졸일 일도 없이 1.5초 만에 다운로드가 끝났다. 데이터를 안전하게 받았다는 안도감에 봄볕을 쬐며 망중한을 즐겼다. 해바라기 놀이. 십여 분이나 흘렀을까. 문득 현실을 자각하고 안테나를 들었고 놈은 어느새 구인월길 2차선 포장도로를 건너 남쪽으로 향하고 있었다. 분명 내가 멍 때리고 있는 곳 근처에서 도로를 건넜을 텐데 그 장면을 놓쳐 버렸다. 자책할 틈도 없이 람천을 따라 숲 가장자리를 돌며 남진하는 강쇠의 움직임을 부지런히 쫓았다. 그런데 백장골 어귀에서 신호가 사라졌다. 숲 깊숙한 곳으로 들어간 모양이다. 백장골에는 팔도 장승들을 한자리에 모아놓은 변강쇠-옹녀 공원이 있다. 갖가지 표정의 장승들이 강쇠가 들어간 깊은 지리산 자락을 바라보고 있다.

강쇠는 바래봉 방면의 지리산국립공원 구역으로 들어갔다. 산내와 성삼재를 잇는 861번 지방도 위아래를 왕복하며 연신 안테나를 저으며 강쇠의 신호를 탐색했다. 반대편 운봉으로 넘어가 바래봉 방면도 뒤졌다. 하지만 녀석의 신호는 당최 찾을 수 없었다. 팔랑골이나 수성동골 깊숙이 들어갔다면 신호 잡기가 만만치 않을 것이다. 다른 담비들도 동시에 추적해야 했기에 하루 종일 강쇠만 찾을 수 있는 상황도 아니었다. 그래 이름값 해야지. 고분고분하게 우리 연구에 협조해 줄 녀석은 아닐 거야. 그리고 한동안 강쇠의 행방을 찾지 못했다.

담비가 사는 숲은 건강하다

강쇠가 나타난 건 백장골에서 마지막으로 위치를 수신한 후 열하루가 지난 날이었다. 그날도 반선까지 들어갔다가 녀석을 찾지 못하고 빈손으로 털레털레 궁시렁궁시렁 왔던 길을 되돌아 나왔다. 황산 주변을 맴돌다 마침 사치재 생태통로를 이용하여 광주대구고속도로를 넘어 가까이 온 후남이의 데이터를 손쉽게 다운받았다. 후남이라도 잘 있어 줘서 다행이었다. 허기가 져서 점심을 먹으러 읍내로 향했다. 시동을 걸기 전 무심코 수신기의 주파수를 돌리다가 언뜻 선명한 발신기 신호음을 들었다. '강쇠'의 신호음이었다.

마침내 왕이 돌아왔다. 근처에 있진 않지만 방향만은 확실히 잡았다. 서둘러 강쇠 방향으로 차를 돌렸다. 매요리 숲 어귀에서 다운로드를 시도했고, 세 차례 시도 끝에 마침내 위치 자료를 다운받았다. 발신기가 제대로 작동했다면 이제 녀석이 그동안 어디로 쏘다녔는지 밝혀낼 수 있을 것이다. 오래전 바다에 수장된 비행기 블랙박스를 발견하여 처음 데이터를 열어보는 수사관의 마음, 오랜 발굴 작업 끝에 마침내 거대한 왕릉의 석실을 발견한 고고학자의 마음에는 미치지 못할지라도 상당한 설렘이 있었다. 어느 골짜기에 숨었었길래 그동안 나를 그렇게 골탕 먹였나. 구닥다리 노트북의 부팅 시간이 그날따라 길게 느껴졌다. 조심스레 수신기를 노트북에 연결하여 위치정보를 지도에 띄웠다. 지도에 점점이 박혀 있는 강쇠의 좌표는 아름다웠다. 점들이 알려주는 강쇠의 여정은 놀라웠다. 좌표 변환 과정에서 오류가 있었나 싶어 경위도 좌표를 다시 한 번 살폈다. 문제는 없었다.

열하루 전 백장골 인근에서 사라진 강쇠는 곧장 지리산 넓은 품으로 들어갔다. 계속 남서진하여 바래봉, 세걸봉, 고리봉을 거쳐 정령치 도로를 건넜다. 백두대간을 넘어 고기리 방면 북사면에 들었다. 이곳에서 숨을 고른 것인지, 고라니 사냥에 성공한 것인지 사흘을 꼬박 고기저수지 인근 숲에 머물렀다. 백장골에서 남서쪽으로 14킬로미터 남짓 이동한 것이다. 차마 이곳까지 가리라고는 생각도 못했다.

여기까지 남서진 한 강쇠는 방향을 틀어 북으로 향했다. 60번 국가지원지방도를 건너 구룡계곡의 험준한 침식곡을 통과했다. 수정봉을 지나 백두대간을 따라 24번 국도 여원재 구간을 건넜다. 이후 고남산을 지나 매요리까지 돌아왔고, 마침내 우리 안테나 수신 범위에 걸렸다. 운봉고원을 둘러싸고 있는 산줄기를 시계방향으로 크게 한 바퀴 돌아왔다. 아, 이것이 수컷 담비의 세계구나.

강쇠의 기행은 여기서 그치지 않았다. 더 북쪽으로 이동하여 대구광주고속도로, 743번 지방도, 19번 국도를 건넜다. 이후 장수에서 남원으로 흐르는 요천을 건너 대성산 숲으로 들어갔다. 대성산 자락에서 닷새를 머물고 난 후에는 다시 19번 국도와 요천을 건너 봉화산 자락으로 넘어왔다. 이래로 751번 지방도를 건넜고, 동화저수지와 백운천 상류까지 올라갔다.

강쇠의 행동권은 110제곱킬로미터(100퍼센트 MCP; Minimum Convex Polygon), 하루 평균 이동거리는 11킬로미터였다. 지금까지 암컷 담비 평균 행동권 28제곱킬로미터에 비해 크게 나타났다. 수치상으로 암컷 표범 한 마리 행동권 크기와 맞먹었다. 암컷보다 수컷의 행동권이 크고, 이동거리가 길다는 포유동물의 일반론에 담비도 부합했다. 암컷 담비와는 또 다른 삶이 수컷 담비에게 펼쳐져 있었다.

지금까지 누적된 담비의 행동권은 22.3~110제곱킬로미터(100% MCP)

에 이르렀다. 이는 국내의 다른 중대형 포유류인 멧돼지 5.1~5.6제곱킬로미터(이성민, 2013; 최태영 등, 2006), 삵 3.7제곱킬로미터(최태영 등, 2012; 우동걸, 2010), 너구리 0.2~0.8제곱킬로미터(우동걸, 2010; 최태영 등, 2006), 오소리 1.2제곱킬로미터(최태영 등, 2019)보다 매우 큰 것이며, 지리산에 복원 중인 반달가슴곰의 행동권 6~200제곱킬로미터(김정진 등, 2011; 양두하 등, 2008)보다 작거나 유사한 면적이다. 담비 행동권 내에서 활동의 핵심 공간은 2.2~6.5제곱킬로미터(50% kernel)로 나타났으며, 하루 최대 행동권은 9.75제곱킬로미터, 이동거리는 15.59킬로미터로 나타나 활동성이 매우 컸다. 이동이 많고 행동권이 크다는 것은 담비가 그만큼 넓은 면적의 안정적인 서식지를 필요로 한다는 것을 의미한다.

보름 사이 행동권을 순찰하는 과정에서 강쇠는 2차선 이상의 도로를 최소 16차례 건넜다. 살아가는 데 넓은 서식 공간이 필요한 담비는 그만큼 서식지 고립과 단절에 취약할 수밖에 없다. 이렇게 행동권이 크고, 이동거리가 길며, 먹이사슬 꼭대기에 있는 담비는 우리나라 산림 생태축 보전을 위한 우산종으로 적합하다. 우산종umbrella species이란 생물보전을 위해 선정되는 종으로 우산종을 보호하면 그 서식 범위에 있는 다양한 종들의 서식지도 우산을 펼치듯 함께 보호할 수 있는 효과가 있다. 외교 용어인 핵우산의 개념과 비슷한 맥락이다. 행동권이 큰 담비가 살 수 있는 숲은 다른 수많은 야생동물도 함께 품을 수 있는 중요한 서식지인 것이다. 담비가 사는 숲은 건강하다.

한편 센서 카메라에 촬영된 강쇠는 언제나 혼자였다. 센서 카메라에 찍힌 수컷은 대부분 무리를 지어 다니는 것과 사뭇 달랐다. 홀로 넓은 영역을 다니고 있었다. 강쇠의 행동권 안에는 다른 수컷 2개 무리가 더 있었다. 수컷 2마리 조합, 수컷 3마리 조합. 또한 강쇠의 행동권 안에는 암컷 후남이의 행동권이 포함되어 있었다. 이들과 강쇠의 관계는 어떠한 것

행동권이 큰 담비 서식지를 보호하면 그 서식 범위 안에 있는 다른 동물의 서식지도 보호하는 효과가 있다(국립환경과학원, 2012).

인가? 서식지를 공유하는 것으로 보아 하렘harem(한 마리의 수컷과 많은 암컷으로 구성된 포유류의 집단 형태)을 형성하는 삵 등의 고양잇과 동물과는 달리 배타성은 없어 보였다. 대신 넓은 행동권을 형성하기에 다른 개체와의 경쟁을 최소화하고 자원 확보에 대한 유동성을 넓히는 생활 전략으로 선회한 것이 아닌가 싶었다. 담비의 사회구조와 관계는 미지의 영역이며, 알아가기 위해서는 갈 길이 멀다. 풀지 못한 담비의 세계가 아득하다. 일단 할 수 있는 것부터 하기로 했다.

담비 위치 추적을 위해 최초로 경비행기를 띄우다

이후 강쇠는 다시 사라졌다. 사방으로 차를 몰아 지리산 주변을 뒤졌으나 찾지 못했다. 수색 범위를 넓혀 정령치 주변은 물론이고 성삼재 너머 구례 땅까지 뒤졌다. 그사이 함양 땅의 팥쥐도 사라졌다.

고심 끝에 특단의 조치를 내리기로 했다. 하늘에서 답을 구하고자 했다. 하늘이시여!

해외 논문을 보면 야생동물 무선 추적과 눈 위 발자국 추적 연구방법에 비행기By plane, 헬리콥터By helicopter, 스노모빌By snowmobile이라고 명시된 부분이 종종 보인다. 보통은 두 발로, 기껏해야 자동차로 무선 추적을 하는 나로서는 무척이나 의아한 부분이었다. 연구비가 빵빵해서 전용 비행기까지 갖춘 것인가, 땅덩이가 넓은 곳에서 연구하다 보니 그런가, 사람 접근이 어려운 곳에서 연구하다 보니 필수적인가. 국제학회에서 담비 눈 위 발자국 추적 관련 내용을 발표했는데 질문이 들어왔다. 뭘 이용해서 담비를 추적했나요? 나는 자랑스럽게 대답했다. 네 발로By Foot!

우리도 이제는 비행기 한번 띄워 보자. 마침 그리 멀지 않은 담양에 경비행기 업체가 있었다. 주로 경비행기 조종 교육을 하는 곳이라 특수한 용건이 받아들여질지 미지수였다. 사장님께 우리의 취지를 조심스럽게 이야기했다. 다행히도 승낙을 받았다. 디데이 며칠 전부터 일기예보를 주시했다. 마침내 비행 승인이 떨어졌다.

비행기 동체에 안테나를 부착했다. 케이블타이, 전기 테이프를 아낌없이 감았다. 과하다 싶을 정도로 이중삼중으로 마감 처리했다. 안테나에서 수신기로 연결하는 선을 길게 빼내어 역시 동체에 바짝 붙였다.

비행기로 야생동물을 추적하면 여러 가지 장점이 있다. 하늘에는 장애물이 없고, 사방이 트여 있어 발신기 신호 탐색 성공 가능성이 높다. 또한 한 번에 광범위한 지역을 탐색할 수 있다. 차로 다니면 들어갔다 나오기를 반복해야 하는 골짜기도 하늘에서는 단 몇 초 만에 훑어낸다. 단점도 있다. 돈이 많이 든다. 과감하게 다른 지출을 줄이고, 연구비 일부를 떼어

비행기를 띄우기로 했다.

지도를 펼쳐놓고 비행 경로를 짰다. 경비행기는 2인승이었다. 조종사 한 분은 고정이고, 우리 팀 4명이 번갈아 가면서 비행기를 타기로 했다. 오전에 한 번, 오후에 한 번 뜨기로 했다. 지리산을 중심으로 동서남북 방향으로 나누어 수색 코스를 짰다. 한 번 떴을 때 150킬로미터 정도를 비행할 수 있으니 가장 효율적인 코스를 짜기 위해 신중을 기했다.

프로펠러가 돌기 시작하자 제법 굵직한 소음과 진동이 전해졌다. 발신기 소리를 들어야 하니 이어폰 위에 헤드셋을 덮어썼다. 경비행기 동체가 비교적 가벼워서 이륙할 때 비행기는 사뿐히 떠올랐다.

담양에서 이륙한 비행기는 순창, 남원을 지나 사치재와 황산 상공에 이르렀다. 하늘에서 바라본 우리 국토는 또 다른 멋이 있었다. 2차원 지도에서만 보던 평면적인 땅이 3차원으로 올록볼록 들어갈 데 들어가고 나올 데 나왔다. 시야에 보이는 골짜기, 능선, 마을 어느 하나 어여뻤다. 트랩을 들고 끙끙거리며 오르던 능선과 진흙탕에 차가 빠져 허우적거렸던 골짜기가 미니어처처럼 작게 보였다. 고생하던 장소들, 낯익은 장소들이 나올 때마다 풍경 하나하나를 허투루 넘기지 않으려 애썼다. 하지만 풍경을 즐길 수 있는 것은 딱 거기까지였다. 소음과 진동에 쉽게 지쳐갔다.

사치재 상공을 지날 즈음에 후남이 신호를 확인했다. 사치재를 중심으로 회전비행을 거듭하여 후남이의 위치를 가늠했다. 후남이는 장수 번암 방면 숲에 머물고 있었다. 비행기의 효용성을 실감했다. 제 아무리 깊은 골에 있는 강쇠도 금방 찾아낼 수 있을 것 같았다.

소음과 진동 사이로 발신기 신호를 포착해야 해서 소리에 초집중했다. 조금이라도 발신기 신호 비슷한 소리가 나면 조종사에게 기수를 돌려 선회비행을 요청했다. 평소 탐색이 어려웠던 산악 지역은 사각지대를 없애려고 'ㄹ'자 경로로 좀 더 꼼꼼하게 비행했다. 자칫 성가시고 까다로운 주

비행기 동체에 안테나를 달았다.

황산 상공

문이었지만 조종사는 군말 없이 요청에 따라 비행해 주었다.

이따금씩 비행기가 능선과 봉우리를 넘을 때는 맞바람이 쳐 기체가 제법 흔들리기도 했다. 난기류를 맞아 비행기가 출렁 잠깐 내려앉을 때마다 심장이 쫄깃해졌다. 마침 점심으로 돈가스를 잔뜩 먹어둔 터였다. 맛집을 검색해서 찾아갔는데 큰 양푼에 돈가스가 탑처럼 쌓여 나왔다. 난기류를 만날 때마다 돈가스가 뱃속에서 엉겨붙어 춤추는 듯했다. 기체가 조금이라도 출렁이면 자꾸 조종사에게 매달리려 했다. 면허도 없으면서 하마터면 조종간을 붙잡으려다가 빰 맞을 뻔했다. 생텍쥐페리의 《야간비행》, 《남방 우편기》에서의 비행 특유의 서정과 고즈넉함을 느낄 여유는 없었다.

함양까지 갔으나 강쇠와 팔쥐의 신호를 찾지 못했다. 기름 용량이 정해져 있어서 다시 담양비행장으로 돌아갈 거리를 감안해 기수를 돌려야 했다. 땅에 내리자 긴장이 풀리면서 피로감이 몰려왔다. 활주로 뒤쪽 잔디밭에 대자로 누웠다. 땅과 맞닿아 있어 위치 에너지가 작용하지 않는 이 자세가 얼마나 안정된 것인지 깨우쳤다. 최대한 땅과 밀착해 중력이 주는 안정감을 누리고 싶었다. 미국 소설가 메들린 밀러는 말했다. "내 육신의 종착지는 당연히 흙이다. 거기가 내 육신이 있을 곳이다."

최태영 박사님 비행에서 운봉고원을 날다가 강쇠의 신호가 떴다는 소

국도 27호선 생태통로

옥정호 상공

지상에서는 차량에 안테나를 설치하여 담비 신호를 감지한다. 차량용 안테나는 발신기 신호의 방향은 찾지 못한다. 담비의 정확한 위치를 알기 위해서는 사방이 탁 트인 높은 곳에 올라 안테나를 저어 해당 개체의 방향을 파악하는 것이 좋다.

식이 들렸다. 비행 최소 고도인 152미터까지 고도를 낮추어 강쇠에게 접근하여 빙빙 돌면서 다운로드를 시도했지만 실패했다. 비행기가 담양으로 돌아와 착륙한 후 곧바로 수신기를 가지고 다시 현장에 갔지만 그사이 강쇠는 어디로 갔는지 신호가 뜨지 않았다. 불과 1시간 반 전에 운봉고원 어귀에서 강쇠를 확인했으니 다시 찾는 것은 어렵지 않을 것 같았다. 하지만 기대와 달리 차를 몰아 운봉고원 주변을 열심히 뒤졌음에도 끝내 찾지 못했다.

비행기를 총 여섯 차례 띄워 순창, 남원, 함양, 구례, 산청, 임실, 진안, 정읍, 곡성, 장성 등지를 탐색하였다. 결국 강쇠와 팔쥐를 찾지 못하고 빈손으로 지상에 내려앉았다. 성과가 없었기에 추가 예산을 들여 비행을 계속 진행하기에는 부담이 컸다. 멋쩍게 안테나와 수신기를 날개에서 떼어내 분해하고 비행장을 빠져나오는데 오히려 조종사가 더 아쉬워했다. 한 번만 더 하면 찾을 수 있을 것 같기도 한데 이것 참!

야생동물의 종 공급원이며 한반도 남부 생물다양성의 심장인 지리산

변강쇠와 옹녀가 조선 팔도의 많은 산 가운데 지리산을 선택한 까닭은 무엇일까? 그 답은 〈가루지기 타령〉 사설에 나온다.

> 동 금강(금강산) 석산이라 나무 없어 살 수 없고,
> 북 향산(묘향산) 찬 곳이라 눈 쌓여 살 수 없고,
> 서 구월(구월산) 좋다하나 적굴(도적소굴)이라 살 수 있나.
> 남 지리(지리산) 토후하여 생리生利가 좋다하니 그리 살러가세.

지리산은 한반도 남부에 자리 잡고 있어 기후가 비교적 온화하며, 모암인 편마암의 풍화로 형성된 비옥한 토양이 넓게 분포한다. 이로 인해 식생이 발달하고, 물이 풍부하여 건강한 생태계가 형성되기 좋은 조건을 갖추고 있다. 다소 외설적인 변강쇠와 옹녀의 사랑 타령 또한 지리산 생명체들의 왕성한 생명력과 닮아 있다.

김종직의 《유두류록》(1472)에는 천왕봉에 올랐던 경험이 다음과 같이 적혀 있다. "지리산 성모에게 잔을 올렸다. 천지가 맑게 개어 산천이 활짝 열린 것을 사례하였다." 지리산 성모는 누구인가. 박혁거세 어머니 선도성모를 산신으로 봉안한 것이라는 설, 태조 왕건의 어머니 위숙왕후를 산신으로 모신 것이라는 설 등이 있다. 성모가 누구든 무슨 상관이랴, 아무튼 지리산은 기층문화에서 '어머니 산'으로 자리 잡았다. 천왕봉에는 '성모聖母'가 노고단에는 '노고老姑'가 뭇 생명을 길러내고 있다.

이처럼 후덕한 지리산은 현재까지 아늑한 품에서 수많은 생명을 보듬어 내고 있다. 지리산이 없었다면 반달가슴곰도 이 땅에서 살아남지 못했

을 것이다. 2002년에 지리산생태보존회가 확인한 지리산 야생 반달가슴곰의 존재는 종 복원사업의 추진을 이끌어 내었다. 빙하기 잔존 종으로 추운 지역에 서식하는 구상나무와 가문비나무도 지리산이 마지막 피난처다. 한국전쟁 이후 씨가 말라가던 우리 담비 또한 지리산 품 안에서 겨우겨우 명맥을 이어 멸종의 위험에서 벗어났다.

단언컨대 지리산은 한반도에서 담비 서식 밀도가 가장 높은 곳이지 싶다. 천은사, 화엄사 골짜기를 아우르는 40제곱킬로미터 면적의 숲에서 담비 털과 배설물을 수집하여 유전자 분석을 한 결과 최소 22마리의 담비 서식을 확인하였다. 무인 센서 카메라 담비 촬영 빈도도 하루 평균 0.45회로, 남한 내 그 어느 곳도 지리산을 따라오지 못한다.

지리산은 많은 야생동물의 종 공급원으로서 한반도 남부 생물다양성의 심장 역할을 한다. 지리산에서 분기한 산줄기의 동맥과 숲의 모세혈관을 따라 지리산에서 나고 자란 야생동물은 주변으로 주변으로 퍼져나간다. 한편 지리산을 둘러싸고 있는 각종 도로와 시가지는 생물의 원활한 이동을 막는 동맥경화를 일으키기도 한다. 사치재 생태통로, 여원재 생태통로, 매치재 폐도복원 구간처럼 스탠스 시술을 하여 임시방편으로 동물의 이동을 돕기도 한다. 우리 몸에 피가 잘 돌아야 생명이 유지되듯 자연생태계에서도 서식지 연결성을 확보하고 생물의 이동이 자유로워야 생물다양성을 온전히 보존할 수 있다.

최근 들어 그저 지리산을 어머니와 생명의 산으로 보는 관점이 주류의 시선이 아닐 수도 있다는 데에 생각이 미쳤다. 지리산을 향한 사람들의 시선은 다양하다. 누구는 이데올로기를 위해 산에 들며, 누구는 도를 닦기 위해 산에 들며, 누구는 정상 정복을 위해 산에 든다. 또 어떤 이는 담비를 찾기 위해 산에 든다.

왜 사람들이 자꾸만 지리산을 가만두지 못하고 케이블카를 놓고, 모노

레일을 깔고, 산악열차까지 다니게 하려는지, 조금은 알 수 있을 것 같다. 한 시인은 지리산을 향해 "나는 저 산을 보면 피가 끓는다."라고 했지만 정작 화딱지 나고 피가 끓어야 하는 주체는 지리산일 수도 있겠다.

《가루지기전》에서 변강쇠는 지리산에서 오래 살지 못한다. 옹녀가 피둥피둥 놀기만 하는 강쇠에게 나무를 해오라 했으나 낮잠만 자고 빈둥거린 강쇠는 해 질 녘이 다 되어서야 부랴부랴 길가의 장승을 뽑아 그만 땔감으로 써 버린다. 이 일로 팔도의 장승들이 들고 일어났고, 그 노여움으로 변강쇠는 온몸에 병이 들어 죽는다.

우리 역시 강쇠와의 동행을 긴 호흡으로 함께하지 못했다. 비행 중 들린 강쇠의 신호가 결국 마지막 교신이 되고 말았다. 데이터를 한 번만 더 다운받을 수 있다면 더욱 놀라운 강쇠의 기행을, 수컷의 생태를 알아차릴 수 있을 텐데. 발신기에 문제가 생긴 것이라면 카메라 앞에라도 나타날 터인데, 녀석은 더 이상 모습을 드러내지 않았다. 행동권이 큰 만큼 도로를 자주 건너다닐 수밖에 없으니 로드킬 같은 불의의 사고를 당한 것일 수 있다. 장승 눈 밖에 난 강쇠가 맞닥뜨린 동티가 현대에 와서는 찻길 사고로 다가왔을까. 제 아무리 강쇠라도 자동차 바퀴와 단단한 강판을 이겨낼 수는 없었을 것이다. 처음 만난 수컷 담비의 세계를 살짝 열어만 보고 말았다.

그럼에도 강쇠는 지금 암담비 옹녀를 만나 어디선가 강한 생명력을 자랑하고 있다고 믿고 싶다. 온 산천이 쩌렁쩌렁 울리겠지. 그리하여 현대판 가루지기 타령은 어느 이름 모를 골짜기에서 여전히 이어지고 있을 거라고.

8
수컷 콤비
흥부와 놀부

함께 활동하는 두 마리의 수컷 담비

이듬해 봄에 또 다른 수컷 담비가 찾아왔다. 작년에 강쇠가 들어왔던 트랩이다. 제법 덤덤한 척 하려 했지만 마음속으로는 '우와, 수컷이다!' 가슴이 벌렁거렸다. 4.1킬로그램 나가는 수컷 성체 담비였다. 수컷 담비의 몸무게는 일반적으로 4킬로그램 이상이구나. 2~3킬로그램대의 암컷과는 확연히 차이가 났다. 즉 담비는 크기 측면에서 성적이형性的異形을 나타내었다. 성적이형은 같은 종의 암수에서 나타나는 형태, 구조, 크기, 색깔 등의 뚜렷한 차이를 의미한다. 예를 들면 노루는 수컷만 뿔이 나고, 고라니는 수컷만 송곳니가 길게 자라 돌출해 있다. 대부분의 조류는 수컷은 화려한 깃털이 있고, 암컷은 수수한 색을 지닌다. 멀리 갈 필요 없이 호모 사피엔스는 체격, 유방의 크기, 체모의 발달 정도, 목소리 높낮이 등에서 암수 차이가 난다. 담비는 암수가 형태나 구조에서는 큰 차이가 없지만,

크기와 몸무게만 수컷이 암컷보다 30~50퍼센트가량 크다는 점을 확인했다.

녀석은 짝궁이 있었다. 다른 수컷 담비와 함께 활동했다. 혼자 활동하는 강쇠와는 다른 삶의 양상을 보일 것 같아 기대감이 일었다. 황산에 설치해 놓은 카메라에는 언제나 두 녀석이 함께 촬영되었다. 두 녀석은 과연 어떠한 관계일까, 형제일까? 아니면 철저한 비즈니스 관계의 동업자일까?

센서 카메라에 촬영된 영상을 통해 담비는 최대 5마리, 눈 위 발자국 추적을 통해서는 최대 6마리까지 함께 활동하는 것을 확인했다. 함께 산다는 것은 어떤 의미일까? 그것은 서로의 역할과 관계 속에서 살아간다는 뜻이 아닐까? 집단생활의 가장 큰 장점은 협동할 수 있다는 것이다. 공동의 목표에 도달하기 위한 개체 간의 집단행동은 개별행동보다 먹이 탐색과 사냥 등에서 성공률이 높다. 협동이 가능한 동물은 먹이와 같은 특정 자원에 접근할 기회를 더 많이 얻어 번식률도 높아진다(Dugatkin, 1997). 이와 같은 협동은 내가 너를 도우면 너도 나를 도울 것이라는 상호이타주의의 굳건한 믿음에 바탕을 두고 이루어진다. 비용편익분석같이 거창한 단어를 떠올리지 않더라도 분명 무리생활이 실보단 득이 많기에 면면이 이어져 오고 있을 것이다.

센서 카메라에 촬영된 담비 무리 영상을 곰곰이 살펴보고 있으면 절로 아빠 미소가 지어진다. 여러 마리가 서로 뒤엉켜 장난을 친다. 마구 안고 구르고 뒹군다. 길쭉한 담비의 유연한 신체구조는 서로 뒤엉켜 놀기에 적합하다. 마치 올림픽을 앞두고 지리산에 전지훈련 온 그레코로만형 레슬링 선수 같다. 제법 치열하다. 이 녀석들 장난에도 진정성이 엿보인다. 함께한 시간의 켜, 장난으로 다져진 서로에 대한 우정의 깊이는 분명 협동적 태도에 영향을 미칠 것이다. 전지훈련으로 다져진 팀워크의 결정체로 마침내 금메달 아니 고라니 사냥 성공에 이를 것이다.

그렇다고 담비 무리가 마냥 무질서한 모습을 보이는 것은 결코 아니다. 한 마리가 앞장서서 이동하고, 뒤이어 차례로 다른 아이들이 카메라 화각 안으로 입장한다. 처음 나타난 녀석이 바위 위에 엉덩이를 문질러 배설하고 나면, 뒤따라오는 녀석들이 차례로 바위에 코를 대고 킁킁거리며 바위에 올라탄다. 카메라 앞에 미끼를 두었을 때도 마찬가지다. 절대 서로 먼저 먹겠다고 다투는 법이 없다. 차례차례 한 마리씩 순서대로 미끼에 입을 댄다. 그 순서가 서열을 반영하지 않나 싶다. 처음 입질하는 녀석은 게걸스럽게 많이 먹기보다는 적당히 먹고 얼른 자리를 비킨다. 리더의 품격이 느껴진다.

전 세계 8종의 담비속 종 가운데 이러한 무리생활을 하는 것은 한반도

담비의 은밀한 짝짓기 현장은 아니고 수컷들이 노는 모습이다. 마운팅이 꼭 성적 행위인 것은 아니고 놀이 과정에서 올라타기도 한다.

를 비롯한 동아시아에 분포하는 우리 담비*Martes flavigula*가 유일하다. 담비를 제외하고 담비속에 속한 다른 종들의 사냥 대상은 설치류와 같은 소형 동물에 국한된다. 반면 눈 위 발자국 추적을 통해 확인한 바와 같이, 담비는 고라니, 노루와 같은 중형 유제류까지 사냥한다. 협동과 무리의 형성을 통해 사냥감의 크기와 부피를 확장해 나간다.

이번에 포획한 수컷 성체는 트랩에 먼저 들어와 미끼에 입질을 한 녀석이다. 아마 두 마리 중 리더 역할을 하는 녀석일 것이다. 이름을 붙이기 위해 잠시 깊은 고민에 빠졌다. 수컷 두 마리, 환상의 콤비라면 무엇으로 부르는 게 좋을까. 덤앤더머? 톰과 제리? 수와 진? 아니다. 이 고장은 판소리 흥부가의 고향이다. 흥부놀부! 트랩에 먼저 들어와 목걸이를 차고 다니는 네가 형인 것 같으니 놀부다.

달 밝은 밤은 포식자의 시간이다

방사 후 흥부와 놀부는 황산에 계속 머물렀다. 황산은 인월과 운봉 사이에 솟은 해발고도 695미터의 산이다. 콤비가 계속 황산에 머무르니 무선 추적이 수월했다. 황산대첩비 앞 너른 잔디밭에서 여유를 부리며 손쉽게 데이터를 다운받았다. 아지랑이 피어나는 평화로운 봄날을 즐겼다.

칠백 년 전 이곳은 피비린내 나는 전장이었다. 고려말에 왜구가 황산으로 쳐들어오자 이성계가 맞선다. 치열한 전투 끝에 전세가 조금씩 고려 쪽으로 기운다. 이 기세를 몰아 왜구를 소탕해야 하지만 해가 저물고 사위가 어두워진다. 피아 식별이 어려운 지경에 이르자 이성계가 신통력을 발휘한다. 두 손 모아 하늘에 빌었다. "밝은 달을 뜨게 해 주소서." 순간 둥근 달이 떠올라 대지가 밝아졌고 적군의 동태가 파악되자 이성계군은 화살로 왜장 아지발도의 목을 날린다. 그래서 고을 이름이 이성계가 '달을 끌어온 곳', 인월引月이다.

야생동물에게도 달빛과 달 주기는 중요한 의미를 가진다. 달빛에 따라 운명이 갈린 고려군과 왜구의 사례처럼 동물들도 달빛에 따라 희비가 엇갈린다. 휘영청 보름달에 창백하게 환한 밤은 포식자들이 사냥하기 좋은 때다. 반면 초식동물은 육식동물의 공격에 취약한 시기다. 따라서 보름에 육식동물은 활동이 증가하고, 초식동물은 활동이 감소한다. 칠흑같이 어두운 그믐에는 반대의 상황이 펼쳐진다. 센서 카메라에 촬영된 야생동물의 활동일 주기를 분석한 결과 달 밝은 밤을 좋아하는 동물Lunarpilia은 삵, 개와 같은 포식자였으며, 칠흑같이 어두운 밤에 활동이 많은 동물Lunarphobia은 고라니, 노루, 설치류, 멧토끼 등의 피식자였다. 그렇다면 담비는? 담비는 주행성으로 보통 밤에는 휴식을 취하지만, 유독 보름 시기에 약간 활동이 증가했다. 달 밝은 밤은 담비에게도 유리한 시간이고, 보름은 포식자의 시간이다. 늑대인간이 왜 달이 차면 환장하는지에 대한 생태학적 실마리가 여기에 있다.

황산대첩비에서 람천 기슭으로 조금 나오면 동편제 마을이 있다. 동편제의 시조면서 가왕이라 불렸던 송홍록 명창의 출생지다. 동편제는 남원, 순창, 구례, 함양, 하동, 진주까지를 포함하는 섬진강 동쪽 지역의 창법으로 장단이 짧고 분명히 끊어지고 리듬 또한 단조롭고 담백한 맛이 특징이다. 수식과 기교가 많은 섬세한 서편제와는 다르게 무뚝뚝한 창법이라고 할 수 있다. 동편제는 선이 굵은 지리산을, 서편제는 만곡하는 남도 해안선을 닮았다. 황산에 머무는 놀부의 발신기 신호음에 맞춰 한 곡조 뽑아내고 싶지만, 주변을 살피다 참는다. 대신 황산 사는 목청 좋은 고라니에게 마이크를 넘긴다.

담비는 무사히 도로를 건넜고 연구자는 제대로 홀렸다

방사 후 열하루째 되는 날 담비가 드디어 움직였다. 황산 정상부에서 기슭으로 내려와 서무새마을 뒤편 숲에 머물렀다. 진행 방향으로 계속 이동하여 숲에서 나오면 국도 24호선을 맞닥트리게 된다. 담비의 도로 횡단 모습을 확인하고자 절개지 사면 덤불 틈에서 카메라를 들고 담비를 기다렸다. 틈틈이 안테나를 저어 담비의 위치를 확인했다.

이십 분쯤 지났을까, 도로를 건너는 담비의 모습을 보지 못했는데 신호 방향이 어느새 도로 건너편을 가리키고 있었다. 목을 잘못 잡은 것이다. 순식간에 도로 건너편 인월면 소재지 방향에서 신호가 떴다. 설마 마을로 갔나 싶어 황급히 도로를 건너 인월면 소재지 골목길로 넘어갔다. 읍내 한복판에 담비가 있을 리가 있나 의문스러웠지만 소리는 명백히 크게 들렸다. 왜 마을로 온 것일까? 하지만 근처에서 도저히 담비가 있을 만한 곳을 찾지 못했다. 하수구 어디에 숨어 있을까? 한 시간여 주변에서 맴돌다 답을 구하지 못하고 조금 멀찍이서 다시 신호를 잡자 신호가 저 멀리 서룡산 방면에서 잡혔다. 두어 시간 동안 담비에게 홀린 듯했다. 담비는 동에 번쩍 서에 번쩍 했다. 마을을 벗어나 서룡산 기슭에서 담비 방향을 확실히 파악했다. 그리고 좀 더 가까이 접근하여 데이터를 다운받았다. 연구실에 돌아와 컴퓨터를 켜고 다운받은 담비의 위치 데이터를 지도에 띄워 보는 순간 경악을 금치 못했다. 담비가 마을을 어떻게 통과했는지가 아닌 나의 바보짓 때문이었다.

모니터에 띄워진 놀부의 위치좌표를 바탕으로 담비의 경로를 재구성했다.

흥부와 놀부는 마을로 내려오기는커녕 마을을 우회하여 서룡산으로 넘어갔다. 서무새마을 숲에서 나온 담비는 곧장 국도 24호선을 횡단하고 곧이어 람천을 건너 흥덕골로 갔다. 숲을 통과한 후 중군마을 인근에서 다시 람천을 건너고 연이어 국가지원지방도 60호선을 건너서 서룡산으로 넘어갔다. 한 시간 안에 2차선 도로를 두 번, 하천을 두 번 건너서 서룡산 품에 안겼다.

흥부, 놀부가 열심히 난관을 뚫고 이동하고 있는 사이에 나는 제대로 바보짓을 하고 있었다. 마을의 전신주나 통신선에 의한 전자파간섭으로 인한 반사파가 있었고, 그로 인해 번지수를 제대로 잘못 찾은 것 같았다. 서울 한강에서 무선 추적할 때는 전자파간섭에 각별히 신경을 써서 위치를 바꾸어 가며 해당 동물의 위치를 교차 검증해 보았는데 지리산 자락에서 이러한 주의력을 무장해제 해 버린 탓이다. GPS 발신기에 저장된 좌표가 아니었다면 내 잘못을 모르고 담비가 마을을 통과했다고 착각할 뻔했다. 등골이 서늘했다. 기술의 발전을 빌려 오류를 수정할 수 있음에 안도했다. 어찌 됐든 담비가 무사히 다른 산으로 넘어가 다행이었다.

길 내기와 길 막기

담비가 우리를 홀린 사이 그들이 무사히 건너간 국가지원지방도 60호선은 사연이 있다.

전라북도와 국토교통부 익산국토관리청은 1997년부터 인월과 산내를 잇는 지방도 60호선의 4차선 신설 및 확장 계획을 세우기 시작했다. 고작 8킬로미터 구간에 들어가는 예산이 무려 1,140억 원이라는 데서도 알 수 있듯 산지를 절개하고 교각을 세우는 난공사가 예고되었다.

2004년 최종 설계안에는 1.42킬로미터의 터널과 4개의 교량을 세워 설계속도 시속 70킬로미터를 유지하도록 되어 있었다. 다시 말해 도로 신설로 인한 이 구간의 통과 속도 단축 효과는 2~3분에 불과했다.

첫 주민공청회가 열린 후 주민들은 처음에는 반신반의했다. 특히 면장, 지역발전협의회장 등이 부추긴 초기 여론은 도로 신설 찬성 의견이 많았다. 수용대상 논과 밭이 당시 시세보다 두 배 정도의 가격인 평당 5만 원에 수용될 것이라는 소문도 일부 농민의 귀를 솔깃하게 했다. 그러나 일부 주민들과 청년들이 반대운동에 나섰다. 당시 기사다.

> 김종천 대표는 유인물을 만들어 젊은이들과 함께 가가호호를 방문해 직접 주민들을 설득하기 시작했다. "우선 교통량이 적은 도로를 굳이 확장, 신설하는 것은 환경적으로나 주민들의 삶에 해로울 뿐이라는 직감이 들었습니다. 도로가 확장되면 야생동물은 물론 주민들도 길 건너기가 위험해 마을 간 내왕이 줄 뿐만 아니라 농기계 이동도 더 어려워집니다."
>
> 김 대표는 "여름에 노인들의 정자모임마다 찾아간 것이 주효했다."면서 인월면 공청회가 열렸던 지난해 여름이 분기점이었다고 말했다. 서로의 사정과 생각을 너무 잘 아는 시골에서 자기 의견을 솔직히 밝히기 어려운데 공청회 끝에 평소 과묵한 한 노인이 "난 도로 반대요."라고 크게 외치고는 퇴장해 버린 것이 전기가 됐다고 한다.
>
> -《국민일보》, 2005년 8월 22일자

사자후를 뱉고 분연히 일어선 지리산의 한 현자에게 경의를 표한다.

결국 지리산생명연대를 비롯한 풀뿌리 조직과 주민들의 노력으로 도로 확포장 계획은 백지화되었다. 주민들의 자발적인 운동으로 무분별한 도로 개설과 확장을 막아낸 전무후무한 사례다.

오늘도 국가지원지방도 60호선은 람천을 따라 구불구불 흘러가며 인월과 산내를 이어준다. 지리산智異山을 글자대로 풀면 '지혜로운 이인異人의 산'이다. 과연 지리산 자락에 깃들어 사는 지혜로운 이들의 집단지성이 빛을 발했다.

도로는 야생동물 서식지만이 아니라 인간의 지역공동체도 가른다

도로가 하나 새로 뚫리면 여러 파급효과가 생긴다. 도로 주변은 접근성과 개발 여건이 개선되어 땅값이 오르고, 전에 없던 경제활동이 늘어난다. 서로 유리한 노선을 선점하기 위해 길의 계획 단계에는 지역 간 엄청난 신경전이 벌어진다. 길은 로마로 통하는 것이 아니라, 각종 이권으로 통한다. 현대의 길은 욕망의 총아다.

일반적으로 신설도로가 개통하면 교통혼잡 해소, 물류비용 감소, 부동산 가치 상승, 관광·물류 대변혁 예고 등의 장밋빛 기사들이 언론에 도배된다. 하지만 새로 난 도로에서 희생되는 동물, 전원주택과 펜션이 들어오면서 잘려 나가는 나무, 고즈넉함이 소음으로 바뀌게 되는 주변 마을의 고통에 대해서는 아무도 소리를 내지 않는다. 길이 주는 경제적 혜택, 길을 이용하는 사람들의 편리와 더불어 길의 어두운 면을 직시해야 한다.

자동차 중심의 길의 영향은 비단 자연생태계에만 미치는 것이 아니다. 곧게 뻗은 4차선 성토(다른 지역의 흙을 운반하며 지반 위에 쌓는 것) 자동차 전용도로가 두 마을을 가로질러 생기면 어떤 변화가 생길까? 물론 통로 박스나 암거(땅속이나 구조물 밑으로 낸 도랑)가 만들어지겠지만 두 마을 사람들은 길이 생기기 전에 비해 왕래에 제한을 받는다. 진입 교차로가 멀어 정작 마을 사람들은 이용할 수 없는 도로 때문에 지역공동체는 위협받는다. 이처럼 자동차 중심의 길은 야생동물의 서식지를 갈라놓을 뿐 아니라 지역공동체도 갈라놓는다.

어느 생태통로 위에 붙어 있는 현수막을 본 적이 있다. "짐승 다니는 육교를 만들 듯 사람 다니는 통로도 확보하라!" 길로 인한 지역공동체의 불편에 따른 분노의 화살이 애꿎은 생태통로로 향하고 있었다.

길로 인한 소외도 발생한다. 국도가 읍내나 면소재지를 통과하는 경우 우회도로가 개설되는 경우가 많다. 예전 같으면 운전자들이 읍내에 들러 잠시 쉬어가거나 음료수라도 하나 사 먹었겠지만, 우회도로를 통해 신속하게 통과해 버린다. 그나마 북적거린 소읍 중심지의 활기가 사라지는 것이다.

한편 수도권과 대도시 방면으로 접근성을 높인 도로들은 지역을 축소시킨다. 이른바 빨대효과다. 지역의 사람들은 웬만한 일은 접근성이 좋아진 도시로 가서 해결한다. 전국이 반나절 생활권이 되다 보니 머무는 여행보다는 스쳐가는 당일치기 여행이 주를 이룬다.

최근에 나타난 명징한 사례는 서울양양고속도로 개통에 따른 변화다. 2017년에 서울양양고속도로가 개통되면서 서울에서 2시간 안에 동해에 닿을 수 있는 시대가 열렸다. 동해안으로 가는 빠른 길이 생기면서 자연스레 기존 국도의 교통량이 감소했다. 홍천과 속초를 잇는 국도 44호선 주변 상권이 쪼그라들었다. 길가엔 폐업한 휴게소가 즐비하다. 더욱 뼈아픈 건 미시령터널의 몰락이다. 한때 563만 대에 이르렀던 미시령터널의 연간 통행량은 2020년에 205만 대 수준으로 떨어졌다. 미시령터널은 강원도가 30년간 통행료 적자 보전을 조건으로 하는 민간투자사업으로 개통했기에, 강원도가 주식회사 미시령동서관통도로에 2036년까지 지급해야 할 손실보전금은 3,852억 원에 이른다.

새로운 길이 하나 생긴다는 것은 액면상의 의미를 넘어서는 결과를 가져온다. 숲을 가로지르는 도로는 노선 그 자체인 선적 공간만 차지하는 게 아니다. 도로 주변에 새로운 농경지, 집이 생겨나며 야금야금 야생동물의 서식지를 잠식한다. 유리창에 생긴 작은 금 하나가 연쇄적으로 갈라짐을 일으켜 결국엔 전체 유리창을 깨뜨리는 것과 같다. 곧게 뻗은 자동차 전용도로를 신나게 달릴 때면 그 공간을 내어 준 자연과 지역의 희생, 길로 인한 부작용을 기억해야 한다. 길을 내려면 비용편익분석과 같은 경제적 타당성 분석과 더불어 길로 인한 환경적·사회적 희생도 고려할 수 있어야 한다.

흥부마을, 놀부마을

이후 흥부와 놀부는 서룡산, 투구봉, 삼봉산 일대 숲에서 살아갔다. 이따금 성산리 일대 마을 근처 숲까지 내려오기도 했다. 3월 25일에는 국도 24호선을 건너 오봉산 방면으로 넘어갔다. 이번에도 둘은 도로를 무사히 건너갔다. 이튿날에는 성산마을 북쪽 숲에 머물렀다. 성산마을에서 진을 치며 녀석의 데이터를 손쉽게 다운받았다.

성산마을 초입에는 흥부마을이라는 표지석과 흥부상이 있다. 흥부가 결혼하기 전까지는 놀부와 함께 이 마을에 살았는데 결혼한 후에 10킬로미터 떨어진 전북 남원시 아영면 성리 마을로 분가를 한다. 그래서 인월 성산마을은 '흥부 출생지', 아영의 성리는 '흥부 발복지'라고 구분한다. 놀부도 나고 자라고, 계속 살았던 마을인데 마을에 놀부 흔적은 없다. 이른바 '놀부 지우기'가 한창이다. 성산마을은 놀부마을이 아니라 흥부마을로 남고자 했다.

이야기대로라면 이 장소는 흥부가 형수에게 주걱으로 귀때기를 얻어맞은 곳이기도 하고, 놀부가 박을 탔더니 도깨비가 나온 역사적 현장이다. 놀부는 제비 다리를 부러뜨리고는 제대로 혼쭐이 났다. 놀부는 동물학대에 따른 동물보호법의 죗값을 소급 적용받은 셈이다. 설마 담비도 나를 몹쓸 목걸이나 채워 준 놀부 같은 놈으로 기억할까? 놀부(담비)가 담비 보전과 과학 발전을 위한 대의가 있다는 것을 알아주면 좋으련만.

과거 성산마을에 살던 흥부, 놀부와 달리 지금 성산마을에 사는 담비 흥부, 놀부는 사이좋게 잘 붙어 다녔다. 둘은 형제지간일까?

수컷 무리의 사회구조는 이후에 윤곽이 드러났다. 운 좋게도 함께 활동하는 두 마리 수컷을 시간 차를 두고 한 장소에서 잡아들였다. 하지만 이렇다 할 연구성과는 내지 못했다. 한 녀석의 발신기는 접합 부위가 부

셔져 떨어져 버렸고, 다른 한 녀석의 발신기는 기기 불량인지 방사 직후 신호가 끊겨 버렸다. 무선 추적은 처참하게 실패로 끝났지만 녀석들을 계측하면서 뽑아놓은 털 몇 가닥이 남았다. 두 마리 각각의 털 샘플을 국립생물자원관 안정화 박사팀에 보냈고, 이듬해 유전자 검사 결과가 나왔다. 분석 결과 두 수컷 콤비 사이에 혈연관계는 없었다. 즉 수컷 무리의 구성은 분산 과정에서 만난 낯선 수컷들끼리 의기투합하는 것으로 추정되었다. 물론 단 하나의 사례이기에 단정 지을 수는 없다. 짝짓기, 서열 등 여전히 담비의 사생활에 대해 풀어야 할 의문점은 많다. 아무튼 흥부, 놀부는 투닥거리는 현실 형제가 아닌, 사이좋은 의형제인 것으로 추정된다.

담비의 사회구조와 더불어 앞으로 풀어 나가야 할 숙제는 담비의 개체군 변동과 서식 분포 변화다. 고무적인 사실은 최근 들어 담비 서식 범위가 보다 넓어지고 있다는 점이다. 기존에 서식이 확인되지 않은 지역에서도 담비 목격 제보가 이어지고 있다. 유튜브와 블로그에는 시민들이 촬영한 담비 영상이 종종 올라온다. 심지어 2021년 5월에는 수도권인 불암산 자락 서울여대 캠퍼스에 담비가 출현하기도 했다. 시민과학의 힘으로 우리나라 담비 서식 분포 지도가 다시 그려지고 있다.

이전에 작성한 논문에서 고립된 서식지에서는 담비 서식이 어렵다고 설명했는데 그새 상황이 바뀐 셈이다. 나의 오류가 누군가의 시작이 되기를. 서식 밀도와 개체군 변동에 있어서는 과거 조사자료가 없기에 단정 짓기 어렵지만 개체군 크기가 증가 또는 안정적인 상태에 접어든 것으로 판단된다. 다만 고립되고, 작은 산림에서의 출현이 지속 가능한 담비 서식으로 이어질 수 있을지는 추가 조사가 필요하다. 이날치 노래처럼 아직 범은 내려오지 않을지라도, 분명 담비는 백두대간 깊은 숲에서 우리 가까이로 내려오고 있다.

3월 31일에 흥부와 놀부는 다시 국도 24호선을 건너 삼봉산 일대로 넘어왔다. 녀석들이 도로로 가까이 다가올 때마다 물가에 아이를 내놓은 부모 심정이 되어 항상 조마조마하다. 다행히 둘은 무사히 도로를 건넜다. 다시 큰 산의 품에 안겼으니 며칠은 길 건널 걱정 안 해도 될 터이다.

4월 15일부터 담비의 위치가 삼봉산 북사면의 혼때골 일대로 고정되었다.

발신기는 24시간 이상 움직임이 없이 한 장소에 고정될 경우 비프beep(전기 기기가 발하는 삐하는 가청음) 신호음 간격이 짧아지는 일명 모털리티 신호를 내보낸다. 수신기에서는 긴박한 모털리티 신호가 연속해서 울렸다.

이런 경우 두 가지 경우의 수가 있다. 하나는 놀부가 숨을 거둔 것, 다른 하나는 발신기가 벗겨져 버린 것. 발신기가 벗겨질망정 놀부가 무사하다면 좋겠다는 생각이 들었다. 안테나를 들고 발신기 가까이 접근했다.

침식곡이 꽤 깊었다. 주변은 밭으로 개간되어 편평하지만 계곡 주위는 협곡 형태였다. 가파른 비탈을 조심스레 내려가 계곡부에 접근했다. 신호 감도가 더 강해졌다. 수신기에서 안테나를 빼내도 신호가 방방 뜬다. 분명 반경 10미터 이내에 있다. 협곡에 자리 잡은 음습한 분위기의 골짜기였다. 그렇다. 불길한 예감은 틀린 적이 없다. 결국 계곡 한편에 축 늘어져 있는 놀부를 발견했다. 우리를 신나게 홀리고, 도로를 안전하게 건너다닌 건장한 녀석이 이렇게 허망하게 쓰러져 있다.

파리떼를 쫓아내고 놀부의 몸을 살폈다. 앞발을 만져보니 차갑게 식어 있다. 발신기 가죽을 잘라 벗겨 주었다. 목덜미에 날카로운 이빨 자국이 선명했다. 개와 격투를 벌인 듯했다. 어쩌다가 개와 싸웠을까? 싸움 도중에 개가 목에 찬 발신기를 낚아채어 놀부를 내동댕이치고 제압했을까?

걸리적거리는 발신기가 없었다면 놀부는 날렵하게 개의 공격을 피해 나무로 몸을 피할 수 있었을까? 확실치 않지만 모든 것이 내 탓 같았다. 추적하는 개체의 시신을 마주하고 수습하는 일은 언제나 힘겹다. 이제 막 힘든 겨울을 다 이겨냈는데, 이제 조금만 더 있으면 버찌와 오디가 지천에 열릴 텐데. 따사로운 봄 햇살이 야속할 따름이다.

놀부 곁에 앉아 한참을 멍하게 있다가 뒤늦게 흥부 생각이 났다. 흥부는 어떻게 되었을까. 무사히 그 살벌한 현장을 벗어났을까?

> 박 속에서 나온 건 곡물과 금은보화가 아닌 40명의 도둑과 도깨비였다. 똥물 등이 쏟아져 나와 도둑맞고 마구 두들겨 패고 집까지 덮치게 되면서 놀부 내외는 하루아침에 거지 신세가 되고 말았다. 그 후 착한 흥부네의 도움을 받게 되면서 자신의 잘못을 깨달은 놀부가 개과천선하면서 흥부와 우애롭게 살았다.

흥부전은 행복한 결말을 가졌지만 21세기 담비에 의해 완창된 신흥부전은 비극으로 막을 내렸다. 남은 흥부 담비라도 잘 살아남길 바라마지 않았다.

놀부가 떠난 후에도 달오름마을(인월)에는 어김없이 밝은 달이 차올랐다. 달이 주는 위로를 노래한 곡이 떠올랐다.

> 달의 뒤편으로 와요
>
> - 프롬
>
> 달의 뒤편으로 와요
>
> 그댈 숨겨 줄게요

골짜기 한구석에 쓰러져 있는 놀부를 찾았다.

놀부의 발신기를 벗겨 주었다.

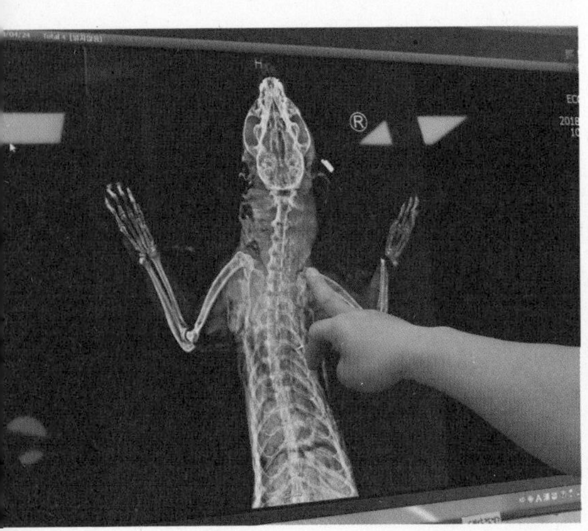
정확한 사인을 알아보기 위해 여러 방면으로 검사를 해보았다. 골절은 없고, 차에 부딪힌 것도 아니다.

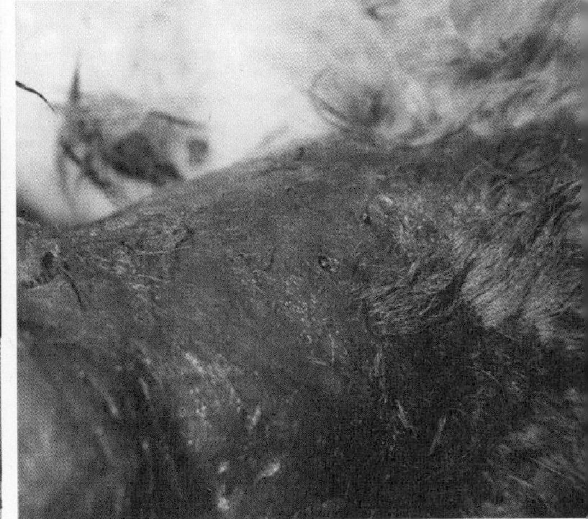
목덜미 털을 밀어 보니 이빨자국이 선명했다. 개에 물린 듯했다.

달의 뒤편으로 와요
둘이서 눈을 감게요
조금 슬퍼지고 비틀대어도
아무도 모르는 곳
달의 숲으로 와 빛을 가져요
보석 같은 두 눈에 눈물이 멈출 거야

지구와 달은 동주기 자전을 하므로 지구상에서는 달의 한쪽 면만 보인다. 지구에서는 달의 뒤편을 절대 볼 수 없다. 음악가의 상상력이 빛을 발하여 힘들고 지친 이들을 절대적인 안식처로 인도해 준다. 실현 가능성을 떠나 솔찬히 위로가 된다. 마음만이라도 포근하다.

아프고 상처받은 야생동물을 데리고 달의 뒤편으로 가서 숨겨 주고픈, 아니 나도 함께 숨고 싶은 그런 밤이었다.

3장

사람의 길, 동물의 길, 함께 가는 길

1
누구나 가해자가 될 수 있다

고라니와의 충돌

현장조사를 다니다 보면 길 위에 있는 시간이 많다. 우리나라 자동차의 연간 평균 주행거리는 약 1만 4,000킬로미터, 나는 평균치를 상회하는 연 4만 킬로미터다. 탄소 발자국을 남기고 다니는 것에 비해 나의 활동과 연구가 자연을 위해 보탬이 되는지, 여기저기 찍고 다니는 탄소 발자국을 상쇄시킬 만한 가치가 있는지 늘 반문한다. 또한 운전대를 잡은 순간순간 혹여나 동물을 치지 않을까 더욱 마음이 쓰인다.

몇 차례 고비가 있었지만 잘 피했다. 2015년 정월 초하루 새벽 3시경 4차선 국도를 주행하고 있었다. 명절 귀향길이었다. 정체를 피하기 위해 야음을 틈타 이동을 감행했다. 도로를 전세 낸 듯 차는 없었다. 사위는 어두웠다. 그때 멀리 전방 도로 한가운데에 물체가 보였다. 상향등을 켜니 정체가 명확히 드러났다. 고라니 한 마리가 1차선에 멀뚱멀뚱 서 있었다.

상향등과 안개등을 끄고 속도를 늦췄다. 포유동물은 대부분 야행성이기에 뛰어난 야간시력을 가지고 있다. 눈에는 가시광선을 반사하여 광수용기photoreceptor가 사용할 수 있을 만큼 빛을 늘리는 반사판tapetum lucidum이 있다. 밤에 인간을 깜짝 놀래키는 개나 고양이의 안광이 반사판의 작용 결과다. 어두운 곳에서는 반사판 덕에 활동이 수월하지만, 과도한 빛이 비춰지면 일시적으로 시력을 잃어버린다. 자동차 헤드라이트 빛 세례를 받은 동물은 당황하여 걸음을 멈추고는 그만 도로 한가운데서 얼음이 되고 만다. 그래서 야간 주행 중에 전방에 야생동물이 보이면 상향등을 끄는 것이 좋다.

낯선 물체가 제법 가까이 다가오자 그제야 고라니는 달리기 시작했다. 도로 한쪽은 절개지와 낙석방지책이 가로막고 있고, 도로 중앙에는 중앙분리대가 있었다. 퇴로가 없다. 고라니는 차선을 따라 자동차가 다가오는 반대 방향으로 뛸 수밖에 없었다. 비상등을 켜고 고라니를 조금씩 몰아갔다. 뒤따라오는 자동차가 없어서 다행이었다. 속도계를 보니 시속 35킬로미터. 고라니의 달리기 속도를 알게 되었다. 한참을 뛰어가던 고라니가 지쳤는지 잠시 달리기를 멈추고는 뒤를 슥 돌아본다. 고얀 놈의 자동차가 계속 따라오는 것을 확인한 고라니는 다시 달리기 시작했다. 숨이 잔뜩 차 오른 고라니나 엑셀에 발을 살포시 올린 인간이나 이 추격전이 어서 마무리되기를 바랐다. 뒤에서 차가 오면 나의 안전도 위태로울 것이 분명했다. 300미터가량 고라니를 몰았을까. 다행히 절토(흙을 깎아 냄) 구간이 끝나고 도로 오른편에 낙석방지책과 가드레일 사이에 빈틈이 보였다. 고라니는 그 틈으로 잽싸게 빠져나갔다. 참으로 다행이었다. 이 장면은 자동차 블랙박스에 고스란히 저장되었다. 동영상을 반복해서 재생해 보며 당시 나의 기지와 순발력에 스스로 뿌듯해했다.

이후에도 몇 번의 고비가 있었으나 동물의 도로 출현을 멀리서 미리 감지하고 속도를 줄였다. 로드킬 사고가 나는 주된 원인은 운전자의 부주의가 크다고 생각했다. 제한속도만 잘 준수하면 웬만한 사고는 피할 수 있을 것 같았다. 동승자로부터도 여러 번 칭찬을 들었다. 어찌 그리 빠르게 반응할 수 있냐고. 사실 부주의한 운전자를 원망하는 마음이 드는 것도 사실이었다. 그 일이 있기 전까진.

경남 함양군 서상면에서 진안으로 넘어가는 국도 26호선을 달리고 있었다. 자정이 훌쩍 지난 시간이었다. 제한속도 시속 60킬로미터 도로인 왕복 2차선 국도에서 달리고 있었다. 그때였다. 고라니 한 마리가 도로 오른편에서 튀어나와 자동차와 충돌했다. 고라니가 와서 들이받았다고 하는 표현이 적확할 것이다. 쿵! 순식간에 일어난 일이라 어찌 손쓸 도리가 없었다. 외마디 비명을 지른 것말고는 내가 할 수 있는 것이 없었다.

이론적으로 운전자가 장애물을 발견하고 브레이크를 밟을 때까지의 반응시간은 위험요소를 판단하는 시간 1.5초, 제동장치를 작동하는 시간 1.0초, 총 2.5초다. 도로변 수풀에서 뛰어나와 부딪힌 찰나의 순간, 시각세포로 들어온 전기세포가 신경전달물질로 대뇌피질에 닿아 다리근육을 움직이기도 전에 상황은 종료됐다. 짧은 순간이었지만 고라니의 형체만큼은 분명하게 인지했다. 쇳덩어리와 생명체가 부딪히는 소리는 둔탁했다. 튕겨져 나간 고라니는 어디에도 없었다.

여기서 또 하나의 불편한 진실과 마주해야 한다. 우리가 도로에서 볼 수 있는 사체는 전체 로드킬 사고의 절반 정도 수준에 그친다(Bissonette et al., 2000). 나머지는 충격에 의해 도로 밖으로 튕겨 나간다. 부상을 당했을 경우에는 일단 도로 밖으로 피신하여 서식지로 돌아가 생을 마감한다. 결국 로드킬로 인한 야생동물의 희생은 보이는 것이 다가 아니다. 내 차에 부딪힌 고라니의 최후는 어떠했을까. 단지 그 고통의 시간이 길지 않기만을 바랐다.

찌그러진 자동차를 수리하러 정비소에 갔다. 움푹 들어간 부위에 묻은 혈흔을 본 정비사는 일순간 표정이 굳어졌다. 나와 마주친 눈은 복잡 미묘했다. 나는 자동반사적으로 범퍼에 끼어 있는 고라니 털 몇 가닥을 뽑아 내밀었다. 아저씨 표정이 이내 풀어졌다. 수리비용은 둘째 치고 고라니에게 미안한 마음뿐이었다. 명색이 로드킬 저감 관련 일을 한다고 어디 가서 얘기나 할 수 있으려나.

사고 장면은 자동차 블랙박스에 저장되었다. 영상 재생 버튼 앞에서 한참 망설였다. 어렵게 영상을 재생했다가 충돌 직전 타임라인에 이르자 급하게 영상을 정지했다. 충돌 직전 온전한 고라니의 모습. 살면서 시간을 되돌리고 싶은 적이 여러 번 있었으나, 이번에는 정말 간절했다. 출발을 몇 초 늦게 했더라면, 아니면 좀 더 일찍 서둘렀다면. 부질없는 생각이 꼬리를 물었다. 핸들로 전해진 둔탁한 충돌의 진동이 여전히 생생하다. 불면의 밤이 지속되었다.

한발 늦었다

2019년 8월 25일

장수군청으로 생태축 복원사업 관련 회의를 하러 가는 길이었다. 나는 조수석에 타고 있었다. 장수나들목에서 고속도로를 빠져나와 국도로 접어들었다. 국도 19호선은 왕복 4차선으로 곧게 뻗어 있었다. 전방 50미터 정도 앞 길바닥에 무슨 물체가 보였다. 그런데 조금씩 움직이는 듯했다. 운전자에게 앞에 뭐가 있다고 소리쳤다. 보다 가까워지니 실체는 명확해졌다. 자라였다. 하지만 가속도가 붙은 차는 단번에 멈출 수 없다. 운전자는 자라를 밟지 않으려 능숙하게 핸들을 틀어 왼바퀴와 오른바퀴 사이로 자라를 중심에 두고 통과했다. 하지만 그대로 두면 위험할 수 있으니 도로 밖으로 옮겨주는 것이 좋겠다 싶었다. 중앙분리대가 있어 차를 바로 돌리기는 불가능해서 일단 갓길에 세웠다.

되돌아가서 자라를 옮겨줄 작정이었다. 급한 마음에 뛰어갔다. 그런데 자라가 있던 자리에 자라가 없었다. 자세를 한껏 낮추어 중앙분리대 아래 뚫린 부분을 통해 반대편 차선을 탐색했다. 자라가 기어간다. 그사이 자라는 부지런히 기어가 중앙분리대 아래를 통과하여 기어이 반대편

자라, 단말마의 고통

차선으로 넘어간 상태였다. 녀석은 뜨겁게 달구어진 아스팔트 도로 위를 한발 한발 밀어내며 힘겹게 나아가고 있었다. 도로를 벗어나기까지 고지가 얼마 남지 않았다. 그때였다. 푸욱 소리가 났다. 파란색 1톤 트럭이 그만 자라를 밟고 지나갔다. 한발 늦었다. 앞뒤 가리지 않고 중앙분리대를 넘어 자라가 있는 곳으로 달려갔다. 일단 자라를 들어 갓길로 옮겼다.

영어명인 소프트셸 터틀softshell turtle이 반증하듯 자라의 등딱지는 딱딱한 다른 거북과는 달리 가볍고 부드러웠다. 자라는 소리를 내지는 않았지만 고통에 울부짖는 듯했다. 목을 넣었다 뺐다 반복했다. 사지가 파르르 떨렸다. 자라는 눈을 질끈 감고 찡그렸다. 자라의 고통 앞에서 내가 할 수 있는 것은 없었다. 이윽고 자라는 머리를 쭈욱 빼내었다. 크게 한숨을 휴 내쉬었고, 이내 길게 빼낸 목이 축 늘어졌다.

그게 마지막이었다. 한발 늦었다. 이후 '자라 보고 놀란 가슴 솥뚜껑 보고도 놀란다'는 속담은 내 생활 깊이 스며들었다. 도로 위에 떨어진 자그마한 낙하물에도 자꾸만 놀라고 만다.

새끼 고양이의 기억

2021년 7월 15일

추풍령 조사를 마치고 숙소로 복귀하는 길이었다. 영동에서 김천으로 향하는 국도 4호선이다. 저녁 8시가 넘었는데도 하지가 지난 지 얼마 되지 않아서인지 푸르스름한 빛의 잔영이 남아 있었다. 전방에 작은 움직임이 보였다. 황갈색의 생명체다. 족제비인가 싶었다. 급하게 브레이크를 밟았다. 도로를 건너려는 녀석은 황급히 방향을 돌려 다시 숲 쪽으로 향

안녕-

했다. 제법 가까이 가서야 녀석이 족제비가 아니라 팔뚝 크기도 안 되는 새끼 고양이임을 알아차릴 수 있었다. 저 조막만한 녀석을 쳤으면 엄청난 죄책감에 빠질 뻔했다. 다행이다. 그냥 가려는데 동승자가 새끼 고양이가 다시 도로에 나올 것 같으니 가보자고 했다. 갓길에 차를 세우고 좀 전에 고양이가 있던 곳으로 걸어갔다. 차에서 먼저 내려 앞서가던 동승자의 실루엣이 보였다. 먼발치 길바닥에 주저앉아 있었다.

깊은 탄식이 나왔다. 뭔가 일이 잘못되었다. 뛰어가 보니 도로 한가운데에서 고양이가 펄쩍펄쩍 튀어 오르고 있었다. 그새 지나가던 차에 치인 것이다. 고통에 어쩔 줄 몰라 몸부림치고 있었다. 이리저리 구르다 튀어 오르다 다시 고꾸라지기를 반복했다. 어쩌다 저 어린 생명체에게 무지막지한 시련이 닥친 것일까. 그 고통의 크기가 어린 녀석이 감당하기에는 너무 커 보였다. 어미는 어디 가고 저 작은 핏덩이 홀로 도로를 건너려고 했을까. 또 다른 차가 와서 치면 어쩌나 두 눈을 뜨고 그 장면을 직시해야만 하는 현실이 엄혹했다.

격렬한 고양이의 몸짓은 이내 잦아들었다. 고양이를 안아 올렸다. 말못할 정도로 가벼웠다. 고양이는 미동도 없었다. 숨이 멎었으나 몸은 여전히 따스했다. 급한 대로 길 옆의 땅을 파기 시작했다. 연장이 없어서 손으로 땅을 팠다. 소싯적 땅거지 시절의 주특기를 끄집어냈다. 뜬금이를 보냈던 앞선 경험이 있었기에 그리 당황하지 않았다. 어떻게 하면 가장 편안한 자세가 될지 여러 번 자세를 고쳐가며 고양이를 누였다. 마지막으로 분홍색 발바닥 패드에 손가락을 대고 인사를 건넸다. 아이는 지구별에 와서 잠시 머물다 고양이별로 돌아갔다. 숨통이 끊어지는 고통으로 격렬하게 몸부림치던 모습은 잔상으로 남아 있다. 만약 기억을 지울 수 있다면 서슴지 않고 이 장면을 택할 것이다. 새끼 고양이 죽음의 기억을 휴지통에 넣고, 휴지통 비우기 버튼을 누르는 것도 빼놓지 않을 것이다.

국도 4호선 추풍령 구간은 특이하게도 가로수가 배롱나무다. 도로를 따라 배롱나무가 줄지어 있다. 뜨거운 여름 한복판에 백일홍이라고도 불리는 배롱나무꽃이 한창이다. 도로 한가운데 남겨진 고양이의 핏자국을 기리듯 붉디붉은 꽃이 저마다 찬연히 피어 있다. 가을 초입에 배롱나무꽃이 떨어지면 붉은 입술 같은 꽃무리가 무연고 아기 고양이의 무덤을 살포시 덮어줄 것이다.

어미의 죽음은 곧 새끼의 죽음이다

2021년 4월 13일

경북 울진으로 회의를 하러 가는 길이었다. 울진과 봉화를 잇는 국도 36호선은 뜨거운 감자다. 국도 36호선이 관통하는 울진군 금강송면 일대는 멸종위기종 산양의 서식지이자 대규모의 금강소나무 군락지다. 이처럼 생태적으로 중요하고 민감한 지역이다 보니 국도 신설 및 확장 공사 환경영향평가 협의에만 5년간 진통이 있었다. 결국 신설도로 건설 이후에 기존 구도로의 생태복원을 전제로 2010년에 첫 삽을 떴다. 하지만 2020년 도로가 완공되자 상황은 달라졌다. 울진군과 지역주민이 구도로의 생태복원을 반대하고 나섰다. 새로운 길도 쓰고, 기존에 있는 길도 쓰겠다는 입장이다. 도로 건설의 전제조건이었던 구도로의 자연화가 어려워진 것이다. 역시나 화장실 들어갈 때와 나올 때의 상황은 다른 법이다. 사회적 약속과 합의, 지역주민의 편의, 생태계 연결성 확보 등 각 주체마다 다른 입장 사이에서 의사결정은 늘 어렵다. 쓰임새가 줄어든 도로 하나를 두고서도 첨예한 의견대립이 이어진다. 어쩌면 도로는 만드는 것보다 없애는 것이 더 어려운 일일 수도 있다. 합의안 도출이 어려운 가운데

어미 담비의 죽음 @뉴스사천

애꿎은 산양 서식지만 두 동강 아니 네 동강이 나 버렸다.

이러니 매번 무거운 마음을 안고 울진으로 향한다. 영주를 지나고 있는데 문자가 왔다. 경남 지역신문사 기자였다. 경남 사천에서 담비 로드킬 제보가 들어왔는데, 어떻게 처리해야 할지 물어왔다. 첨부된 사진을 보니 담비 한 마리가 길 위에 쓰러져 있다. 도로에는 핏자국이 흥건하다. 사체를 가지러 갈 테니 보관해 달라 부탁드렸다. 다음 날 일정을 변경하고 급하게 사천으로 향했다. 지금은 사천시로 이름이 바뀌었으나 과거엔 삼천포시였다. 담비 사체를 만나기 위해 삼천포로 빠진다.

뉴스사천 사무실에 도착하니 담비 사체는 냉장 보관용 상자에 얼음과 함께 있었다. 상당히 번거롭고 성가신 일일 텐데 사체를 수거해 보관해 준 기자의 마음이 고마웠다. 다 자란 암컷 성체였다. 머리 일부가 함몰되어 있었다. 머리를 다쳐 즉사했을 가능성이 높아 보였다. 부지런히 몸 이곳저곳을 살피다가 한동안 말을 잇지 못했다.

젖꼭지에 젖이 맺혀 있다. 젖꼭지를 눌러보니 허연 젖이 스물스물 뿜어져 나온다. 눈을 의심하며 다른 젖꼭지도 눌렀다. 안구에 습기가 맺힌다. 담비는 혼자가 아니었다. 담비의 출산 시기가 3~4월이니 아직 어미가 돌보는 새끼는 꼬물이 상태일 테다. 눈도 못 떴을지 모른다. 어미 홀로 새끼를 돌보기 때문에 어미의 죽음은 곧 새끼의 죽음이다. 이 어미는 과연 쉽게 눈을 감을 수 있었을까. 두개골이 바스러지는 찰나에도 새끼 생각뿐이었으리라.

도로 위에 보이는 죽음이 전부가 아니라는 사실을 다시금 깨닫는다. 5월에 차량과 충돌해서 부상을 입고, 구조되어 야생동물구조센터로 들어오는 암컷 고라니의 대다수는 뱃속에 태아를 품고 있다. 지금껏 발견한 로드킬 사체 중 가장 거두기 힘겨웠던 것은 어미 배에서 튕겨져 나온 태아였다. 세상의 빛을 보지도 못한 작은 핏덩이가 차갑고 거친 아스팔트 노면에 박힌다. 자동차는 본의 아니게 가정파괴범이 되고, 도로는 일가족 참변의 현장이 되고 만다. 삼천포를 빠져나와 담비를 싣고 사무실로 복귀하는 길은 더디고 힘겨웠다.

사고를 냈던 길, 사고를 목격했던 길, 무선 추적하던 아이가 숨을 거둔 길을 지날 때에는 잠시 고개를 숙여 묵념을 올린다. 나만의 추도 방식이다. 운전대를 잡고 있기에 추도의 시간은 길지 않다. 0.23초가량의 짧은 의식이다. 동승자가 보기에는 운전하다가 깜빡 존 것처럼 보여 무서울 수도 있겠다. 그 지점에 다다르기 한참 전부터 마음은 무거워진다. 해도 바뀌고, 계절도 여러 번 바뀌었지만 당시의 기억은 늘 어제 일처럼 생생하게 소환된다. 고라니를 치는 순간에 오디오에서는 마크 노플러Mark Knopfler의 '에브리바디 페이즈Everybody pays'가 흘러나오고 있었다. 노래 제목처럼 값비싼 통행료를 치렀다. 평소 즐겨듣던 노래였는데 한동안 도무

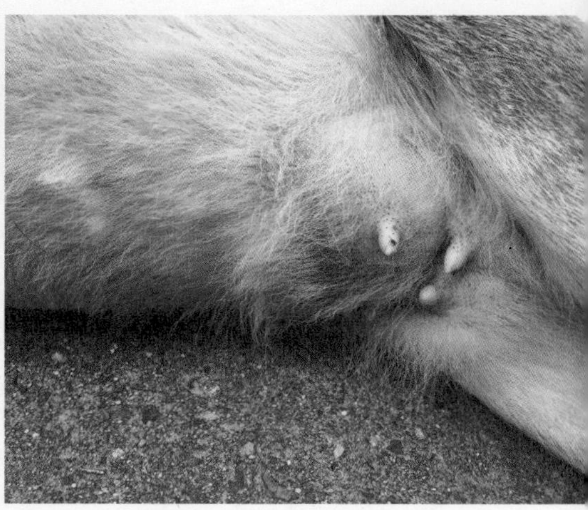
고라니의 죽음. 젖이 부풀어 있다. 혼자만의 죽음에 그치지 않는다.

지 틀질 못했다. 그리고 한동안 운전대 잡기가 싫었다.

맹자는 사람 누구나 생명을 불쌍히 여기는 측은지심을 가지고 있다고 했다. 도로 위에서 죽는 동물도 안타까운 일이지만, 사고를 낸 운전자도 생명을 해쳤다는 죄책감으로 정신적인 상처가 남을 수 있다. 미국에서 1,000명의 운전자를 대상으로 한 설문조사에서 응답자 중 79퍼센트가 차로 동물을 친 경험이 있다고 했다. 동물을 쳤을 때의 감정에 대해서 응답자의 58퍼센트가 속상하다, 10퍼센트가 두려움을 느꼈다고 했다. 사고 당시 20퍼센트의 운전자가 울음을 터뜨렸다고 답했다.

이처럼 로드킬은 운전자에게 강한 정신적 충격, 트라우마로 남을 수 있다. 한 생명이 자신 때문에 생을 마감하게 되는 것은 분명 불행한 일이다. 국민 누구나 본의 아니게 생명을 해치는 가해자가 될 수 있는 위험을 안고 도로를 달린다. 이처럼 로드킬은 윤리적인 문제일 뿐 아니라 국민들의 정신건강에도 심각한 문제가 된다. 우리가 로드킬 문제를 결코 가볍게 넘겨서는 안 되는 또 한 가지 이유다.

2

최상위 포식자 자동차와 도로 이야기

3,295천억 킬로미터

18세기 유럽에서 증기자동차가 발명되었고, 20세기 헨리 포드가 개발한 '모델 T'가 대량생산됨에 따라 자동차의 보급과 운행은 급속도로 증가했다. 마이카 시대를 거쳐 현재 자동차는 일상생활에 없어서는 안 되는 필수품으로 자리 잡았다. 과연 자동차는 현대 문명의 상징이자 기계공학의 총아라 할 수 있다.

자동차가 없던 시절 사람이 평생 움직이는 거리는 대략 2,000킬로미터에 불과했다. 자동차가 널리 보급된 현대인의 평균 이동거리는 연간 2만 킬로미터에 이른다. 자동차가 물리적 제약을 줄이고, 사람의 생각과 의식의 폭까지 확장시켜 주었다. 인간에게 편리함을 선사하는 자동차는 2020년 12월 기준 24,365,979대가 등록되어 있다. 국민 2명당 1대꼴로 자동차가 있는 셈이다.

자동차가 급증하면서 도로 시설의 확충도 이루어졌다. 국토교통부 통계에 따르면 2020년 12월 기준으로 우리나라 총 도로 연장은 112,977킬로미터에 이른다. 2019년에 비해 1,600킬로미터 증가했다. 우리 국토면적이 106,205제곱킬로미터므로 공식적인 우리나라 도로 밀도는 1제곱킬로미터당 1,064킬로미터다.

국가통계에는 도로법이 정의하는 고속도로, 국도, 특별·광역시도, 지방도, 시군구도만 포함된다. 농어촌도로와 임도는 포함하지 않은 수치다. 농어촌도로 59,356킬로미터(2012년 기준, 행정안전부), 임도도 23,060킬로미터(2020년 기준, 산림청)가 추가되어야 한다. 자동차 네비게이션 지도회사에 등록된 자동차 진입이 가능한 길은 265,680킬로미터에 이른다(2016년 기준, 최태영). 이처럼 현실에는 통계수치보다 더 많은 도로가 존재해서 실제로 1제곱킬로미터당 약 1~2.5킬로미터에 이르는 도로가 존재하는 셈이다.

도로의 확충으로 우리는 이동이 편리한 시대에 살고 있다. 2017년에 서울양양고속도로가 개통하면서 이제 수도권에서 90분 남짓 달리면 동해를 만날 수 있다. 조선시대에 한양에서 동래까지 가는데 영남대로를 따라 걸어 보름이 걸렸다면 지금은 운전해서 4시간이면 닿는다. 서울에서 부산으로 갈 때 경부고속도로만 고집할 필요도 없다. 중부내륙고속도로, 중부고속도로, 대구부산고속도로, 상주영천고속도로, 당진영덕고속도로 등 우회노선이 차고 넘친다. 바야흐로 전국이 사통팔달의 교통망을 갖춘 시대가 도래했다.

우리나라 자동차의 연간 주행거리는 3,295천억 킬로미터다. 이 신묘한 자동차 주행거리 통계는 전국 1,797개 자동차검사소에서 검사를 받은 약 1,100만 대의 자동차를 대상으로 조사하여 도로교통공단에서 작성한 수치다. 3,295천억 킬로미터라니! 숫자가 쉽게 가늠이 되지 않는다. 아마도 이 숫자가 달을 41만 번, 태양을 1,100번 왕복할 수 있는 거리에 해당하는, 말 그대로 천문학적 숫자이기 때문일 것이다. 이처럼 우리 국토에는 오늘도 그물망처럼 촘촘하게 깔린 도로 위를 수천만 대의 자동차가 쏟아져 나와 달리고 있다.

무시무시한 달리기 능력을 지닌 무지막지한 쇳덩어리 신종 동물체

야생동물은 삶을 영위하기 위해 자기만의 고유한 공간인 행동권Home-range이 필요하다. 인간이 일상생활을 영위하기 위해서 추위와 더위를 피할 수 있는 집, 음식을 먹고 구하는 식당이나 마트, 밥벌이를 하는 일터, 직장으로 오가는 출퇴근길이 필요한 것과 마찬가지다. 행동권은 먹이터, 물 마시는 장소, 잠자리, 천적으로부터 몸을 피할 수 있는 은신처, 새끼를 낳고 키울 수 있는 보금자리, 추위를 피해 겨울을 나는 월동지, 이런 주요 지점을 이동하는 데 필요한 이동로 등 생활에 필요한 서식 지역을 포함한다. 이러한 행동권 안에는 다른 개체와 공유하지 않는 배타적인 세력권 territory이 존재하기도 한다.

야생동물은 일정 공간을 서식지로 삼아 살아감으로써 먹이, 물, 은신처 등의 삶의 필수적 요소를 안정적으로 확보할 수 있는 편익이 발생한다. 반대로 행동권과 세력권의 유지를 위해 순찰, 경계, 이동에 따른 에너지와 시간 사용의 비용이 발생한다. 행동권이 무작정 크다고 좋은 것만도 아니고, 너무 작아도 살아남기 어렵다. 따라서 비용과 편익의 균형점 사이에서 행동권 크기가 결정된다. 종이 필요로 하는 자원의 양과 서식지의 질에 따라 적정 행동권이 설정된다. 이처럼 야생동물도 지극히 경제적이고 효율적인 삶을 살아간다. 이렇게 형성된 자신의 영역 안에서 먹고, 자고, 싸고, 낳고, 죽음에 이르는 생활사를 완성한다. 행동권 안에서 야생동물은 잠자리, 은신처, 옹달샘, 먹이터를 부지런히 오고 간다. 말 그대로 살아 움직이는 동적인 존재, 동물動物이다.

우리나라의 도로 밀도는 1제곱킬로미터당 1킬로미터를 넘는다. 평균적으로 1킬로미터를 갈 때마다 하나 이상의 도로를 만나는 셈이다. 우리나라에 서식하는 육상 포유동물 다수의 행동권은 1제곱킬로미터를 넘는다. 도로 사이사이에서 야생동물이 살아가며 먹이를 찾고, 새끼를 키우고, 독립하여 분산하고, 짝을 만나려면 인간의 길을 넘나들 수밖에 없는 구조다.

야생동물은 사람들이 만들어 놓은 교통체계를 알지 못한다. 사람과 유인원을 제외한 포유동물은 대부분 색맹이기에 신호등의 색을 제대로 구분하지 못한다. 물론 색을 구분한다 하더라도 교통신호를 이해하고 순순히 따를 리 없다. 더욱이 도로에서 맞닥뜨리는 자동차의 속도는 그들에게 익숙한 빠르기가 아니다. 호랑이나 늑대 등 대형 포식자의 달리기 속도도 시속 60킬로미터를 넘지 않는다. 익숙지 않은 속도에 감이 없는 야생동물은 자신을 향해 달려오는 자동차에 대응하기 어렵다. 저 무시무시한 달리기 능력을 지닌 무지막지한 쇳덩어리 신종 동물체는 출현한 지 불과 백년도 안 되어 지구상 거의 모든 곳을 점령해 버렸다. 진화생물학적 관점에서 백년이라는 시간은 야생동물이 자동차라는 신종 괴물에 적응하고 대응하기에 턱없이 짧은 순간이다.

우연과 필연

동물들은 각자 사연을 안고 도로를 건넌다. 무선 추적으로 인연을 맺었던 동물친구들도 마찬가지다.

> 서울 한강변에 살던 수컷 삵 영준이는 행동권 내에 올림픽대로가 있다. 왕복 8차선의 올림픽대로를 건너다 차에 치여 목숨을 잃었다.

> 서울 한강변에 살던 암컷 삵 주선이는 행동권 내에 올림픽대로가 있다. 낮에 머무는 은신처와 밤에 활동하는 먹이터를 오가기 위해 왕복 8차선의 올림픽대로를 건너다녀야 한다. 도로 하부에 배수로나 통로박스도 없기에 주선이의 선택지는 오직 노면 횡단뿐이다. 주선이는 용케도 살아서 도로를 건너다녔는데 한강이 범람한 날 사라졌

다. 홍수나 산불 등 자연재해로 인한 서식지 교란이 있을 때 동물은 급하게 피신해야 하며, 이 과정에서 로드킬의 위험성은 커진다.

서울 한강변에 살던 고령의 암컷 너구리 능글이는 행동권이 강서습지생태공원 안에 형성되어 있다. 올림픽대로를 따라 능글이의 행동권 경계가 형성되었다. 능글이가 도로를 건널 일은 없었으며, 로드킬의 위험으로부터도 비교적 안전했다. 능글이는 새끼를 6마리 낳았다. 다 자란 너구리 새끼들은 가을이 오면 태어난 곳을 떠나 분산을 해야 한다. 능글이 새끼들 또한 강서습지를 둘러싸고 있는 도로를 건너 힘든 여정을 시작해야 한다.

서울 한강변에 살던 수컷 너구리 갑돌이는 별안간 날벼락을 맞았다. 갑돌이 행동권 한가운데로 경인운하 공사가 시작되었다. 갑돌이는 잠자리와 먹이터를 더 이상 오가지 못했다. 서식지 교란이 계속되자 갑돌이 행동권은 축소되었으며, 어느날 자취를 감추었다. 서식지 교란과 단절이 생겨 원래 행동권을 유지할 수 없으면 도로를 건너 서식지를 새롭게 확보해야 한다. 이 과정에서 로드킬의 위험성은 커진다.

서울 한강변에 살던 수컷 너구리 뜬금이는 행동권 내에 올림픽대로가 있다. 어느 날 뜬금없이 신호가 사라졌다. 올림픽대로 한가운데서 부서진 발신기와 조각조각난 동물의 사체를 발견했다. 뜬금이였다.

속리산에 살던 암컷 담비는 사람이 놓은 덫에 걸렸다. 구조되어 치

서낭재 임도를 건너가는 새끼 담비. 어미가 잘도 키워냈다.
어미와 새끼 2마리, 총 3마리가 순서대로 길을 건넜다.
'어어어' 하는 사이, 어미와 새끼 한 마리가 금세 시야에서 사라져 버렸고,
마지막 차례로 길을 건너는 새끼를 가까스로 렌즈에 담았다.
담비 가족은 고맙게도 삼세번의 기회를 주었다.

료를 받고는 다시 속리산 품으로 돌아왔다. 암컷 담비의 행동권은 너구리의 20배, 삵의 10배에 해당되는 20제곱킬로미터에 이른다. 속리산 넓은 산림에서 살아가며 행동권 안 임도와 농로를 자주 건넜다. 바위굴에서 새끼를 낳고 잘 길러냈다. 겨울철에는 2차선 국도를 건너 원정 사냥을 떠났다.

지리산에서 살던 암컷 담비 모녀는 지리산 넓은 품에서 살았다. 겨울이 되자 행동권이 확장되었다. 원래 살던 곳에서 북쪽으로 이동하여 2차선 정령치 도로를 건너다녔다. 이처럼 계절에 따라 서식지와 행동권이 변화하는 경우가 있다. 이러한 계절적 이동 시에 도로를 건너야 하고 로드킬 위험에 노출된다. 다행히 겨울철 지리산 산악도로는 교통량이 많지 않아 담비는 잘 살아남았다.

암컷 담비 노랭이와 빨갱이는 자매지간으로 지리산국립공원에서 살았다. 넓은 품의 지리산에서 살았기에 2차선 성삼재 도로를 이따금 건너다닐 뿐 로드킬에 대한 걱정은 없었다. 어미와 겨울을 함께 난 후 이듬해 봄에 독립을 했다. 위험한 분산의 여정의 시작이었다. 노랭이는 지리산을 떠나 고속도로(순천완주고속도로, 호남고속도로), 철도(전라선), 국도(15, 17, 19, 22호선), 섬진강을 건넜다. 순천에 이르러 차에 치여 짧은 생을 마감했다. 야생 포유동물은 새끼의 독립에 따른 분산 시기가 로드킬 위험에 가장 취약하다. 자신의 영역을 찾기까지 낯선 도로를 끊임없이 건너야 한다. 빨갱이는 어느 방향으로 갔는지 찾지 못했다.

지리산 북부에서 살던 콩쥐와 팥쥐는 자매지간이다. 이듬해 봄에 팥쥐는 독립하여 분산했다. 반면 콩쥐는 분산하지 않고 태어난 곳에서 그대로 살았다. 어미나 다른 경쟁자 담비들이 불의의 사고를 당해 서식지에 틈이 생기면 굳이 도로를 건너는 위험한 모험을 떠날 필요가 없다.

암컷 담비 후남이는 지리산 북부에서 살았다. 행동권 한가운데로 광주대구고속도로가 관통하고 있었다. 후남이는 고속도로를 넘어 서식지 북쪽과 남쪽을 부지런히 다녔다. 백두대간 사치재에 생태통로가 있었고 후남이는 생태통로를 잘도 이용했다. 서식지가 도로로 인해 단절되더라도 생태통로와 같은 구조물이 있어 연결성이 확보되면 안전하게 살아갈 수 있다.

수컷 담비 강쇠는 지리산 북부에서 살았다. 행동권 최대 면적이 110제곱킬로미터에 이른다. 행동권 내에는 고속도로를 비롯해 크고 작은 도로가 있었다. 강쇠가 행동권을 한 바퀴 돌려면 2차선 이상 도로 16개를 건너야 했다. 어느 날 신호가 끊어졌다. 자주 찍히던 카메라에도 더 이상 나타나지 않았다. 행동권이 컸기에 어느 도로부터 찾아야 할지 몰랐다. 결국 주검을 찾지 못했다.

지리산 북부에 살던 수컷 담비 콤비 흥부와 놀부의 행동권 안에는 국도 24호선과 국가지원지방도 60호선이 지나가고 있었다. 이들은 도로를 무사히 건너다녔다. 놀부는 도로 건너기 명수였지만, 개에 물려 죽고 말았다.

치열했던 그들 삶의 공통점 중 하나는 그들의 삶이 인간이 만든 도로와 떼려야 뗄 수 없다는 것이다. 행동권이 크거나 행동권 내에 많은 도로가 지나가는 조건이면 해당 개체는 로드킬의 위험에 취약하다. 반면 도로가 없는 곳에 행동권을 곱게 잘 점지한 개체라면 당장 직접적인 로드킬 위험은 적다. 물론 새로운 서식지를 찾아나서야 하는 자손의 안전까지는 보장받지 못한다.

행동권 안에 올림픽대로처럼 도로 하부 구조물도 없고, 차량이 꼬리에 꼬리를 무는 도로가 있는 경우라면 다른 대안이 없기에 온전히 노면 횡단을 감행해야 한다. 건너다니기 극강의 난이도인 곳에서 목숨을 담보로 상당한 위험을 감수해야 한다.

행동권 안에 광주대구고속도로처럼 중앙분리대가 있고, 시속 100킬로미터가 넘는 속도로 자동차가 쌩쌩 달리는 도로가 있다면 어떨까? 이 또한 극강의 난이도지만 생태통로가 하나 있다면 지역에 익숙한 개체는 생태통로나 도로 하부 통로박스(도로 하부에 자동차나 사람이 지나다닐 수 있게 만들어진 콘크리트 구조물), 수로박스(도로 하부에 물길이나 하천이 통과하는 콘크리트 구조물)와 같은 도로 구조물을 이용하여 안전하게 도로를 건너다닐 것이다. 하지만 독립을 위해 분산 과정 중인 어린 개체는 이런 상황에 익숙하지 않아 로드킬의 위험에 직면한다.

경운기만 이따금 다니는 농로나 교통량이 적은 2차선의 구불구불한 산악도로가 동물의 행동권 안에 있다면 비교적 건너다니기 쉬우며 로드킬 위험도 적다.

이처럼 종과 개체의 행동권의 크기, 행동권 내 도로의 종류, 공간적 분포 등에 따라 로드킬 위험 정도는 다르다. 동물들은 행동권 내 일상적인 이동, 계절적인 이동, 서식지 교란에 따른 이동, 홍수와 같은 갑작스런 천재지변에 따른 이동, 독립에 따른 분산 과정 등에서 좋든 싫든 도로를 건너야만 하고 인간이 야생동물의 이동을 돕기 위해 어떤 조치를 취했느냐에 따라 그들의 생사가 결정된다.

무선 추적한 아이들 중에는 무사히 도로를 건너다니며 삶을 이어나간 개체도 있었으며, 불의의 사고를 당해 별이 된 개체도 있었다. 무선 추적으로 관찰한 13마리 중 직접적으로 로드킬 당한 사체를 찾은 경우는 3건(영준이, 뜨금이, 노랭이)이었다. 한편 분산 과정이 아님에도 갑자기 신호가 끊기고 개체가 사라져 버린 경우가 3건(주선이, 갑돌이, 강쇠)이었다. 사라진 아이들은 기존에 꾸준히 관찰되던 카메라에도 어느 순간부터 모습을 드러내지 않았다. 배터리 소진이 아닌 발신기 파손이 의심되는 상황이었기에 로드킬로 희생된 것으로 추정된다. 이들 숫자까지 합치면 13마리 중 6마리가 무선 추적 도중에 로드킬로 산화한 셈이다. 호호 할미, 할비가 될 때까지 야생에서 천수를 누릴 수 있는 개체는 극히 드물다. 이 땅의 야생동물에게 가장 두려운 존재는 호환, 마마, 전쟁이 아닌 자동차다.

이 땅 위에는 24,365,979대의 자동차가 총 연장 112,977킬로미터의 도로로 쏟아져 나와 연간 3,295천억 킬로미터를 달린다. 그 도로 사이사이에 야생동물이 도로를 건너다니며 산다. 아니 살아남기 위해 반드시 도로를 건너야 한다. 로드킬이 발생할 수밖에 없는 필연적인 구조다.

경남 함양군 서상면에 사는 고라니 한 마리가 좀 더 싱싱한 풀을 뜯기 위해서 이동하다가 02시 11분 43초에 국도 26호선에 진입한다. 때마침 21러 3XX7 쥐색 승용차가 다가오고 있었다. 고요한 축시丑時의 도로. 두 존재는 기어이 달갑지 않은 만남을 가지고야 말았다. 하필 왜 그때 그 순간이었을까.

지금 이 시간에도 전국 각지의 도로에서는 동물들의 도로 횡단 시도가 이어지고, 수많은 동물이 생사의 기로에 놓인다. 그리고 그 운명의 갈림길에는 우연과 필연이 함께 작동한다.

교통사고 사망자도 보행자 사망자도 줄었다. 동물의 사망은…

2020년 한 해 동안 우리나라 교통사고 사망자 수는 3,081명이다(경찰청, 2021). 불행 중 다행으로 교통사고 건수, 사상자 수는 지속적으로 감소하고 있다. 경찰청에 따르면 2018년 사망자 수가 42년 만에 4,000명 이하로 감소, 2019년에는 17년 만에 교통사고 사망자 감소율이 11.4퍼센트로 두 자릿수를 기록했다.

야생동물은 해마다 도로 위에서 얼마나 죽어 갈까? 인명 사고와는 달리 정확한 수치는 알 수 없지만 국토교통부 자료를 통해 로드킬 발생 추이를 파악할 수 있다. 전국 국도와 고속도로에서 집계한 로드킬은 2015년 14,178건, 2016년 14,707건, 2017년 17,105건, 2018년 16,812건, 2019년 19,368건으로 꾸준한 증가 추세다. 4년 사이에 36.6퍼센트 증가했다.

지역적으로 고속도로, 국도, 지방도 총 119킬로미터 구간에 대한 지리산권역 로드킬 정밀조사가 있었다(서울대 환경계획연구소, 2008). 이 조사는 숙련된 전문가들이 2년 6개월간 매일 또는 이틀 간격으로 조사한 자료로 우리나라 로드킬 발생 현실에 가장 가까이 닿아 있다. 이 조사 결과를 토대로 도시 지역을 제외한 도로 길이에 로드킬 수를 대입하면 대략의 전국 로드킬 발생수의 유추가 가능하다. 지리산권 로드킬 발생이 전국 평균에 수렴한다는 가정하에 계산해야 한다는 결점은 존재한다. 거칠게 추정하자면 한 해 동안 포유류 60만 건, 조류 45만 건, 양서류 1만 건, 파충류 1만 건의 로드킬이 발생한다. 여기에 도시에서 발생하는 로드킬을(개, 고양이, 기타) 포함하면 연간 전국적으로 약 200만 건 이상의 척추동물이 도로에서 죽음을 당하는 것으로 파악됐다(최태영,

2016).

로드킬의 대표적인 동물 고라니의 경우 국립생물자원관이 전국 810개소의 고정조사구를 통해 분석한 결과 고라니의 전국 서식 밀도는 1제곱킬로미터당 7.7마리로 나타났다. 고라니가 살 수 없는 시가화건조지역(주택, 도로, 위락시설 등의 도시기반시설이 있는 지역)을 제외하면 우리나라 전체에 고라니가 약 70만 마리 살고 있는 것으로 추정할 수 있다. 한 해 동안 도로에서 희생되는 고라니가 약 6만 마리에 이른다는 조사(최태영, 2016)에 따르면 우리나라 고라니 중 8퍼센트는 해마다 로드킬로 목숨을 잃는다. 인간 사회에 이 수치를 대입하면 우리나라 총인구가 5,100만 명이니 매년 400만 명이 죽임을 당한다는 의미다. 엄청난 재앙이다. 이처럼 로드킬은 종의 생존에 있어 결코 무시할 수 없는 위협요소다. 아이러니하게도 과거 멸종된 호랑이, 표범 등 최상위 포식자의 역할을 자동차가 하고 있는 슬픈 현실이다.

로드킬은 그저 한 생명체의 불운한 죽음에 그치지 않는다. 개체군과 종의 운명에 큰 영향을 줄 수 있고, 먹이사슬 구조를 흔들 수 있다. 자동차를 타고 빠르고 안전하게 이동할 수 있는 인간의 길은, 동물들에게는 죽음의 길이 되고 있다.

우리나라는 교통법규 준수와 보행자 우선배려 등 선진적인 교통문화의 정착, 교통안전시설의 확충, 안전속도 5030 도입과 같은 정책변화를 통해 교통사고 사망률을 성공적으로 줄여 나가고 있다. 특히 2017년 대비 2020년에는 보행 사망자가 무려 582명이나 감소하는 성과를 거두었다. 이제 눈을 돌려 길 위 야생동물의 죽음도 줄일 수 있어야 한다.

인터넷 자동차 커뮤니티 게시판에는 로드킬 경험 글이 종종 올라온다. 게시된 고라니 로드킬 사고 블랙박스 영상엔 수많은 댓글이 달렸다. 그 중 눈에 띄는 글이 하나 있었다.

타이 10/10 13:34 답글/신고

세상에서 가장 극악무도한 살상이 로드킬이라고 합니다. 아무도 원치 않아요. 죽이고 싶지도 않았던 거고, 죽고 싶지도 않았을 거고... 원한관계도 없고, 이데올로기 마찰도 없고, 그냥 죽이고 죽는 살상. 동물과 함께 살 수 있는 토목공사를 해야 되는데 좀... 씁쓸.... 동물 죽어 불쌍하고 돈은 돈대로 깨져서 아깝고... 이 무슨 낭패인지요? 안타깝고...

문장 사이 수차례 말줄임표로 표현되는 글쓴이의 안타까움이 절절하게 다가온다. 인간 편하자고 만든 길에서 무수한 생명이 사라진다. 이건 아닌 것 같다. 그래 아무래도 이건 아니다.

3
가해자도 피해자도 없는 길을 위해

생태통로의 폭풍 성장

차를 타고 도로를 달리다 보면 종종 도로 위를 가로지르는 거대한 구조물과 마주칠 것이다. 다리처럼 도로 위에 놓인 커다란 구조물은 육교 같은데 희한하게도 상부에는 나무가 자란다. '쉿! 야생동물이 지나고 있어요', '자연사랑, 동물사랑 국토교통부가 함께합니다'와 같은 문구가 적혀 있다. 동물이 도로를 안전하게 건널 수 있도록 만든 생태통로다.

도로는 차량 충돌에 의한 야생동물 개체수 감소라는 직접적인 영향뿐 아니라 자연생태계 전반에 다양한 영향을 미친다. 도로는 생태계의 단절을 초래하고, 이는 야생동물의 서식지와 개체군의 격리로 이어진다. 서식지 단절로 개체군 유전자 다양성이 감소하게 되면 장기적으로 종이나 개체군의 절멸로 이어질 수 있다. 또한 도로로 인해 서식지의 면적이 감소하고, 서식지의 질이 저하된다. 자유로운 이동에 제약을 받는 야생동물은 먹이터, 물, 은신처 등 자연자원에 접근이 어려워진다. 도로뿐 아니라 철도, 운하, 수로, 전력선 등 다양한 인공 구조물로 인해 서식지 파편화가 진행되지만, 이 중에 가장 광범위하고 해로운 영향을 끼치는 구조물은 단연 도로다(Spellerberg, 1998).

이러한 서식지 단절 영향을 저감하기 위해 도로 양측 서식지를 물리적으로 연결해 주는 구조물이 바로 생태통로다. 생태통로의 법적 정의는 "도로·댐·수중보·하굿둑 등으로 인하여 야생 동식물의 서식지가 단절되거나 훼손 또는 파괴되는 것을 방지하고 야생 동식물의 이동 등 생태계의 연속성 유지를 위하여 설치하는 인공 구조물·식생 등의 생태적 공간이다"(〈자연환경보전법〉 제2조). 법적으로 생태통로는 도로뿐 아니라 다양한 선형 구조물로 인한 서식지 단절을 저감하는 장치를 포함하는 포괄적인 개념이지만 일반적으로 도로를 사이에 둔 양측 서식지를 이어주는 구조물을 지칭하는 용어로 쓰인다.

1950년대 프랑스에서 생태통로가 처음 만들어진 이후 전 세계적으로 생태통로 건설이 본격화되었다. 생태통로는 크게 두 가지 유형으로 구분된다. 하나는 야생동물이 도로 위로 지나가는 육교형이고, 또 하나는 동물이 도로 아래를 통과하는 터널형이다. 우리나라는 1998년 지리산 시암재에 터널형 생태통로, 2000년에 구룡령에 육교형 생태통로가 설치되면서 전국으로 확대되었다. 환경영향평가 제도를 도입하면서 개발사업에 따른 서식지 단절 저감조치로 생태통로 설치가 확대된 점이 큰 몫을 했다. 2021년 9월 기준, 전국에 등록된 생태통로는 532개다. 20년 남짓의 짧은 시간 안에 생태통로는 폭풍 성장했다. 단기 압축성장 신화를 이룬 대한민국 경제발전의 역사와도 닮아 있다. 국토 면적 대비 생태통로 밀도는 전 세계에서 네덜란드에 이어 두 번째로 높으니 양적인 수치로만 본다면 단연코 생태통로에 있어서는 선진국이라 할 수 있다.

육교형 생태통로

강원 강릉시

강원 정선군

경북 문경시

경북 영주시

전남 해남군

충북 단양군

경북 김천시

강원 홍천군(우리나라 최초 육교형 생태통로)

터널형 생태통로

전남 구례군

경북 문경시

강원 삼척시

제주 제주시

충북 단양군

강원 강릉시

전남 구례군(우리나라 최초 터널형 생태통로)

전북 남원시

양적인 성장과 별개로 생태통로를 바라보는 언론과 대중의 시선은 그리 곱지만은 않다. 생태통로와 관련한 언론보도는 부정적인 기사가 압도적으로 많다. '세금 펑펑', '예산 낭비', '무용지물' 등 부정적 문구의 기사가 넘쳐난다.

실제 언론에서 단골로 두들겨 맞는 생태통로를 찾아가 보면 말 그대로 '헉' 소리가 난다. 한눈에 봐도 과연 동물이 지나갈 수 있을지 의구심이 든다. 생태통로라는 이름만 달고 있을 뿐 제 기능을 하지 못한다. 제 역할을 하지 못하는 생태통로의 가장 큰 문제는 위치 선정의 오류다. 경관적 연결 흐름, 서식지의 연결성 회복 관점에서 생태통로 설치 위치를 선정해야 하는데 시공하는 입장에서는 건설비가 적게 들고, 공사 난이도가 쉬운 장소에 설치하고픈 유혹에 빠진다. 주변 큰 산림을 놔두고 작고 고립된 산림을 연결하는 경우도 있다. 건설 측면에서는 생태통로라는 구조물을 설계도와 예산대로 설치했으니 준공 처리하고 마무리하면 끝이다.

최악은 도로로 인해 생긴 절개지 가운데에 생태통로를 만든 경우였다. 생태통로 양편이 수직에 가까운 절토 구간과 맞닿아 있으면 양쪽 모두 동물이 생태통로를 나오면 바로 절벽과 맞닥뜨리는 셈이다. 암벽을 잘 타는 산양 할아비가 와도 지나갈 재간이 없을 것이다.

이렇게 태생적으로 구조적인 결함을 가지고 생태통로가 완공되면 사후에 바로잡는 것이 현실적으로 어렵다. 한번 잘못 만들어진 구조물은 옮길 수도 없고, 철거하는 것도 어렵다. 이런 문제는 최근까지 이어지고 있다. 2018년에 완공된 서울양양고속도로 생태통로 4개는 연달아 양측 절개지와 맞닿아 있는 구조적 결함을 가지고 태어났다. 2020년에 금북정맥상에 설치된 천안 부수문이고개 생태통로는 전체 너비 50미터 중에 동물

생태통로의 문제점

생태통로 위치 선정의 오류(생태축 흐름에서 벗어나 있다)

절토면과 접하여 야생동물 접근이 어렵다.

생태통로 내부 시설물

나무쌓기(작은 구멍이 많은 서식처를 제공한다. 일명 곤충 호텔)

물웅덩이 조성(양서파충류, 수서생물의 서식지를 제공한다). 동물들은 목을 축이고, 새들은 목욕도 한다.

나무더미 줄지어 쌓기(소형 조류, 설치류의 이동을 돕는다)

수로관을 땅에 박아 동물이 쉬어갈 수 있는 은신처를 제공한다(실제 숨어 있는 삵을 만나 화들짝 놀란 적이 있다).

방음벽을 설치하여 도로의 불빛과 소음을 차단한다.

배수로는 높낮이차를 최소화하여 동물의 이동에 지장을 주지 않도록 한다.

손님이 왕이다. 고객을 위한 세심한 배려가 필요하다.

이 다닐 수 있는 구간은 3미터에 불과하다. '통로'라는 구조물에만 급급한 채 '생태'는 빠져 있다.

만약 사람이 이용하는 구조물을 이렇게 만들었다면 상당한 민원에 시공, 감리, 발주처가 곤혹을 치러야 할 것이다. 하지만 동물들은 말이 없다. 여기서 생태학자와 환경운동가의 역할이 필요하다. 말 못하는 존재를 위한 대변인 역할을 해야 하고, 때로는 악역을 맡아야 한다. 사람 먹고 살기도 힘든데 보잘 것 없는 존재들을 챙긴다고 동족들로부터 비난받기 일쑤다. 약자의 권리를 지키고자 하는 소수자의 존재는 그래서 더욱 외롭다.

생태통로는 그리 복잡한 구조물도, 대단한 첨단공법이 필요한 것도 아니다. 그저 기본에 충실하면 된다. 위치선정이 적합하고, 양측 지형연결만 자연스러우면 동물들은 쉽게 이용한다. 뭐든 고객의 입장에서 생각하면 쉽다. 주고객인 야생동물의 눈으로 생태통로를 바라보는 노력이 필요하다.

생태통로 무용지물설과 12마리 멧돼지 가족

실제 생태통로를 어떤 종들이 얼마나 이용할까? 2014년에 국토교통부, 한국도로공사, 지지체 등 관리기관이 국회에 제출한 전국 415개소 생태통로 모니터링 결과 자료에는, 야생동물이 한 달에 한 번도 다니지 않은 생태통로가 71퍼센트에 이르렀다. 잘 이용하는 곳은 10퍼센트도 채 되지 않았다. 이대로라면 우리나라 생태통로의 성적은 낙제점이다.

하지만 모든 생태통로가 엉망인 것은 아니다. 제대로 만든 생태통로는 분명 효과가 있을 텐데 이토록 처참한 성적표라니! 문제에 대한 해답은 현장에 있을 것이다. 가자 현장으로!

전국 생태통로 중 72개소를 선정하여 실태조사를 진행했다. 강원도 고성 백두대간 끝자락 진부령 생태통로에서 전남 해남 땅끝 생태통로, 바다 건너 제주 중산간 생태통로까지 훑었다. 주어진 조사기간이 넉넉지 않았기에 해가 떠 있는 시간 동안 부지런히 움직여야 했다.

현장을 돌며 생태통로 각각의 설치 실태, 환경부에서 펴낸 생태통로 설치 및 관리지침의 준수율을 기록했다. 육교형 생태통로는 식생의 안정적 성장을 위한 토심 확보 항목 준수율(88.2퍼센트), 배수구 탈출 시설 설치(9.8퍼센트), 보행자 차량 접근을 배제한 설계 여부(19.6퍼센트), 곤충, 양서류 등을 위한 설계 적용(21.6퍼센트) 등의 준수율을 기록했다. 터널형 생태통로는 양서파충류 이동을 위한 소규모 도랑 설치 여부 항목(47.6퍼센트), 울타리의 시작과 끝이 구조물과 빈틈없이 연결되었는지 여부(46.7퍼센트), 개방도 0.7 이상 확보 여부(57.1퍼센트), 통로 내부 배수 처리가 잘되는지 여부(57.1퍼센트) 등의 준수율을 기록했다. 생태통로 시공 및 설계가 포유동물에 초점이 맞추어져 곤충, 양서파충류 등의 이동 및 서식지에 대한 배려가 필요함을 알 수 있었다. 터널형 생태통로가 육교형보다 곤충 및 양서파충류의 이용률이 높다는 점을 고려할 때(Beckmaan, 2010) 이들 분류군에 대한 고려가 필요함을 알 수 있었다.

조사를 통해 발견한 놀라운 사실 중 하나는 생태통로 76퍼센트에 센서 카메라, CCTV, 족적판 등의 야생동물 이동 여부를 파악할 수 있는 모니터링 시설이 없다는 점이었다. 즉, 대다수의 생태통로가 제대로 된 모니터링이 이루어지지 않고 있었다.

그래서 한 달에 단 한 번도 야생동물이 다니지 않는다고 기록된 12개소를 포함한 생태통로 52개소에 무인 카메라를 설치하여 모니터링을 실시했다. 센서 카메라는 불철주야 비가 오나 눈이 오나 촬영을 지속했다. 그렇게 짧게는 3개월, 길게는 3년 이상 모니터링을 진행했다. 기다림 끝에 마침내 우리나라 생태통로의 성적표를 뽑아낼 수 있었다.

결과는 명료했다. 생태통로 하나당 평균 하루 1.3회 야생동물이 이용하고 있었다. 많은 곳은 3.9회까지 동물들이 다녔다. 양측 지형 연결성이 자연스럽지 않아 동물 진입이 어려운 생태통로는 하루 평균 0.3회였다. 육교형 생태통로는 하루에 1.9회, 터널형 생태통로는 하루에 0.7회 다녔다.

종에 따라 선호하는 생태통로 유형도 다르게 나타났다. 육교형 생태통로는 고라니, 노루, 산양 등의 초식동물이 선호한 반면 터널형 생태통로는 너구리, 삵, 족제비 등 육식동물이 선호했다.

피식자인 초식동물은 선천적으로 겁이 많다. 초식동물의 두려움과 불안, 조심스러움은 생명을 연장해 주는 중요한 무기다. 극도의 불안은 영혼을 잠식하지만, 불안의 부재는 곧 죽음이다. 도로 아래 어둡고 반대편이 보이지 않는 터널형 생태통로는 초식동물이 이용하기에 부담이 있다. 시야가 제한되어 있고, 포식자가 숨어 있을지도 모른다는 두려움을 안겨주기 때문이다. 때문에 반대편이 훤히 보이도록 개방도를 높이는 것이 좋다. 반면 너구리, 삵, 족제비 등의 야행성 육식동물은 오히려 어둡고 음습한 곳을 좋아한다. 도로 하부의 파이프나 관 같은 어둡고 좁은 구조물도 잘 이용한다. 목표종에 따라 맞춤형 전략이 필요함을 알 수 있었다.

해외 생태통로는 하루 평균 야생동물 이용률이 프랑스 0.9회, 미국 1.1회, 캐나다 1.1회, 스웨덴 0.7회다(Huijser, 2019). 주변 서식지 여건에 따라 서식 종과 밀도에 차이가 있으므로, 직접적으로 비교하기는 어렵지만 그럼에도 우리나라 생태통로 성적은 그리 나쁘지 않다. B+ 정도의 학점을 줄 수 있을 것 같다.

이런 결과를 보면 매년 국정감사와 언론에서 제기되는 생태통로 효율성 문제에 대한 의문이 풀린다. 관리기관에서 모니터링을 제대로 하지 않으니 야생동물이 실제 이용해도 기록으로 남지 않는 것이다. 부실한 모니터링이 생태통로에 대한 불신을 키우는 주요 원인이었다. 따라서 생태통로 무용지물설은 반은 맞고 반은 틀리다. 제대로 설치되지 않아 효과가 적은 생태통로가 있는 것도 사실이지만 다수의 생태통로는 묵묵히 제 역할을 해내고 있었다.

센서 카메라에 촬영된 생태통로를 이용하는 동물의 사진을 보면 마음이 흐뭇해진다. 그중 사진 한 장이 유독 마음에 남는다. 멧돼지 한 가족이 줄줄이 비엔나소시지처럼 열을 맞춰 생태통로를 통해 도로를 건너고 있었다. 12마리의 대가족이다. 생태통로 아래 도로에는 자동차들이 씽씽 달리고 있다. 만약 생태통로가 없었다면 어떻게 되었을까. 멧돼지 가족들은 앞뒤 안 가리고 도로로 뛰어들었을 테고, 그 결과는 실로 처참할 것이다. 200킬로그램이 넘는 다 자란 어른 멧돼지가 자동차와 충돌하면 운전자의 안전도 담보할 수 없다. 이 장면 하나만으로도 생태통로는 충분히 제 역할을 다하고 있다고 볼 수 있다.

생태통로를 이용하는 동물들

오소리

멧돼지

삵

담비

너구리

노루

고라니

멧돼지

육교형 생태통로를 이용하는 동물. 통로 아래 도로로 차들이 줄지어 달리는 게 보인다.
(경북 안동시 국도 5호선)

풍수와 만나 사람의 마음도 위로하는 K-생태통로

우리나라의 생태통로 개수는 설치하기 시작한 지 30년도 되지 않아 500개를 돌파해서 532개가 되었다. 육교형 생태통로 333개, 터널형 생태통로 181개, 양서파충류용 18개. 별다른 의문을 가지지 않은 이 숫자에 대해 국제학회에서 만난 해외 연구자들은 놀라움을 감추지 못했다. 어떻게 육교형 생태통로가 이렇게 많을 수 있냐고.

실제 자료를 찾아보았더니 우리나라 생태통로가 해외 생태통로 사례와 다른 점은 높은 육교형 생태통로의 비율이었다. 대부분의 국가에서는 압도적으로 육교형보다 터널형 생태통로가 많다. 미국의 1천 개가 넘는 생태통로 중에 육교형 생태통로는 20개, 네덜란드는 600여 개 생태통로 중 육교형 생태통로는 30개다. 보통 육교형 생태통로 하나 만드는 데 20억~30억 원이 필요한 데 비해 터널형 생태통로는 10억 내외 수준이다. 육교형 생태통로가 터널형에 비해 다양한 종이 더 자주 다닐 수 있는 장점이 있지만 경제적인 측면도 무시하지 못하는 것이다. 그렇다면 왜 유독 우리나라에 육교형 생태통로가 많은 것일까? 도로 예산이 풍부해서? 자연생태계를 생각하는 마음이 유별나서?

그 답은 풍수風水라는 전통 지리 인식체계에서 찾을 수 있다. 풍수사상은 사람들이 오랫동안 쌓아온 땅에 대한 이해와 자연에 대한 통찰력을 바탕으로 만들어진 삶의 지혜다. 풍수에서 땅은 단순한 지질학적 퇴적물이 아니다. 땅을 경제적으로 이용하는 데만 관심을 기울이지 않는다. 땅의 생명력을 그르치지 않고 온전히 보전하는 것을 가장 중요한 것으로 본다.

풍수에서는 자연 지형지물 중에서도 산을 특히나 중요하게 여긴다. 산은 땅 기운이 발원하고, 흘러가고, 내뿜어지는 생명의 원천이다. 길고 구불구불 흘러가는 산줄기를 용으로 표현하기도 한다. 이러한 산줄기나 지맥을 훼손하여 집안, 고장, 국가의 운수가 달라졌다는 단맥풍수의 이야기가 곳곳에 전해진다.

대표적인 곳이 가야의 시조 김수로왕이 하늘에서 내려왔다는 경남 김해시 구지봉이다. 《삼국유사》에는 서기 42년에 사람들이 구지봉에서 구지가를 부르며 김수로왕을 맞이했다고 전해진다. 구지봉은 거북의 머리고, 수로왕비릉이 있는 언덕은 거북의 몸통이다. 구지봉 옆에 있는 연못 '순지'는 거북이 물을 마시러 들어가는 형국이라 길지吉地로 통한다. 하지만 일제강점기에 신작로를 내면서 도로가 관통하여 거북목이 잘리고 말았다. 사람들은 지맥이 끊어져서 큰 인물이 나지 않는다고 했다. 광복 이후 김해 주민 사이에 구지봉의 맥을 다시 이어야 한다는 목소리가 나왔지만 있는 도로를 덮고 산을 잇는 것은 어려웠다. 그래서 나온 차선책이 도로 위를 잇는 것. 1992년에 김해시와 김해 김씨 대종회가 도로 위로 구조물을 세워 거북의 목을 이었다.

현장에 가보니 과연 구지봉은 거북이가 머리를 쑥 내미는 생김새를 하고 있었다. 학창 시절에 지질하게 읊은 고대가요 〈구지가〉가 떠올랐다. 구지봉의 모습을 직접 보고 사연을 알았더라면 절로 외워졌을 것이다. 구지가의 한 구절 "거북아 거북아 머리를 내밀어라 그렇지 않으면 구워 먹으리"를 현대식으로 바꾸면 이렇지 않을까.

> 거북아 거북아 머리를 숨겨라 그렇지 않으면 도로가 목을 잘라 버릴 테니.

잘린 거북목을 잇는 구조물은 상부에 소나무와 초화류(꽃이 피는 종류의 풀)가 심어져 도로로 절개된 양측 지형을 자연스럽게 연결하고 있었다. 풍수 목적으로 만들어졌지만 만듦새는 영락없는 생태통로다.

유사한 사례는 전남 영광군 법성포에도 있다. 이곳은 풍수상 법성포구 뒷산인 인의산이 소가 누운 형상이다. 그런데 주민들은 소의 배에 해당하는 부근으로 도로가 지나 법성의 주맥이 끊겨 마을에 해가 미친다고 믿었다. 그래서 1988년에 양 숲을 잇는 부용교를 건설한 후 나무를 심어서 도로 양측 지형을 자연스럽게 연결시켰다.

이처럼 생태통로 개념 도입과 국가 주도 생태통로 건설 이전에, 약한 땅 기운을 보완하는 비보풍수(풍수지리 사상에 따라 어떤 지역의 풍수적 결함을 인위적으로 보완하는 것)의 일환으로 우리 고유의 생태통로가 이미 존재했던 셈이다. 따라서 산줄기를 연결하는 생태통로 구조물 설치에 대해 국민적 거부감이 적었을 것이다. 끊어진 산줄기를 우선 연결하다 보니 자연스레 육교형 생태통로 건설이 대세를 이루는 결과로 이어졌다.

한번은 전남 장흥군 관산읍장님이 직접 사무실로 찾아왔다. 국도 23호선 솔치재 구간에 생태통로를 놓으려고 관계기관을 백방으로 찾아다니며 읍소하는 상황이라고 했다. 찾아보니 주요 생태축에서는 벗어나 있지만, 4차선 국도가 대규모 절개지를 내며 산림을 관통하는 지점이었다. 애초에 터널로 시공했으면 좋았을 도로였다. 그래서 생태적으로 서식지 연결성 회복이 필요한 지점이라는 의견서를 장흥군에 제출했다. 이후 국비지원을 받아 생태통로 설치가 확정되었다는 소식을 들었다. 이후에 이와 관련한 기사를 보고 뒤늦게 알아차렸다. 그토록 생태통로 설치를 위해 노력한 이유는 다름 아닌 풍수적 이유였다.

> 원로들은 과거 솔치재를 깎아 연결한 국도공사 시점부터 제기했던 풍수적으로 단절됐던 맥에 대한 우려도 해소할 수 있을 것이라며 입을 모았다. 정종순 군수는 "군민의 오랜 숙원사업인 솔치재 생태통로 설치가 추진될 수 있도록 힘을 더해 주신 관산읍 주민에

감사드린다."고 전했다.

-《연합뉴스》 2019년 8월 28일자

지난 반세기는 조국 발전과 근대화의 기치 아래 우리 국토는 그야말로 천지개벽했다. 강산이 변하는 데는 10년이 아니라 1년이면 충분했다. 산을 뚫고, 산을 깎아내고, 강줄기를 틀고, 갯벌과 습지를 메우고 온 국토가 '아사리' 공사판이었다. 지구상에서 단기간에 땅의 모습이 이토록 빠르게 변화한 사례는 드물 것이다. 전 국토에서 일어난 자연훼손에 대해 국민정서상 죄의식까지는 아니더라도 일말의 미안함이 남았을 테고 이는 적극적인 생태통로 건설로 이어진 것이 아닐까. 풍수에 대한 조예는 없지만 현장을 다니다 도로로 댕강 끊어진 산줄기를 만나면 허한 느낌이 들고, 연결해 주고픈 마음이 생긴다.

풍수는 현대과학으로 검증할 수 없고 길흉화복을 점치는 미신적 요소가 있지만 자연과 땅을 존중하고 조심스럽게 대하는 마음은 적극적으로 계승할 필요가 있어 보인다. 특히 아픈 땅을 보듬는 비보풍수의 철학을.

이처럼 우리나라 생태통로는 야생동물의 이동을 도울 뿐 아니라, 마을 주민의 마음도 위로해 주는 인문학적 역할도 가졌다. 보전생물학과 인문지리학이 만난 우리나라의 독특한 생태통로 문화와 역사는 'K-생태통로'라고 불러도 좋지 않을까.

로드킬 저감을 위한 연구, 고라니 높이뛰기 & 담력 테스트

흔히 로드킬 방지를 위한 대표적인 방법이 생태통로 설치라고 착각하기 쉽다. 하지만 생태통로의 주목적은 도로로 인해 단절된 서식지의 연결성 향상이다. 로드킬을 막기 위한 가장 효율적인 방법은 야생동물이 원천적으로 도로로 접근하지 못하도록 도로변에 울타리를 설치하는 것이다. 울타리 설치는 야생동물의 도로 진입을 원천적으로 차단하여 로드킬을 막을 수 있는 상식적이고 합리적인 방법이다. 울타리 설치가 제대로 되면 87~97퍼센트의 로드킬 저감 효과를 볼 수 있다(Huijer et al., 2008). 그러나 울타리는 서식지 단절과 고립을 심화시키는 부작용도 있다.

즉 생태통로는 도로로 인한 서식지 단절과 고립을 막는 것이 목적이고, 울타리는 로드킬을 막는 것이 목적이다. 생태통로만 있다면 동물들은 생태통로를 인지하지 못하고 당장 눈앞에 보이는 도로로 뛰어들 가능성이 높다. 반면 생태통로 주변으로 유도 울타리를 설치한다면 동물들이 울타리를 따라 자연스럽게 생태통로로 진입할 가능성이 높아진다. 따라서 생태통로와 울타리의 적절한 조합이 중요하다. 둘이 쌍으로 작용해야 시너지 효과가 난다. 둘 중 하나라도 없으면 앙꼬 없는 찐빵이자, 잼 없는 식빵이 되고 만다. 생각만 해도 목이 메어오지 않나.

야생동물 종마다 몸 크기에 따라 통과할 수 있는 구멍의 크기가 제각각이다. 멧돼지, 노루 등 중대형 포유류는 구멍 크기가 20센티미터 내외면 통과하지 못하지만, 족제비, 설치류 등 소형 포유류는 구멍 크기가 5센티미터 내외의 울타리가 필요하다. 개구리, 도롱뇽 같은 양서파충류는 1센티미터보다 더 엄격한 기준이 필요하다.

종마다 울타리에 도달할 수 있는 높이가 다른 만큼 구멍 크기를 동일하게 촘촘히 설치할 필요는 없다. 울타리의 망목mesh 규격은 지표면에서 80센티미터 높이까지는 상하 간격이 10센티미터 이하, 80센티미터 이상부터는 20센티미터 이하여야 한다. 소형 포유류의 로드킬이 빈번할 것으로 우려되는 구간이나 산림이나 습지에 접한 왕복 2차선 이하의 도로에는 울타리 하단에 구멍 크기가 1센티미터 이하인 양서파충류를 대상으로 한 울타리를 덧대어 설치해야 한다. 멧돼지, 오소리 같은 고얀 놈들은 땅을 잘 파기 때문에 울타리 아래를 지표면에 바짝 붙여야 하며, 토양 표면의 침식이 우려되는 곳은 울타리를 땅속으로 10센티미터 이상 묻어야 한다.

울타리 설치에서 가장 중요한 것은 빈틈없이 연속적으로 막아내는 데에 있다. 울타리의 시작과 끝은 생태통로나 교량 하부와 같이 야생동물이 통과할 수 있거나 옹벽이나 낙석방지책처럼 울타리 역할을 대신할 수 있는 구조물과 연결되어 있어야 한다. 만약 울타리 사이에 개구멍이 있다면 동물을 도로로 내몰아 죽음에 이르게 할 수 있다. 따라서 울타리에 개구멍이 있는지 점검하는 주기적 관리가 중요하다. 악마가 디테일에 있다면, 저승사자 또한 디테일에 있다.

실험 I 고라니 높이뛰기 경진대회

울타리 규격 설정에 중요한 요소 중 하나가 높이다. 야생동물의 높이뛰기 실력에 따라 필요한 울타리 높이 조건이 결정된다. 생태통로 설치 및 관리 지침에는 울타리 높이 기준이 1.2~1.5미터 범위로 제시되어 있다. 하지만 이는 야생동물의 높이뛰기 능력을 고려한 게 아니어서 과학적인 근거가 부족하다는 지적이 있었다. 미국은 로드킬로 가장 많이 죽는 흰꼬리사슴을 실험한 후 울타리 높이를 2.4~3.0미터로 제시했다(Vercauteren et al., 2010; Stull et al., 2011; Laubscher et al., 2015). 우리도 대표적인 로드킬 희생양인 고라니를 대상으로 실증적인 과학적 자료가 필요한 상황이어서 실험을 실시했다.

국립생태원에는 고라니, 노루, 산양을 사육 전시하는 공간이 있다. 실험을 진행하기에 딱 좋은 장소였다. 깔때기 모양으로 천막을 친 후 끝부분에 울타리를 놓는 구조의 고라니 높이뛰기 운동장을 만들어 고라니 27마리를 대상으로 실험을 실시했다. 울타리 높이는 0.5미터부터 시작해서 10센티미터씩 높여가며 반복 측정했다. 올림픽의 높이뛰기 종목의 경쟁 방식과 똑같았다. 고라니를 몰고 넘기고 다시 몰로 넘기고를 반복했다. 고라니가 달려들까 봐 사회인 야구팀의 보호장구를 빌려서 포수가 쓰는 헬멧, 가슴판, 낭심보호대까지 착용했다. 결과론적으로 고라니가 사람을 덮치지 않았고, 나는 쫄보라는 멍에를 안았다.

1미터 이하 높이에서 고라니들은 울타리를 쉽게 넘었다. 그들은 의기양양한 표정으로 통통 튀듯이 사뿐사뿐 넘었다. 고라니의 얇은 다리의 빠른 움직임과 둔부근육의 굴곡이 경이로워서 올림픽 마장마술 경기에서처럼 예술점수를 매기고 싶었다.

변곡점은 1.2미터였다. 넘지 못하는 사례가 나오기 시작했다. 울타리 앞에서 주저앉거나 돌아 나오는 녀석도 있었다. 1.2미터 높이에서 실패율 90.9퍼센트. 이후 실패율은 들쑥날쑥 했으나 높이를 올릴 때마다 탈락자가 속출했다. 난이도가 높아지면서 고라니가 점프 시도를 하는 순간이면 마음속으로 응원했다. 이상하게도 금기를 깨고 싶고, 넘지 말라는 것은 더욱 넘어가고픈 시절이 있었다. 학창 시절 학교 담벼락이 그러했고, 군인 시절 남방한계선 철책이 그러했다. 못다 피운 월담의 욕망을 어느새 고라니에게 투영하고 있었다. 넘기 어려워 보이는 높이를 가까스로 넘어갈 때는 묘한 쾌감이 일었다. GO!라니.

최종 1.8미터 높이에서 고라니 월장 실패율은 100퍼센트에 이르렀고, 실패율이 90퍼센트 이상 안정적으로 유지된 높이는 1.5미터 이상이었다. 실험을 종합하면 로드킬 방지를 위해 1.5미터 이상의 높이로 울타리를 설치하도록 기준을 제시하는 것이 적합하다는 결론을 내렸다. 물심양면 적극적으로 실험에 협조해 주신 고라니 선생님들께 감사의 말을 전한다.

로드킬을 방지하려면 도로 전 구간에 울타리를 설치하는 것이 해법이지만 울타리 설치가 어려운 구간이 있다. 대표적인 곳이 교차로다. 자동차나 사람의 통행이 잦아 울타리 설치가 어려운데 야생동물에게는 열린 구간으로 작용해 도로로 유입될 가능성이 높아진다. 울타리 설치가 완벽해도 이런 열린 구간이 있으면 효과는 말짱 도루묵이다. 그래서 교차로에 설치하는 것이 도로 진입방지 노면시설이다.

도로 진입방지 노면시설은 목장에서 트랙터, 트레일러 등 차량의 출입은 용이하지만 가축이 울타리 밖으로 나가는 것을 막기 위해 만든 캐틀가드cattle guard에서 착안한 것이다. 소, 말, 사슴 등 발굽동물은 노면이 평평하지 않고 구멍이 뚫려 있으면 보행에 불편함을 느껴 구조물 자체를 회피한다. 동물들은 발이 구멍에 빠지는 것에 대한 선천적인 두려움이 있다. 우리집 멍멍이도 구멍이 숭숭 뚫린 배수로 덮개는 귀신같이 피해 돌아간다.

미국, 독일 등을 갔을 때 교차로에 설치된 진입방지 노면시설을 쉽게 볼 수 있었다. 해외 연구자료에 따르면 노면시설은 77~99.5퍼센트의 야생동물 진입 저지율을 보여 주었다(Huijser et al., 2019). 우리 도로에도 설치해 보면 어떨까 하는 생각이 들었는데 2019년에 인천국제공항공사로부터 공항 활주로에 고라니가 자꾸만 들어와서 애를 먹고 있는데 해결방안에 대한 자문을 구한다는 전화가 왔다. 현장에 가보니 차량 통행이 잦아 울타리는 설치할 수 없었고, 바닥에 진입방지 노면시설을 설치하면 좋겠다는 생각이 들었다.

고라니가 활주로에 진입하면 비행기와 충돌 가능성이 있어 비행기 이착륙이 중단되는 중대한 사태가 벌어지기 때문에 공항 측에서는 제안을 받아들였다. 드디어 우리나라에도 진입방지 노면시설을 적용해 볼 수 있는 기회가 생긴 것이다. 이미 효과가 검증된 구조물이지만 우리 땅에서도 같은 효과를 볼 수 있을까? 조마조마했다. 한반도에 사는 용감한 고라니 형제들은 이따위 조악한 눈속임엔 속지 않을 수도 있다는 걱정이 들었다.

내심 내가 바란 것은 설치 후 모니터링을 실시하는 것이었지만 보안문제로 받아들여지지 않았다. 순수하게 동물의 행동과 관련된 영상만 추려서 보안 검토를 받고 열람만이라도 하길 바랐지만 문은 열리지 않았다. 국방부와 전방사단의 협조를 받아 비무장지대 내부까지 카메라를 설치해 모니터링한 사례를 이야기했지만 빈손으로 돌아서야 했다. 국내 최초 도입 사례를 만든 것으로 만족해야 했다. 2021년 고라니가 종종 들어오던 게이트 2개소에 진입방지 노면시설 설치가 마무리되었다. 설치 후 6개월이 지난 지금까지 고라니의 활주로 진입 사례가 없다는 근황을 들었다. 참으로 다행이다.

진입방지 노면시설의 효과를 검증하고 고라니의 행동을 관찰할 수 있는 기회를 놓쳤다는 아쉬움이 남았다. 결국 목마른 자가 우물을 파는 법이다. 직접 실험해 보는 수밖에. 해외에 설치된 것은 무스Alces alces, 와피티사슴Cervus canadensis 등 대형 사슴류에 맞춘 규격이다. 우리는 고라니가 건너지 못할 정도면 된다. 널리 보급하려면 경제성도 무시할 수 없다. 대표적 대한민국 로드킬 희생양인 고라니의 도로 진입을 막을 수 있는 최적의 규격을 찾아내고 싶었다.

다시 생태원으로 돌아왔다. 역시 홈그라운드가 좋다. 생태원의 고라니 선생님들께서는 그리 반갑지 않겠지만. 이번에는 종목이 바뀌었다. 높이뛰기가 아니라 담력 테스트다.

2021년 국립생태원에는 고라니 13마리, 노루 5마리, 산양 3마리가 있다. 이들이 머무는 공간을 가로질러 울타리를 설치하고, 가운데 일정 구간에 진입방지 노면시설을 설치했다. 가장 이상적인 것은 시중에 파는 기

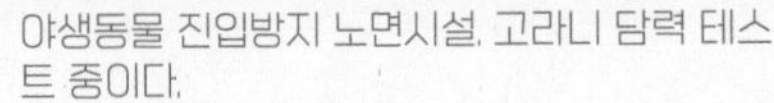

야생동물 진입방지 노면시설. 고라니 담력 테스트 중이다.

야생동물 진입방지 노면시설. 부디 공포에 덜덜 떨길 바란다.

성품 규격을 현장에 적용하는 것이므로 배수로나 하수구 덮개로 쓰이는 흔한 철망을 설치했다. 격자무늬로 직사각형 모양, 벌집 모양 두 가지를 적용했다. 너비는 1.5미터부터 0.5미터 단위로 늘려가며 3미터까지 적용했다. 규격당 열흘씩 동물들의 행동과 반응을 관찰했다.

실험은 현재진행형이어서 아직 결론은 나지 않았다. 다만 따끈따끈한 중간 결과를 미리 알리자면 동물들은 폭이 2미터보다 작은 것은 훌쩍 뛰어넘고, 2미터부터 주저하며, 2.5미터에서는 저지율이 83퍼센트가 넘는다. 3미터는 저지율이 90퍼센트에 이른다.

재미난 것은 구조물에 대한 종별 반응 차이이다. 산양은 너비 조건에 상관없이 노면 구조물을 사뿐히 즈려밟고 지나간다. 역시 암벽타기의 명수답게 간이 크다. 발굽이 클 뿐더러 바위 절벽의 거친 지형을 주서식지로 하는 녀석이기에, 바닥의 자잘한 무늬는 그저 지나가기에 조금 성가신 존재일 뿐이다. 반면 고라니는 벌벌 떤다. 제일 겁쟁이다. 선뜻 도전해 보지도 않고 돌아선다. 노루는 그 중간이다. 고라니가 넘지 못하는 규격을 노루는 여러 차례 망설임과 시도 끝에 건너는 모습이 관찰되었다.

구조물을 바닥에 설치한 지 열흘이 지나면 고기를 뒤집고 불판 갈 듯 판을 바꿔야 한다. 처음 판을 갈 때 요령 없이 달려들다 허리를 삐끗했다. 강철판은 꽤 무겁다. 지금의 기성품을 쓰는 실험을 마치면 격자 크기를 더 크게 만든 구조물을 주문 제작하여 설치해 볼 작정이다.

로드킬이 가장 빈번한 종이 고라니이기에 고라니에게 적합한 규격을 적용하면 로드킬 저감 효과가 어느 정도 있지 않을까 기대하고 있다. 결과를 뽑아 최적의 설계안을 가지고 현장에 적용해 보고 싶다. 국도 본선과 이면도로 접속부, 고속도로 나들목 회차로 등 설치 시 바로 효과를 볼 수 있는 지점을 탐색하고 있다. 가장 효과가 클 것으로 예측되는 지점에 대해 도로관리기관에 설치를 건의할 생각이다. 한 마리라도 더 살리고 싶다. 또한 한 사람의 운전자라도 더 보호할 수 있기를.

마침내 통합된 로드킬 국가정보시스템

도로 위 야생동물 죽음의 정확한 숫자는 삼척동자를 비롯해 그 누구도 알지 못한다. 주검의 운명은 납작하게 압축된 채 부패하거나, 다른 동물이 물고 가거나, 자동차와 부딪혀 도로 밖으로 튕겨 나가는 등 다양한 경우의 수가 존재한다. 이런 불완전성의 명확한 한계에도 로드킬 발생의 진실에 최대한 가까이 다가가고자 하는 노력은 여전히 중요하다. 실태를 알아야 원인의 진단, 분석, 의사결정이 가능하다. 누가, 언제, 어디서, 어떻게 죽는지 알아야 문제점 파악이 가능하고, 실효성 있는 저감대책을 마련할 수 있다. 최근에 급부상하는 빅데이터 구축의 중요성 및 데이터 기반 의사결정의 필요성과 맥을 같이 한다.

기존에 로드킬 조사와 통계작성은 도로기관별로 각각 다른 방식으로 이루어졌다.

고속도로는 순찰반이 하루에 10여 차례씩 도로를 순찰하며 발견한 동물 사체를 치우고 기록한다. 조사주기가 짧아 비교적 실제 로드킬 발생 건수에 근접한다. 그러나 고라니, 멧돼지 등 자동차 운행에 지장을 주는 중대형 동물 위주로 기록된다.

국토교통부 국도 통계는 도로 보수원에 의해 매일 1회씩 도로를 순찰하며 사체를 치우고 기록한 결과다. 결과를 종이 대장에 수기로 기록하는 번거로움이 있고, 정확한 로드킬 지점 위치가 누락되어 있다. 또한 사고 종의 정확한 동정과 기록을 기대하기 어렵다.

환경부 통계는 전국 국도와 지방도 244개 4,533킬로미터 고정조사 구간에 대한 조사 결과다. 각 지방 환경청의 야생동물실태조사원이 수행하기에 종 동정 정확성은 보장된다. 그러나 조사주기가 월 1회여서 통계의 대표성을 확보하기 어렵다. 도로관리기관에서 사체를 치운 직후에 조사를 하면 신뢰성은 더욱 낮아진다. 지자체가 관리하는 지방도, 시군도는 로드킬 통계작성 자체가 이루어지지 않고 있다.

이처럼 도로관리기관마다 조사주기나 방법, 기록양식, 담고 있는 정보가 제각각이어서 통합하여 비교할 수도, 종합적인 통계를 내기도 어려운 상황이었다. 이에 정부는 동물 찻길사고 조사 및 관리 지침을 제정하고 조사체계를 개선하고자 했다. 국토부, 환경부에서 각각 수행한 로드킬 조사를 도로관리기관으로 통합하고, 조사원이 현장에서 수기로 기록하는 방식 대신 위치정보 기반 애플리케이션을 활용한 조사방식을 도입했다 (환경부, 국토부 행정예규 2020).

앱은 녹색연합이 시민과 함께 개발하여 시범운영 중인 굿로드Good Road를 활용했다. 앱 관리 권한 및 축적된 데이터를 국립생태원이 넘겨받았다. 굿로드라는 앱의 이름이 계속 맴돌았다. 동물의 희생을 기록으로 남겨 보다 좋은 도로로 만드는 데 힘을 보태자는 의미였을까?

앱 사용방법은 간단하다. 로드킬 사체를 발견하면 휴대전화 앱을 실행한다. 메인 화면 가운데 보이는 '촬영' 버튼을 눌러 사체 사진을 찍은 후 '전송' 버튼을 누르면 끝이다. 앱을 최대한 쉽고 간단하게 구성했다.

앱을 통해 수집된 자료는 국립생태원 로드킬 국가정보시스템에 실시간으로 전송된다. 국립생태원에서는 사진을 보고 어떤 종인지, 주변 지형지물을 참고하여 정확한 사고발생 지점이 어디인지 위치보정을 한다. 이런 과정을 거쳐 공식적인 로드킬 국가 데이터가 차근차근 쌓인다.

이처럼 고속도로, 국도, 지방도, 시군구도 등 관리기관과 도로 유형에 상관없이 앱으로 로드킬을 기록하는 방식이 통일되었다. 부처의 벽을 뛰어넘는 협력 끝에 로드킬 조사와 자료 수집에 새로운 전기가 열린 것이다. 전국의 로드킬 자료를 체계적으로 수집하고 활용할 수 있는 기반이 만들어졌으니 앞으로 지속적인 자료 축적이 중요하다. 로드킬의 진실에 최대한 가까이 다가가려는 노력은 계속되어야 한다.

로드킬 국가정보시스템에 실시간으로 올라오는 사체 사진은 각양각색이다. 온전한 몸 상태를 유지하고 있는 사체는 드물다. 대개 찢기고 터지고 짓눌려 있다. 사체 상태가 영 좋지 않아 생전에 어떤 종으로 활동했던 몸인지 파악하기 어려운 경우가 많다. 사진을 확대하여 꼼꼼하게 살펴야 한다. 온전하게 남은 신체 부위를 찾아 모니터 속을 헤맨다. 발바닥과 꼬리와 같은 특정 부위가 중요한 단서를 주기도 한다. 사체를 독수리보다 독하게 샅샅이 훑는다. 시공간을 뛰어넘어 부패하는 냄새가 모니터를 뚫고 나오는 듯한 착각에 빠질 때도 있었다.

동물은 민원을 넣지 않는다. 그저 싸늘하게 도로에서 식어 버린 주검으로 자신의 처지를 항변할 뿐이다. 사체 사진 하나하나를 허투루 넘길 수 없는 이유다. 로드킬 사진 승인 작업은 고된 수행과정이다. 슬프고 안타까운 사진 한 장 한 장이지만 바쁜 꿀벌은 슬퍼할 겨를이 없다. 살아남으려면 무뎌져야 한다. 온전한 정신상태를 유지하여 살아남으려면 생명의 죽음을 그저 무던히 받아들여야 하는 역설과 마주한다.

의미 없는 죽음은 없다지만 사실 로드킬로 인한 죽음은 헛되다. 먹이사슬 과정에서 상위 포식자의 피와 살이 되지 못하며, 식물을 위한 거름도 되지 못한다. 도로순찰원에 의해 수거되면 폐기물로 처리되어 오히려 지구환경에 부담을 주는 존재가 된다. 로드킬 자료를 수집하여 데이터로 만드는 일은 죽음의 의미를 되새기는 행위일 수 있다. 로드킬 좌표 하나하나를 차곡차곡 지도 위에 뿌린다. 도로 위에서 스러져 간 수많은 생명들이 지도 위 별자리로 남았다. 죽음의 기록을 쌓고 쌓아야 생명을 살릴

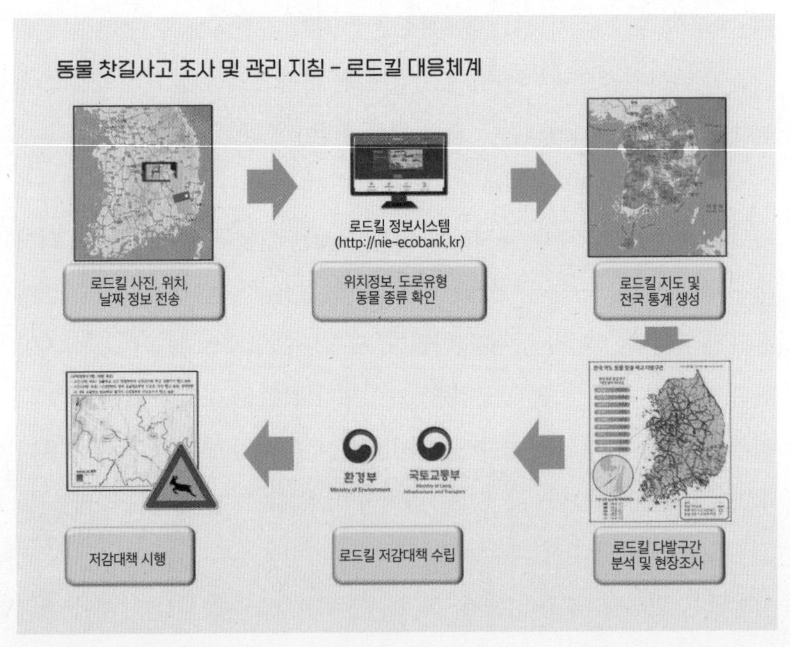

개편된 로드킬 대응체계

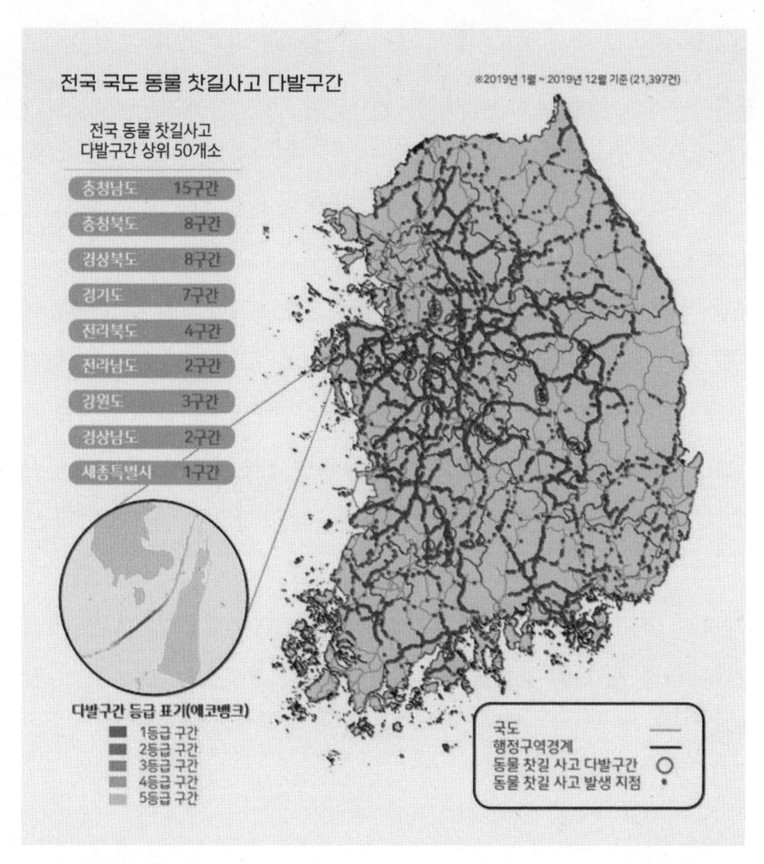

전국 로드킬 다발구간

수 있다.

로드킬 발생 지점은 지도상에 빼곡하게 줄지어 찍힌다. 점들만으로 도로 노선이 그려질 정도다. 그러나 로드킬 저감 방안을 마련할 수 있는 시간과 예산은 한정되어 있다. 선택과 집중이 필요하다. 우선적으로 저감 조치가 시급하게 필요한 구간, 로드킬 다발구간을 탐색해야 한다. 소중한 로드킬 발생지점 하나하나를 종합하여 공간적 패턴을 찾아내야 한다. 지리학에서는 점들이 집중된 공간적 군집을 "지리적 혹은 시간적으로 우연히 발생한 것으로 판단하기 어려울 정도로 충분히 크고 밀집된 사건들의 집합체"로 정의한다(Knox, 1989). 로드킬 다발구간은 로드킬 발생지점이 무작위적으로 분포하지 않고, 특정 도로 구간에 밀집되어 공간적인 군집 현상을 보이는 공간이다. 다시 말해 동물이 많이 죽는 말도 많고 탈도 많은 도로 구간이란 얘기다.

공간군집 정도를 분석하는 방법 중 커널 밀도Kernel density 추정을 통해 로드킬 다발구간을 추출했다. 커널 밀도 추정은 점 개체의 분포를 토대로 공간 밀도를 추정하여 시각화하는 방법이다. 이런 과정을 통해 우리나라 로드킬 다발구간 상위 50개소를 도출할 수 있었다. 로드킬 다발구간 50개 모두 국도였으며 이 구간에서는 한해 평균 1킬로미터당 7.1건의 로드킬이 발생했다. 다발구간의 지역별 분포는 충남이 15개로 가장 많았으며, 경북과 충북이 각각 8구간, 경기가 7구간이었다. 이렇게 지난한 과정을 거쳐 '나쁜 도로'를 찾아냈으니 이제는 '착한 도로'로 바꿔 나가야 할 차례다.

응답하라 저감방안

전국 상위 50개 로드킬 다발구간 현장을 둘러보고 도로관리기관 담당자와 저감대책을 마련하는 과정을 계획했다. 국립생태원에서 생태축 보전과 로드킬 저감 연구를 수행하는 팀원은 4명이다. 전국 단위를 다 훑어야 하기에 구역을 나누어 신속하게 찢어졌다.

다발구간에 도착하면 현장에 대한 이해가 우선이다. 직선구간인지 곡선구간인지, 오르막인지 내리막인지, 성토구간인지 절토구간인지, 제한속도는 얼마인지, 교차로가 몇 개인지, 차선수는 어떠한지 등 도로의 물리적 특성을 파악한다. 중앙분리대가 있는지, 있다면 하단까지 막힌 형태인지 뚫린 형태인지, 도로변에 가드레일이 있는지 등 도로 부대시설 현황을 살핀다. 낙석방지책, 방음벽, 과속방지턱, 신호등, 가로등, 과속단속 카메라 등 시설물 여부도 확인한다. 산림, 농경지, 산림, 하천, 습지 등 주변 야생동물 서식환경과 경관도 살핀다. 수로 파이프, 통로박스, 수로암거 등 야생동물이 지나다닐 수 있는 도로 하부 구조물을 점검한다. 확인해야 할 요소를 현장에서 꼼꼼히 챙겨야 한다.

도로 현장을 조사할 때는 안전에 유의해야 한다. 경광등 불빛이 요란한 도로관리기관의 순찰차량의 유도 아래, 형광색 조끼를 입고 안전제일 문구가 붙은 샛노란 헬멧을 쓰고 조사를 진행해도 쌩쌩 달리는 차들은 여전히 위협적이다. 야생동물 로드킬을 막으려다 내가 로드킬 당하게 생겼다는 혼잣말을 중얼거린 적도 여러 번이다.

현장 파악을 마치면 본격적으로 저감방안에 대한 고민이 시작된다. 로드킬 저감 방법은 크게 두 가지 범주로 나뉜다. 첫 번째는 야생동물이 도로로 접근하지 못하도록 막는 것이고, 두 번째는 운전자에게 로드킬 위험을 알리거나 주행속도를 줄이도록 하는 것이다.

동물의 도로 접근을 막는 방법

동물이 도로로 접근하는 것을 막는 방법 중 대표적인 것이 유도 울타리의 설치다. 말은 쉽지만 실제 도로에 울타리를 설치하는 일은 만만치 않다. 이면도로가 많거나, 교차로가 많거나, 도로변에 주거지나 상업시설이 맞닿아 있으면 울타리 설치가 어렵다. 해당 도로에 충분한 길이의 울타리 설치가 가능한지 여부가 중요한 요소다(Clevenger, 2001). 울타리 설치 가능 구간이 존재하더라도 길이가 짧으면 효과를 기대하기 어렵다. 짧은 구간에 울타리를 치면 당장 설치 구간의 로드킬은 줄어들지만 울타리가 끝나는 지점에서의 로드킬은 증가한다. 로드킬 발생 위치만 옮기는 꼴이 된다.

자동차 전용도로처럼 교차로와 이면도로와의 접속부가 존재하지 않으면 울타리 설치가 비교적 수월하다. 도로변에 낙석방지책, 방음벽과 같이 동물 진입이 불가능한 구간이 있으면 나머지 열린 구간에 울타리를 설치하여 보완하면 된다. 하지만 무조건 틀어막는 것만이 능사는 아니다. 막으면 로드킬은 줄일 수 있지만 야생동물 개체군 고립과 서식지 단절을 심화시킬 수 있다. 울타리는 도로 하부 구조물, 교량 하부, 터널 상부 등

유도 울타리에 개구멍이 있다면 동물을 도로로 내모는 꼴이 된다.

청소의 성패가 마지막에 남은 먼지에 달렸다면, 유도 울타리의 성패는 개구멍에 달려 있다.

동물이 통과할 수 있는 지점까지 안전하게 유도할 수 있게 설치해야 한다. 울타리 설치는 가능한데 동물이 통과할 수 있는 구조물이나 지형이 없으면 생태통로 설치가 필요하다.

울타리 외에도 야생동물의 도로 접근 차단을 위해 제안된 방법들이 있긴 하다.

반사경은 달려오는 차량 불빛을 도로 측면으로 반사시켜 도로변에 접근한 야생동물에게 시각적 자극을 주는 장치(Danielson and Hubbard, 1998)인데 혹평 일색이다. 설치 초기에는 사슴이 반사경 불빛에 반응하고 피했지만 곧 적응했다는 보고가 있다(Ujvari et al., 1998), 로드킬 저감 효과가 1퍼센트에 지나지 않는다는 연구결과도 있다(Rytwinski et al., 2016). 게다가 유지관리가 어렵다. 미국 와이오밍주에서는 설치 3년 후 반사경의 39퍼센트가 얼룩져 제 기능을 하지 못했고(Reeve and Anderson, 1993), 유타주는 유지보수 및 청소비용이 많이 들어 사용을 중지했다(Huijer et al., 2006). 따라서 반사경의 국내 도입은 실효성이 없어 보인다.

발광체는 단순히 발광하는 제품 이외에도 적외선이 나와서 반짝거리거나 소리가 나는 제품(호랑이 소리, 총 소리, 개 소리 등)이 다양하게 출시되어 있으나 규칙적으로 발광하기 때문에 야생동물이 쉽게 적응하는 문제가 있다. 사슴류가 싫어하는 향을 도로변에 뿌려 퇴치하는 방법이 있으나 이 또한 시간이 지나면 동물들이 적응해 버려 장기적인 효과를 기대하기 어렵다.

럼블스트립rumble strip은 도로에 가느다란 띠 형태의 구조물을 일정 간격으로 연속 설치하는 시설물이다. 해당 시설물 위로 차량이 지나갈 때 소음을 내서 야생동물이 도로 진입을 회피하게 하는 원리다. 호주 태즈매이니아에서 산림관통도로에 설치한 결과 59퍼센트의 로드킬 저감 효과를 보였다(Lester, 2015). 하지만 소음 발생으로 주거지 인근 도로에는 적합하지 않으며, 도로 주변 생물서식에도 부정적인 영향을 줄 수 있다. 이처럼 여러 가지 시도가 이어지고 있지만 동물의 도로 접근을 막는 데 가장 효과가 확실한 것은 동물 진입을 물리적으로 차단하는 유도 울타리 설치다.

운전자에게 로드킬 위험을 알리는 방법

로드킬 저감의 두 번째 범주는 운전자에게 로드킬 위험을 알리거나 주행속도를 줄이도록 하는 것이다. 자동차 주행속도 감속은 로드킬 위험을 줄이는 데 있어 중요한 요소다. 자동차 전용도로에서 평균 주행속도를 시속 80킬로미터에서 시속 5킬로미터만 줄여도 로드킬 사고는 31퍼센트 감소한다는 연구결과가 있다(Kloeden et al., 2001). 차량속도를 줄이면 운전자의 대처로 야생동물과의 충돌을 피할 수 있는 확률이 높아질 뿐 아니라 충돌하더라도 충격이 덜해 인명피해를 최소화할 수 있다.

야생동물 출현 경고표지는 운전자에게 주의를 주고 주행속도를 줄이는 데 일반적으로 적용할 수 있는 로드킬 저감장치다. 운전자의 경계심이 높아지면 도로 위 물체에 대한 반응시간을 0.7초가량 줄인다는 연구결과가 있다(Pojar et al., 1975; Katz et al., 2003). 차량속도가 시속 88킬로미터인 경우 야생동물 주의 안내 표지판을 활용하면 차량 제동거리를 21미터 감소시킨다는 사례도 있다(Hammond and Wade, 2004; Katz et al., 2003). 종합하면 빨리 가고자 하는 욕망을 조금이라도 줄이는 것이 모두의 안전을 위한 방법이다. 하지만 운전대를 잡는 순간 우리 모두는 조금이라도 목적지에 빨리 가고자 하는 욕망의 노예가 되고 만다. 도로는 '속도'라는 집단 광기로 가득 채워져 있다.

자동차와 속도의 대표적 희생양 고라니는 말한다. "조금만 천천히 가면 우린 함께할 수 있어요."

야생동물 탐지 시스템ADS, Animal Detection System은 야생동물이 도로 주변에 나타나 적외선, 레이더 등의 센서가 감지되었을 때 도로변에 설치된 전광판에 불이 켜져 운전자가 서행하고 경각심을 가지며 운전할 수 있도록 유도하는 시스템이다. 스위스에서는 적외선 감지 시스템을 설치하여 노루와 붉은사슴의 로드킬을 줄인 사례가 있다. 감지 시스템 운용 이후 로드킬이 82퍼센트 감소했다(Kistler, 1998; Huijer et al., 2008). 북미와 유럽에는 동물 탐지 시스템이 30개 이상 지역에 설치되어 있다(Huijser et al., 2008). 야생동물 탐지 시스템은 동물의 이동을 제한하지 않으며 다발 구간 변화에 따라 이동 설치가 가능하다는 장점이 있다. 하지만 대당 천만 원 내외의 설치비용과 중소형 동물은 감지율이 떨어진다는 단점이 존재한다. 국내에는 2019년에 충남 당진시 국도 32호선에 시범적으로 설치되었다. 전 구간에 설치하기에는 한계가 있으므로, 유도 울타리 설치가 어려운 지점에 집중적으로 설치하는 것이 바람직하다. 그 효과에 대한 검증과 추가 연구가 필요하다.

로드킬 다발구간 중 중앙분리대가 없는 왕복 2차선 도로는 동물이 횡단에 성공하는 확률도 높으니 무조건 막는 것이 좋은 것만은 아니다. 대개 이런 곳은 야생동물 주의 안내 표지판 설치나 과속단속 카메라를 설치해서 운전자의 경각심을 높이고, 제한속도 준수를 유도하는 방법을 이용한다.

입출구가 제한적인 자동차 전용도로의 경우는 주행속도를 제어하기 위해 구간 단속 카메라 설치만큼 효과적인 것도 없다. 시점과 종점 통과 속도뿐 아니라 시종점 사이 평균 주행속도 기준으로 과속단속을 하니 운전대를 잡은 여포들이 구간 단속 구간에서는 순한 양처럼 온순해지는 마법 같은 장면이 연출된다. 하지만 야생동물주의 안내 표지판이나 과속단속 카메라 설치는 경찰청의 승인이 필요하다.

차에 치여 죽은 야생동물은 저감조치를 남긴다

숨 가쁘게 진행한 로드킬 다발구간 상위 50개 구간의 현장조사를 통해 189킬로미터 구간의 유도 울타리 설치, 야간에도 인식하기 쉬운 발광다이오드LED 주의 표지판 75개 설치, 과속단속 카메라 12개소 설치, 생태통로 3개소 설치를 제안했다. 현장에서 만난 도로관리기관 담당자들은 의외로 호의적이었다. 과학적 분석을 근거로 다발구간이 정해졌으니 예산 확보가 쉬워졌다는 것이다. 로드킬 저감예산을 합리적으로 적시적소에 배정할 수 있게 된 것이다.

다발구간 현장에 저감조치가 이루어지면 실제 로드킬이 감소하였는지에 대한 검증 작업이 필요하다. 로드킬 발생, 원인파악, 저감조치 마련 및 실행, 저감조치 검증 및 보완으로 이어지는 환류 기능 선순환 구조가 정착되기를 바란다. 이는 길 위에서의 죽음이 더 이상 헛되지 않도록 하는 일이다. 호랑이는 죽어서 가죽을 남기고 사람은 죽어서 이름을 남긴다면 '차에 치여 죽은 야생동물은 저감조치를 남긴다'라는 공식이 성립하면 좋겠다.

여전히 갈 길은 멀다. 앱을 사용하는 것에 대해 현장에선 다소 반발도 있었다. 앱을 사용하면 종이 대장을 대체할 수 있고, 웹에서 사체처리 결과를 보고서 양식으로 바로 출력할 수 있어서 기존 방식보다 업무가 간소화되었다. 하지만 아날로그에서 디지털로의 전환을 강요하게 된 상황이라 아무리 쉬운 앱이라도 거부감이 들 수 있다. 대부분의 도로 보수원, 순찰원 분들이 고령이라 스마트폰 사용에 익숙지 않은 분들도 있다. 그래서 도로관리기관마다 앱을 잘 활용하는 곳도 있지만 활용률이 저조한 곳도 있다. 앱 사용이 저조한 관할구역은 실제 로드킬이 많이 발생하더라도 다발구간에 선정되지 못한다. 그래서 도로관리기관을 부단히 돌며 순회교육을 진행하면서 앱 사용을 독려하고 있다. 무언가를 바꾸고 새로운 길을 가는 데는 갖가지 어려움이 따르게 마련이다. 하지만 로드킬을 줄이고자 하는 방향만은 확실히 잡았으니, 좌충우돌은 계속될지언정 노력은 계속될 것이다. 아니 계속되어야 한다. 그것이 이동의 온갖 편의를 누리고 있는 인간으로서의 도리일 것이다.

운전자의 로드킬 대처법

인명·대형 사고 방지를 위한 운전자 대처법

로드킬은 야생동물의 목숨을 앗아갈 뿐 아니라 사람의 안전을 위협하기도 한다. 해외에서 로드킬로 인한 대부분의 인명피해는 무스, 와피티사슴과 같은 대형 사슴류와의 충돌에서 발생한다. 미국에서는 사슴류와의 충돌 사고로 인해 한해 약 200명의 사람이 사망하고, 3만 명이 부상을 입는다. 그로 인한 보험회사 보상액은 3조 원에 달한다. 평균적으로 매년 미국 운전자 116명 중 1명꼴로 로드킬 사고를 겪는다. 가장 높은 빈도를 보이는 웨스트버지니아주에서는 운전자 37명 중 1명꼴이다(StateFarm, 2020). 결코 가볍게 넘길 수 없는 확률이다. 유럽도 상황이 비슷하여 연간 약 300명이 사망하고, 3만 명이 부상당하며 보험회사 보상액은 1조 원에 이른다.

우리나라는 로드킬 관련 인명피해와 건수에 대한 통계자료가 없다. 불행인지 다행인지 우리나라는 직접 충돌 시 인명피해가 심각한 대형 사슴류가 없다. 우리나라에 살던 몸무게 40~100킬로그램의 대륙사슴은 1920년대에 일찌감치 멸종됐고, 현재 번성하고 있는 고라니는 몸무게가 10~20킬로그램 내외의 소형 사슴이다. 다만 현대해상이 발표한 자료에 따르면 로드킬 사고 건당 지급되는 평균 보험금은 196만 원으로 차량 파손에 의한 물적 피해는 상당함을 알 수 있다.

대형동물과의 직접 충돌로 인한 인명피해 가능성은 적더라도, 도로 위로 뛰어든 동물을 피하려다 나는 사고는 큰 문제를 일으킨다. 동물을 피하려고 급정거를 하거나 핸들을 꺾었다가 다른 차량과 충돌하거나 도로를 이탈하여 심각한 사고로 이어지는 것이다.

로드킬 문제와 관련해서 언론사와 전화 인터뷰를 한 적이 있다. 운전 시

대처법에 관한 질문이었는데 주저리주저리 답변하였으나 정작 생방송 뉴스에서는 "운전대를 꺾지 말고 그냥 치고 가야."라는 말만 나갔다. 앞뒤 설명 없이 다짜고짜 이 문구만 방송되고 난 후 여기저기서 비난의 화살이 쏟아졌다. 국립생태원에 근무하는 사람이 그렇게 말해도 되냐고, 네 앞에 달려오는 차가 피하지 않고 치면 좋겠냐고. 말이란 게 참 무섭다. '아' 다르고 '어' 다른 법이다. '안타깝지만 운전자 안전을 위해 급회전을 자제해야' 정도로 말했어야 했다.

당시의 아쉬움을 풀기 위해 상황별 대처 방법에 대해 다시 자세히 설명하려 한다. 아래 내용은 부디 문장 일부를 발췌하지 말고 찬찬히 전체 내용을 다 읽어주기를 바란다.

★ 안전거리가 확보되었을 때

동물이 안전거리● 앞에서 출현하고 운전자가 미리 인지한 경우에는 방어운전이 가능하다. 일단 룸미러와 사이드미러로 주변 차량의 유무를 확인한다. 뒤따라오는 차량이 있으면 비상등과 경적으로 전방에 돌발 상황이 있음을 알린다. 야간에 상향등이 켜져 있다면 소등한다. 속도를 서서히 줄여 저속으로 동물을 회피하여 운전한다. 경적을 울려 동물이 도로 밖으로 벗어날 수 있도록 유도한다.

★ 동물이 바로 앞에서 튀어나왔을 때

동물이 차량 바로 앞에서 튀어나오거나 안전거리 이내에서 동물을 인지한 경우에는 별다른 방법이 없다. 가급적 급정거나 갑작스러운 차선 변경을 자제해야 한다.

● 자동차 주행속도별로 안전거리 기준이 다르다. 주행속도를 미터로 환산하면 이해가 쉽다. 예를 들어 시속 100킬로미터의 안전거리는 100미터, 시속 60킬로미터의 안전거리는 60미터다. 안전거리 앞에서 동물이 출현한 경우에는 운전자의 방어운전이 가능하다. 안전거리 확보 차원에서도 해당 도로의 제한속도를 준수해야 한다.

하지만 말이 쉽지 실전에서는 바로 앞 물체에 대해 본능적으로 피하게 마련이다. 슬프지만 동물이 바로 앞에 나타날 때는 핸들을 꺾지 않겠다는 마음가짐을 평소에 가지고 있는 것이 좋다. 더 큰 사고를 막으려면 어쩔 수 없는 엄혹한 현실이다. 충돌한 경우에는 일단 멈추지 말고 안전한 장소에 도착해서 파손 부위를 점검하고 로드킬 신고를 한다.

★ 로드킬 당한 동물 사체를 발견했을 때

도로에서 로드킬 당한 동물을 발견하면 어떻게 하면 좋을까? 길에 사체가 남아 있을 경우 사체를 밟지 않기 위해 차량들이 곡예운전을 하게 되므로 또 다른 사고로 이어질 수 있다. 특히 도로에 방치된 동물의 주검은 오토바이와 같은 이륜차에게는 충돌 시 전복 가능성도 있어서 더 큰 위험요소로 작용한다.

또한 사체를 먹기 위해 다른 동물이 꼬이기도 한다. 까마귀, 까치, 독수리, 너구리, 족제비 등 사체를 즐겨먹는 청소동물scavenger들이 도로로 접근하다 또 다른 화를 당한다. 도로 위 동물 주검을 보면 창귀倀鬼 이야기가 생각난다. 전설에 따르면 호랑이에게 잡아먹힌 사람의 영혼은 하늘로 올라가지 못하고 창귀가 된다. 창귀는 호랑이 앞잡이 역할을 하며 호랑이가 다른 사람을 잡아먹도록 유도한다. 호랑이가 다른 이를 먹어야 창귀는 비로소 자유의 몸이 된다. 도로 위의 죽음은 창귀가 되어 또 다른 죽음을 부른다.

도로 위 동물의 사체를 신속하게 신고하고 치우는 것은 2차 사고 예방 측면에서 중요하지만 그렇다고 섣불리 차를 세우고 사체를 치우는 것은 위험하다. 선의의 행동으로 인해 정작 본인 안전이 위협받을 수 있다. 일단 사고 현장을 지나치고 안전한 장소에 차를 세우고 로드킬 신고를 하는 것이 좋다.

★ 로드킬 신고번호 110

로드킬 신고번호는 110이다. 고속도로는 한국도로공사, 국도는 해당 국토관리사무소, 지방도·시군도는 해당 지자체에 신고해야 하나 운전자가 사고 발생 지점 도로 담당기관 연락처를 찾기는 쉽지 않다. 정부 민원안내 콜센터 110으로 전화하면 해당 도로관리기관으로 연결해 준다. 신고 시 주행 방향, 위치, 주변 지형지물, 피해동물 등의 정보를 알려주면 보다 정확한 대응이 가능하다. 정리하면 범죄신고는 112, 화재신고는 119, 로드킬 신고는 110.

★ 동물이 부상을 입었다면 야생동물구조센터에 신고한다

동물이 부상을 입고 살아 있는 경우에는 야생동물구조센터에 신고한다. 각 시도마다 야생동물구조센터가 있지만 역시나 연락처를 찾기 어려우니 110에 전화해서 연결을 요청하면 된다. 단, 멧돼지는 119에 신고하는 것이 좋다. 부상당한 멧돼지는 극도의 불안 상태에서 이리저리 들이받을 수 있다. 보호장구를 갖춘 119 대원이 출동해 안전하게 포획하는 것이 좋다.

미래의 도로 & 로드킬은 어떤 모습일까?

도로의 미래, 동물의 생존권·이동권도 존중해야

지금까지 살펴본 바와 같이 도로 위의 문제는 결코 간단하지 않다. 도로는 물류, 소통, 교류를 담당하는 사회경제적 측면에서 없어서는 안 되는 국가 주요 기반시설이다. 도로는 우리에게 각종 이동의 편의를 제공해 주지만 한편으로는 그로 인해 많은 생명이 죽고, 그들의 서식지가 잘려 나가는 등 부작용도 많다. 생태계 훼손을 최소화하는 환경친화적인 도로, 환경에 부담을 줄이는 지속 가능한 도로를 만드는 데 지혜를 모아야 한다.

환경친화적인 도로의 핵심은 경관 투과성landscape permeability 확보에 있다. 투과성은 동물 이동의 관점에서 해당 동물이 얼마나 도로를 안전하고 쉽게 건너갈 수 있는가에 대한 개념이다. 투과성이 높을수록 도로에 의한 서식지 단절과 고립을 최소화할 수 있다.

생태통로는 도로의 투과성을 높이는 데 중요하고 없어서는 안 되는 구조물이다. 하지만 생태통로 설치가 완벽한 해법을 주지는 못한다. 만약 몸에 칼로 길게 베인 상처가 있다면 생태통로 설치는 그 상처 가운데에 일부분을 임시로 봉합한 후 반창고를 발라주는 것과 같다. 서식지를 댕강 갈라 버린 후 생태통로 하나 만들었다고 도로 건설에 면죄부를 주는 것은 옳지 않다.

경관 투과성을 높이려면 도로의 계획과 설계 단계부터 구조적 전환이 필요하다. 절성토(목적을 위해 흙을 깎거나 메워 만든 땅) 구간을 터널과 교량으로 대체하면 동물의 움직임을 차단하지 않고, 지표면의 상처도 최소화할 수 있다.

도로 아래에 조성된 통로박스, 수로박스, 수로관과 같은 횡단 구조물을 투과성을 높이는 데 전략적으로 활용할 수 있다. 도로 유지에 필수적인 이 횡단 구조물은 야생동물 이동을 목적으로 조성되는 것은 아니지만 이왕 만들 때 야생동물 이동을 함께 고려하여 설치한다면 생태통로를 대체하는 효과를 거둘 수 있다. 구조물 입출구와 주변 지형을 자연스럽게 연결하고, 개방도(입구면적/길이)를 크게 확보하며, 수로의 경우 이동턱이나 난간을 설치하는 방법 등을 적용할 수 있다.

이와 함께 도로의 양적 증가에 대해 고민해야 한다. 날이 갈수록 도로는 비가역적으로 증가하고 있다. 국가통계상 전국에 총 도로 연장은 11만 킬로미터를 넘어섰다. 우리나라 최상위 국가 공간 계획인 국토종합계획(대한민국 정부 발표 제5차 국토종합계획 2020~2040)에는 전 국토에 7×9 격자형으로 고속도로를 건설하겠다는 내용이 담겨 있다.

전국 어디서든 30분 안에 고속도로에 진입할 수 있게 만드는 것이 목표다. 반대로 생각하면 차 소리가 들리지 않는 고즈넉한 야생의 공간이, 도로 영향을 받지 않는 안전한 야생동물 서식지가 사라진다는 것을 의미한다.

자본주의의 속성상 성장과 발전에 대한 욕심은 당최 끝이 없다. "이만하면 충분해, 이만하면 됐어."라고 만족하지 않는다. 거대 토건자본이 몸집을 부풀리고 유지하기 위해서는 끊임없는 토목사업과 도로건설을 필요로 한다. 언론은 신규 도로계획이 빠진 지역에 '지역소외', '낙후지역' 등의 기사 제목을 붙여 피해의식을 부추긴다. 정치권도 이에 편승해 도로 건설, 확포장을 선거철 주요 공약으로 내민다.

톨스토이는 단편 소설 〈인간에겐 얼마나 많은 땅이 필요한가?〉를 통해 질문을 남겼다. 지금 우리에게는 얼마나 많은 도로가 더 필요한가? 더 많은 도로, 더 빠른 도로에 올라타려는 욕망이라는 이름의 자동차에 최소한의 브레이크를 달아주어야 한다. 물론 나도 도로가 새로 나면 좋다고 이용하는 표리부동하고 어리석기 짝이 없는 중생이지만 그럼에도 도로정책에 대한 문제제기와 사회적 인식전환을 위한 노력은 분명 필요하다.

자동차 중심의 교통정책은 이대로 괜찮을까? 교통약자와 자연에 대한 배려가 더 필요하지 않을까? 도로예산 일부를 복지예산으로 돌릴 수 있는 여지는 없을까? 도로건설 사업을 복원사업으로 전환하면 자연도 살리고 건설경기 부양에도 도움이 되지 않을까? 접근성이 좋지 않은 오지라는 타이틀이 오히려 먼 훗날엔 그 고장의 매력요소가, 경쟁력이 되지 않을까?

도로에 대한 많은 질문과 생각이 떠오르지만 답을 구하지는 못했다. 워낙 각종 이해관계가 첨예하게 맞붙은 사안이기에 개인의 생각만으론 자칫 편협해질 수 있다. 그럼에도 역지사지, 입장 바꿔 생각해 보라는 단순한 명제는 도로 문제에 적용해 봄 직하다. 우리의 길이 누군가에게는 장애물이기 때문이다. 도로는 속성상 끊기지 않고 연결되어야 제 기능을 다 한다. 야생동물의 이동로, 자연생태계도 마찬가지다. 씨실과 날실을 엮듯 온전한 생태 네트워크가 유지되어야 자유로운 개체군의 이동과 교류가 가능하고 지속 가능성을 보장할 수 있다. 기후변화 시대를 맞아 생물들에게 각자 적합한 기후대를 찾아 이동할 수 있는 길을 터주는 일은 더욱 중요해졌다. 우리의 이동편의만큼이나, 동물의 이동권도 충분히 존중받아야 한다.

> 삶을 다른 관점에서 본다면 사슴이 도로를 건너는 것이 아니라,
> 도로가 숲을 가로질러 통과하고 있다는 것을 알 수 있다.
> – 무하마드 알리

로드킬의 미래, 적정기술과 윤리성이 생명을 구할 것

기술 발전을 통해 도로 위의 잔혹사를 끊어 낼 수 있을까?

주요 자동차 회사들은 야생동물 및 보행자와의 충돌을 방지하기 위한 기술을 자동차에 적용하고 있다. 아우디와 BMW는 적외선 감지 기술 나이트 비전night vision을 도입했다. 차 앞부분에 달린 카메라가 열 감지 이미지를 생성하면 차량 온보드 컴퓨터가 알고리즘으로 동물 움직임을 포착해 운전자에게 경고하는 방식이다. 벤츠는 원적외선과 근적외선 카메라를 결합한 듀얼 카메라 형식을 도입했다. 헤드라이트가 비추는 거리보다 더 멀리 전방 150미터 앞 물체의 열을 감지할 수 있다. 볼보는 적외선 대신 레이더를 사용한다. 야간에만 감지가 가능한 적외선 방식과 달리 레이더는 주야간 가리지 않고 작동한다. 주로 무스나 와피티사슴과 같은 대형동물 탐지 기능에 초점을 맞추고 있다. 이러한 기술은 애초에 군사용으로 개발되었다. 미사일 및 요격 시스템 등 첨단무기에 적용하는 방식이라 비용이 상당하다. 일부 상위 모델에만 채택되었고 대중화 단계에 접어들지는 못했다.

하지만 시간 문제일 뿐 자율주행 차량의 발전과 더불어 동물 인식·감지

기술은 보다 정교해지고 보급도 확대될 것이다. 따라서 기술개발에 따라 미래의 로드킬은 지금과는 사뭇 다른 양상으로 전개될 것이다. 특히 중대형 동물의 로드킬은 획기적으로 줄일 수 있을지도 모른다.

기술 발전보다 인류가 풀어야 할 더 어려운 숙제는 윤리적인 문제일 것이다. 도로 위에서는 다양하고 복잡한 경우의 수가 존재한다. 운전자의 안전을 위협하는 대형동물이 감지될 경우에는 당연히 피해야 한다. 그렇다면 소형동물은 급제동 없이 그냥 치고 갈 것인가? 제동을 거는 최소 감지거리는 어떻게 설정할 것인가? 누구를 죽이고 누구를 살릴 것인가? 운전은 인공지능이 할지라도 그에 대한 알고리즘을 설정하는 것은 결국 사람이다. 윤리적, 철학적 고민이 필요한 대목이다.

단, 한 가지 자명한 사실은 미래 교통수단의 변화가 어떻든 자연생태계에 미치는 영향을 선제적으로 고려해야 한다는 점이다. 기후변화, 핵 위기, 자원고갈, 식량위기 등 전문가들이 예측하는 우리의 미래는 온통 잿빛이다. 하지만 도로 위의 문제만큼은 조심스레 장밋빛 미래를 기대해 본다. 생명을 살릴 수 있는 따뜻한 기술, 적정기술의 시대를 꿈꾼다. 그리하여 미래의 도로는 비로소 다음 등식이 성립하길 바란다.

로드≠킬, 로드=길.

낯선 도로 위의 반려동물 로드킬

로드킬 국가정보시스템에 종명 '개'로 등록된 사진들. 옷을 입은 동물도 있어서 사람인가 싶어 식겁하기도 한다. 고속도로나 한적한 국도에서 때때로 품종견 사체가 발견된다. 정확하게 알 수는 없지만 길가에 유기된 아이들이 아닌가 싶다. 차에서 내려질 때 이 녀석들은 산책한다는 설렘에 꼬리를 세차게 흔들었을 것이다. 최근 들어 고속도로 졸음쉼터가 반려동물 유기 장소로 각광받는다는 씁쓸한 소식이 전해진다. 도로에 버려진 아이들의 최후는 대체로 끔찍하다. 서울시의 로드킬 발생도 점점 늘고 있는데 그중 길고양이의 비중이 2015년 80퍼센트, 2016년 66퍼센트로 가장 높다. 전국적으로 연간 고양이 로드킬 추정치는 약 10만 건에 이른다(최태영, 2016).

야생동물의 죽음도 비통하지만 반려동물의 죽음은 또 다른 의미로 다가온다. 아무에게나 들이대고 성격 좋을 것 같은 바둑이들이 길에 누워 있다: 동네 마실 나온 시골 잡종견들은 주인이 애타게 기다리는 마당으로 돌아가지 못했다. 남겨진 밥그릇이 눈에 선하다.

4
또 다른 죽음에 이르는 길, 물길 농수로

고라니의 무덤, 농수로

고라니 한 마리가 콘크리트 바닥면 위를 뛰고 있다. 양옆에는 높다란 콘크리트 벽면이 가로막고 있다. 이 상황에서는 오직 소실점 너머로 아득하게 뚫려 있는 정면을 향해 전진할 수밖에 없다. 하지만 양옆을 막고 있는 콘크리트 장벽은 끝없이 이어질 뿐이며, 아무리 뛰어도 출구는 나오지 않는다. 콘크리트 벽면 너머로는 먹고 숨을 곳 천지인 논두렁과 밭두렁이 펼쳐져 있지만 결코 이 갑갑한 콘크리트 박스에서 빠져나갈 수 없다. 힘껏 뛰어올라 콘크리트 벽면을 넘으려 하지만 실패다. 애가 타는 고라니의 절박함과 달리 콘크리트 벽면은 한 치의 감정도 없이 견고하다. 빠져나가려는 고라니의 점프는 헛되고 헛되다. 고라니는 조금씩 지쳐가고, 결국엔 탈진하여 죽음에 이른다.

비현실적인 공상과학영화의 한 장면이 아니다. 이 땅 곳곳의 농수로에서 일어나고 있는 일상적 광경이다. SBS 환경전문 이용식 기자는 이러한 농수로에서의 허망한 죽음을 취재하여 〈8시 뉴스〉에 내보냈다. 인터넷 포털 메인에 걸린 기사에는 생명사랑의 마음을 가진 사람들의 성난 댓글이 거침없이 달렸다. 잊혀질 만하면 기자는 농수로 기사를 끈질기게 데스크로 송부했다.

언론의 순기능이 제대로 작동하는 순간이다. 생물다양성 보존과 야생동물 보호의 주무 부처인 환경부는 이 문제를 인지하고 실태파악을 위한 연구과제를 만들었다.

자의반 타의반으로 농수로의 생태적 위해성을 파악하는 연구과제를 맡게 되었다. 나라는 인간은 역량이 부족해서 멀티플레이가 어렵다. 도로 위의 문제만으로도 벅찬데 농수로까지. 아무런 배경지식 없이 벌벌 떨며 농수로에 빠져들었다. 산에서 담비를 따라다니다가 이제 하산이다. 담비 꽁무니를 더 따라다니고 싶었지만 놀부를 끝으로 발신기를 다 소진했고, 산 아래 쌓인 일이 많았다. 잠시 담비의 세계와는 안녕이다. 다만 그 이별의 시간이 길지 않길 바라며. 산에서 내려와 이제 들로 간다.

우리의 밥줄을 책임지는 유기적인 물 관리 시스템

농수로 하면 떠오르는 것은? 봉준호 감독의 영화 〈살인의 추억〉 오프닝은 살인사건의 현장인 농수로에서 펼쳐진다. 연쇄살인범을 쫓고 있는 형사 박두만(송강호 분)은 어둡고 음침한 농수로에서 피해자의 시신을 찾아낸다. 농수로를 살피는 날카로운 눈빛으로부터 연쇄살인의 범인을 찾아 나서는 장면이 펼쳐진다. 실제 농수로의 연관 검색어는 살인사건, 시신유기, 국립과학수사연구소 등 범죄 관련 용어가 주를 이룬다. 농수로에 대한 사람들의 인식이 긍정적이진 않다는 의미다. 더불어 농수로에 야생 동물이 빠져 죽는 문제도 심심찮게 거론되면서 농수로에 씌워진 주홍글씨는 진해진다.

미제사건의 진실을 밝히려는 형사의 심정으로 농수로가 생태계에 미치는 영향과 진실에 조금씩 다가가고자 했다. 농수로에 대한 지식이 부족해서 기초부터 시작해야 했다. 농수로의 사전적 정의는 '농사에 필요한 물을 끌어오는 길'이다. 자동차의 길이든, 산짐승의 길이든, 물의 길이든, 어찌 됐든 길에 대한 문제해결은 매한가지라고 위안하며 연구에 뛰어들었다.

농수로의 역할은 우리가 매일 먹는 밥에 있다. 한국인은 '밥심'으로 산다. 외세의 침입, 이데올로기 전쟁, 자본의 침입, 역병의 전파 등 다사다난한 시대를 밥심으로 버텨왔다. 우리 민족의 소울푸드 밥 한 공기는 쌀을 쪄서 만들고, 쌀은 한해살이 외떡잎식물 벼의 열매다.

벼는 일반 토양에서도 자라지만 물이 항시 고인 습지 환경에서도 잘 자란다. 물에 대한 내성이 있기에 10~15센티미터 깊이의 담수 재배를 하면 잡초의 성장을 억제할 수 있다. 모판에 모를 심어 한동안 기르다 무논에 옮겨 심는 모내기법 적용이 가능해 쌀과 보리의 이모작이 가능하다. 그래서 농부는 물이 항시 고인 인공습지를 조성한다. 작물을 집단으로 재배하는 인공습지가 논이다. 논을 의미하는 한자어인 답畓은 '水+田'의 조합으로 만들어졌다. 논의 물은 양이 항상 일정해야 한다. 부족하여 땅이 말라붙고, 넘쳐흘러 벼가 쓰러져도 안 된다. 물이 부족하면 저수지나 하천에서 물을 끌어다 논에 대고, 물이 넘치면 신속하게 논에서 물을 빼야 한다. 따라서 적시적지에 논에 물을 대고 빼는 농수로의 역할이 매우 중요하다. 모내기법의 적용을 가능케 하고, 쌀 생산량 극대화를 이루는 데 필수적인 중요 농업시설이다. 사건사고 위주로 언론에 노출되어 좋지 않은 이미지를 가지고 있지만 농수로는 없어서는 안 되는 우리 밥줄에 다름 아니다.

이렇게 중요한 역할을 하는 농수로가 어느 정도 설치되어 있을까? 다행히 농어촌공사에서 발간한 《농업생산기반통계연보》 자료에 전국 농수로에 대한 현황 자료가 잘 정리되어 있어 쉽게 답을 구했다. 187,816,101미터. 잘못 세었는지 의심이 들어 여러 번 세어 보았다. 하나 둘 셋 넷 다섯… 억 단위다. 우리나라에는 약 187,000킬로미터의 농수로가 존재한다. 지구 4바퀴 반의 길이다. 가히 우리나라는 농수로의 왕국, 아니 공화국이라 할 만하다.

농수로는 용도에 따라 취수원으로부터 농경지로 물을 끌어오는 용수로, 농경지에서 쓰고 남은 물을 빼내는 배수로로 구분한다. 전체 농수로 중 용수로는 119,732킬로미터(63.1퍼센트), 배수로는 70,156킬로미터(36.9퍼센트)를 차지한다.

농수로는 간선, 지선, 지거로 구분한다. 간선수로는 고속도로, 지선수로는 국도나 지방도, 지거는 마을길 혹은 골목길이라고 생각하면 쉽다. 우리 몸으로 보자면 심장(저수지), 대동맥(간선 용수로), 세동맥(지선 용수로), 모세혈관(지거), 세정맥(지선 배수로), 정맥(간선 배수로), 심장(하천 혹은 바다)이다.

수원지에서 농업용수를 가득 싣고 출발한 간선수로는 드넓은 들판으로 간다. 간선수로에서 갈라져 나온 폭 5미터 내외의 지선수로는 논의 안쪽으로 향한다. 지선수로에 이르면 수압이 낮아지므로 평탄한 들에서는 논에 비해 조금이라도 지대가 높은 곳을 따라간다. 동력을 쓰지 않고도 중력의 힘을 빌려 물을 운반한다. 들 한가운데로 들어온 지선수로는 다시 수많은 지거로 갈라지면서 논에 가까이 다가간다. 실핏줄처럼 논두렁 사이사이 물이 흐르고, 농부는 물꼬를 뚫고 제 논에 물을 끌어들인다. 이러한 유기적인 물 관리 시스템 안에서 논농사는 유지된다.

흙 수로와 콘크리트 수로의 차이

물은 생명의 근원이다. 물을 모아두는 습지는 많은 생물이 살아가는 중요한 서식 공간이다. 벼의 생육을 위한 논은 비록 사람에 의해 만들어졌지만 습지로서의 기능도 한다. 과거 전통농업경관에는 산간계류나 하천으로부터 논으로 물을 대는 샛고랑이 있었고, 중간 중간 둠벙이라고 하는 물웅덩이가 있었다. 자연스럽게 물에 기대어 사는 수생식물, 반수생식물, 저서무척추동물, 어류, 양서파충류 등의 훌륭한 서식지가 되었다. 하천과 논과 둠벙, 그 사이를 이어주는 농수로는 전체 수생태계의 건강성을 유지해 주는 핏줄과 같은 역할을 했다. 논과 농수로는 인간을 먹여 살리는 공간인 동시에 다양한 생명을 품어주는 중요한 서식 공간이었다.

이 공생의 관계는 1970년대에 접어들면서 금이 가기 시작했다. 새마을운동이 진행되면서 대대적인 농촌개조운동이 시작되었다. 반공과 더불어 절대빈곤에서 벗어나는 것이 지상최대의 과제였다. '잘살아보자'는 구호 아래 농업에서도 생산성의 극대화를 꾀했다. 정부 주도하에 기존의 흙으로 만들어진 농수로를 콘크리트로 개조하는 농수로 개량사업이 전국적으로 확대됐다. 콘크리트 농수로를 확대하면 여러 장점이 있다. 농경지 이용률을 극대화할 수 있다. 농수로 양측의 비스듬한 흙 수로에 비해 직사각형 형태의 콘크리트 농수로는 많은 농업용수의 신속한 공급과 배출에 적합한 구조를 가지고 있다. 농수로 면적을 줄여 농사지을 땅의 면적을 그만큼 추가로 확보할 수 있다. 또한 농업용수의 손실을 줄일 수 있다. 흙 수로가 평균 10~25퍼센트의 용수가 손실되는 것에 반해 콘크리트 수로는 5~7퍼센트다(농어촌공사, 2004). 이밖에도 수로사면 침식방지, 저지대의 신속한 배수 원활, 유지관리 용이 등의 장점이 있다.

하지만 콘크리트 농수로도 여러 문제점을 안고 있다. 직선 형태의 콘크리트 농수로는 생물들에게는 무덤이 된다. 직선은 꺾이거나 굽어지는 것을 허락하지 않는다. 직선으로 이루어진 사각의 틀 속에 빠진 각종 생물들은 쉽게 빠져나오지 못하고 헤맨다. 또한 직각 농수로는 양편의 서식지를 분리시킨다. 이 논과 저 논 사이를 콘크리트 농수로가 가로지르면 야생동물은 반대편 논으로 쉽게 건너갈 수 없다. 농촌경관, 특히 논에 의지해 살아가는 생물들에게 농수로는 서식지 이동의 장벽이다.

콘크리트 수로

생물다양성 측면에서 농수로는 어떤 의미를 가질까? 연구비 일부를 배정받아 충남 서천군의 흙 수로와 콘크리트 수로 6개소에서 어류, 저서무척추동물, 수생식물 3개 분류군의 생물상을 조사했다. 3차례에 걸친 현장조사 결과 흙 수로에서는 어류 5.8종 96.5개체, 저서무척추동물 11.8

흙 수로

종 12.8개체, 수생식물 38속 44종의 서식이 발견되었다. 한편 콘크리트 수로에서는 어류 4.5종 42.8개체, 저서무척추동물 7.5종 8.8개체, 수생식물 23속 25종이 발견되었다. 흙 수로가 생물다양성이 높은 것으로 나타났다. 과연 흙은 많은 생명을 품고 있었다. 수생식물이 뿌리를 내리면 그로 인해 곤충과 저서무척추동물의 먹이자원과 은신처가 증가하고, 그들을 먹고 사는 어류, 조류, 포유류 등의 먹이동물이 꼬인다. 흙 수로가 주는 생물다양성 혜택은 논 생태계를 풍성하게 만들어 주고 있었다.

현재 전국의 농수로 약 187,000킬로미터 중 흙 수로는 100,000킬로미터, 콘크리트 수로는 87,000킬로미터인데, 해마다 약 1,000킬로미터의 흙수로를 콘크리트 구조물로 개조하는 사업이 지속적으로 추진되고 있다. 2012년에서 2018년 사이 흙 수로는 6.7퍼센트 감소하였으며, 콘크리트 구조물은 13.7퍼센트 증가하였다(농어촌공사, 2019). 우리나라 논은 점점 야생동물이 살아가기에 녹록지 않은 공간이 되고 있다.

예산 농수로의 비극

농수로로 인한 생물의 죽음에 대해 알아보기 위해 조사를 실시했다. 농수로 노선을 선정하고, 농수로를 따라 죽음의 흔적을 찾고 기록했다. 모든 과제가 그러하듯 시간과 예산은 부족했다. 농수로에 물이 차오르는 모내기철 이전에 서둘러 조사를 마쳐야 했다. 농한기의 농수로는 수량이 적어 겨우내 농수로에 빠진 생물의 흔적을 찾기에 적합한 시기다.

농수로를 따라 걷고 걸었다. 흔적과 사체를 지나치지 않기 위해 농수로 바닥면을 열심히 훑었다. 높이 2미터의 콘크리트 벽면은 제법 위압적이었다. 사람도 자력으로 탈출하기 어려울 정도다. 농수로 바닥면을 하루 종일 헤매는 일은 농수로에 갇힌 동물의 마음을 조금이나마 이해하는 데 도움이 되었다.

폭 30센티미터가량의 콘크리트 벽면 위로 걸었다. 봄볕이 뜨거워 얼굴이 금세 벌겋게 달아올랐다. 깊이 2.5미터의 농수로를 끼고 걷기는 외줄을 타는 광대 같기도 했다. 어린 시절 보았던 만화영화 〈머털도사〉에서 누덕도사는 머털이를 훈련시키기 위해 좁다란 길을 걷게 한다. 좁은 길 양옆으로는 천 길 낭떠러지가 펼쳐져 있다. 머털이가 한 발 한 발 조심스럽게 걷는데 누덕도사가 신통을 부려 배경을 잔디밭으로 바꾼다. 그러자 머털이는 긴장을 풀고 편안하게 길을 걷는다. 똑같은 길도 생각하기에 따라 위험한 길이 될 수도, 안전한 길로 여겨질 수도 있다. 모든 것은 마음먹기에 달려 있다는 가르침을 뜬금없이 소환하며 콘크리트 난간에서 조사를 이어갔다. 자고로 일에선 잔재미를 찾아야 한다.

조사를 진행하며 농수로 바닥면에 남은 여러 흔적과 만났다. 발굽이 하트 모양으로 찍힌 고라니 발자국, 발가락 네 개에다 발톱까지 함께 찍힌 너구리 발자국, 모둠발로 뛰어다니기에 왼발 오른발이 나란하게 찍혀 있는 족제비 발자국까지. 말라붙은 진흙엔 과거의 일이 고스란히 담겨 있었다. 긴박하게 뛰어간 녀석들의 모습이 눈에 선했다. 이 녀석들은 농수로에서 무사히 빠져나갔을까?

답을 알아차리기까지 그리 많은 시간이 필요하지 않았다. 연이어 죽음의 흔적들이 나타났다. 죽은 지 얼마 안 되어 사후경직이 진행 중인 고라니가 농수로 한켠에 누워 있었다. 두려움과 피로감에 지쳐갔을 최후의 모습이 떠올랐다. 이미 백골화가 되어 뼈만 남은 고라니며 너구리도 보였다.

조사 누적 거리가 쌓이면서 발견하는 사체의 수도 늘어갔다. 고라니가 33건으로 가장 많았으며, 너구리, 염소, 돼지, 소, 오소리, 흰뺨검둥오리 등의 사체도 확인되었다. 농수로 72개소, 204킬로미터 구간 현장조사

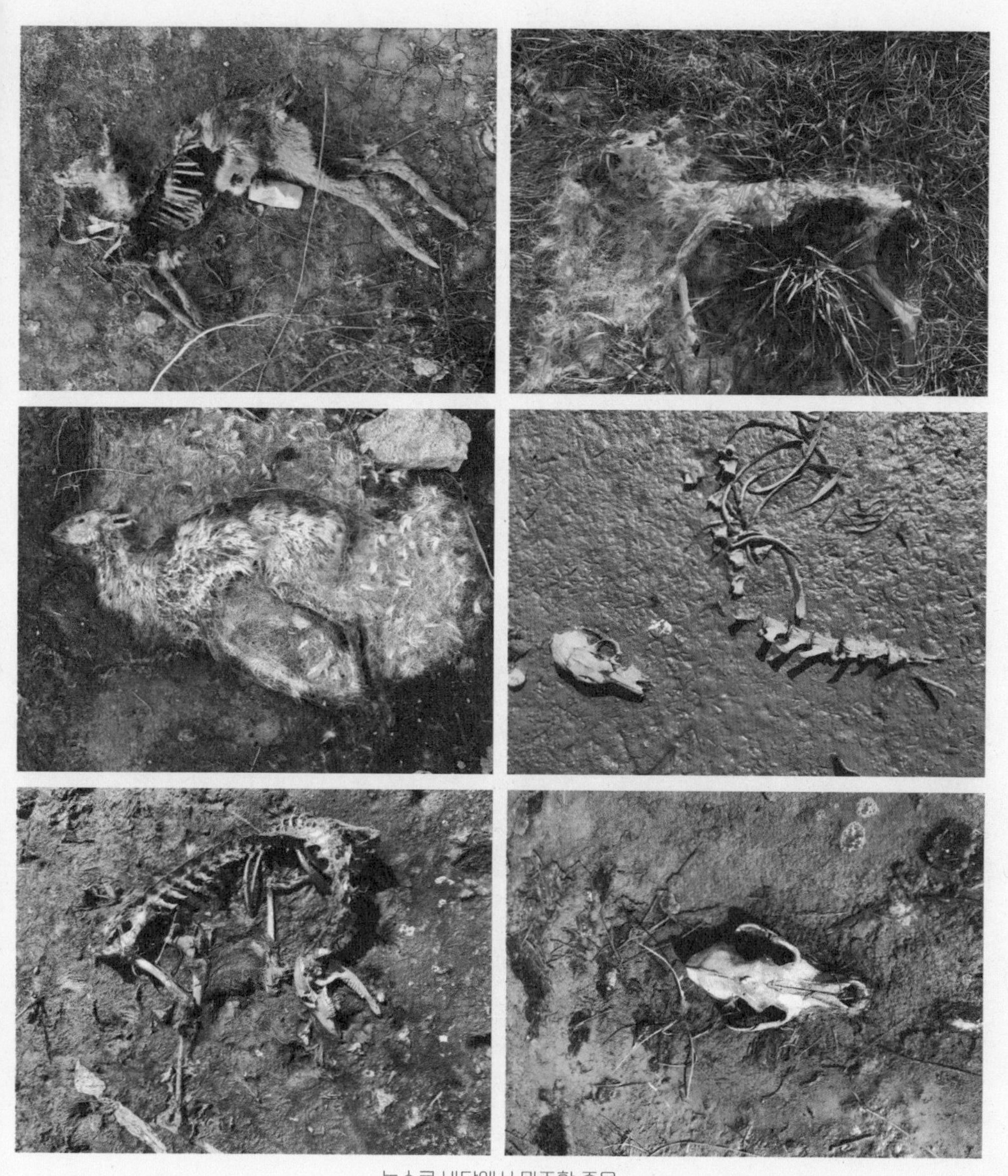

농수로 바닥에서 마주한 죽음

결과 1킬로미터당 야생동물 흔적 0.49건, 폐사체의 출현빈도 0.48건이었다. 탈출시설을 설치한 농수로의 폐사체 출현빈도는 킬로미터당 0.20건, 탈출시설이 없는 농수로의 폐사체 출현빈도는 0.57건이었다. 특히 탈출시설이 없는 높이 2미터 이상의 콘크리트 수로에서 야생동물 폐사 위험이 높은 것으로 나타났다. 실제 농수로에서 죽는 야생동물의 수를 추정하려면 사체의 부패속도, 유량별 사체 유실률 등의 자료가 필요하다. 단순 폐사체 빈도와 1회 조사로 전체 폐사를 추정하기에는 한계가 있었다. 그럼에도 농수로에서 상당수의 생명들이 희생된다는 사실은 분명해 보였다.

야생동물 폐사가 가장 많은 농수로 구간(충남 예산군). 평수위(위), 모내기 기간(아래)

전국의 조사구간 중에서 충남 예산 간선농수로에서 가장 많은 동물의 죽음과 흔적을 확인했다. 21.5킬로미터 구간에서 85건의 사체를 발견해 출현빈도가 1킬로미터당 3.49건으로 전국에서 가장 심각한 생태적 위해성을 보였다. 예산 농수로에 추가 모니터링을 집중하기로 했다.

예산 간선농수로 10킬로미터 구간에 1킬로미터 단위로 센서 카메라를 설치했다. 카메라를 설치한 후 불철주야 열심히 일한 카메라의 촬영 결과를 확인하자 농수로에 빠져 있는 동물들의 실체가 드러났다.

농수로에 빠져 반복해서 왔다갔다하는 고라니는 주로 벽면을 따라 이동한다. 암수가 함께 활동하는 너구리 한 쌍도 부부일심동체로 나란히 농수로에 빠져 있다. 어떻게 들어왔든 상관없이 녀석들은 농수로에 빠져 갇혀 있었다. 개체 구분이 안되어서 몇 마리가 빠져 있는지는 정확히 알 수 없었지만 한두 마리가 아니다.

모내기철인 4월 말부터는 예당저수지의 수문을 열자 수위가 높아졌다. 물이 거의 흐르지 않던 농수로에 물이 가득 찼다. 카메라 바로 아래까지 물이 찰랑찰랑 했다. 카메라 두 대는 수중촬영을 강행하다 최후를 맞기도 했다. 문제는 동물들이었다. 고립된 상태에서 물까지 차오른다면 결과는 뻔하다.

카메라에서 옮긴 사진 파일을 한 장씩 넘기다가 한동안 다음 사진으로 넘어가지 못하고 얼어붙었다. 물에 빠져 허우적거리는 고라니. 사진은 묘한 힘을 가지고 있어서 이미 과거에 일어난 일인데도 사진을 확인하는 현재 시점으로 과거를 소환한다. 고라니의 영어 이름이 제아무리 워터디어water deer일지라도 거센 물살과 장시간의 고립 앞에서는 버틸 재간이 없었다. 이미 한참 전에 종료된 상황인데도 나는 야생동물구조센터 전화번호를 뒤적거렸다. 허우적거리며 죽음의 공포를 맞이했을 고라니의 그날과 달리 카메라를 수거하는 5월 봄날의 예산 들녘은 평화로웠다.

언론의 지속적인 두드림으로 농어촌공사 예산지사가 움직이기 시작했다. 농수로에 임시로 야생동물 탈출시설을 설치하기로 한 것이다. 계단식과 경사로식 두 가지 유형을 고라니가 자주 발견되는 예당 간선농수로에 설치했다. 농어촌공사로부터 모니터링 협조요청을 받아서 야생동물이 탈출시설을 이용하는지 파악하기 위해 현장에 무인 센서 카메라를 설치했

농수로에 빠진 동물들. 모내기철 이외에 농수로 수심이 얕을 때는 서서히 죽어 간다.

다. 한 달간의 모니터링 결과 계단식 탈출시설에서는 야생동물의 이용을 확인하지 못했고, 경사형에서는 고라니가 탈출시설을 이용하여 안전하게 농수로 밖으로 빠져나가는 것을 확인했다. 샘플 수가 한정되어 일반화하기는 어렵지만 계단보다는 경사로가 야생동물 이용에 적합한 것으로 결론을 내렸다. 더욱이 계단형은 직각 형태여서 양서파충류와 같은 소형동물에게는 또 하나의 장벽으로 작동할 수 있다.

예산지사는 영구적인 탈출 경사로 시설을 만들었다. 폭 2미터, 길이 4미터, 경사 30도의 야생동물 농수로 탈출 구조물 9개가 설치되었다. 이번에도 경사로에 센서 카메라를 설치했다. 한 달 후 카메라에는 고라니, 수달,

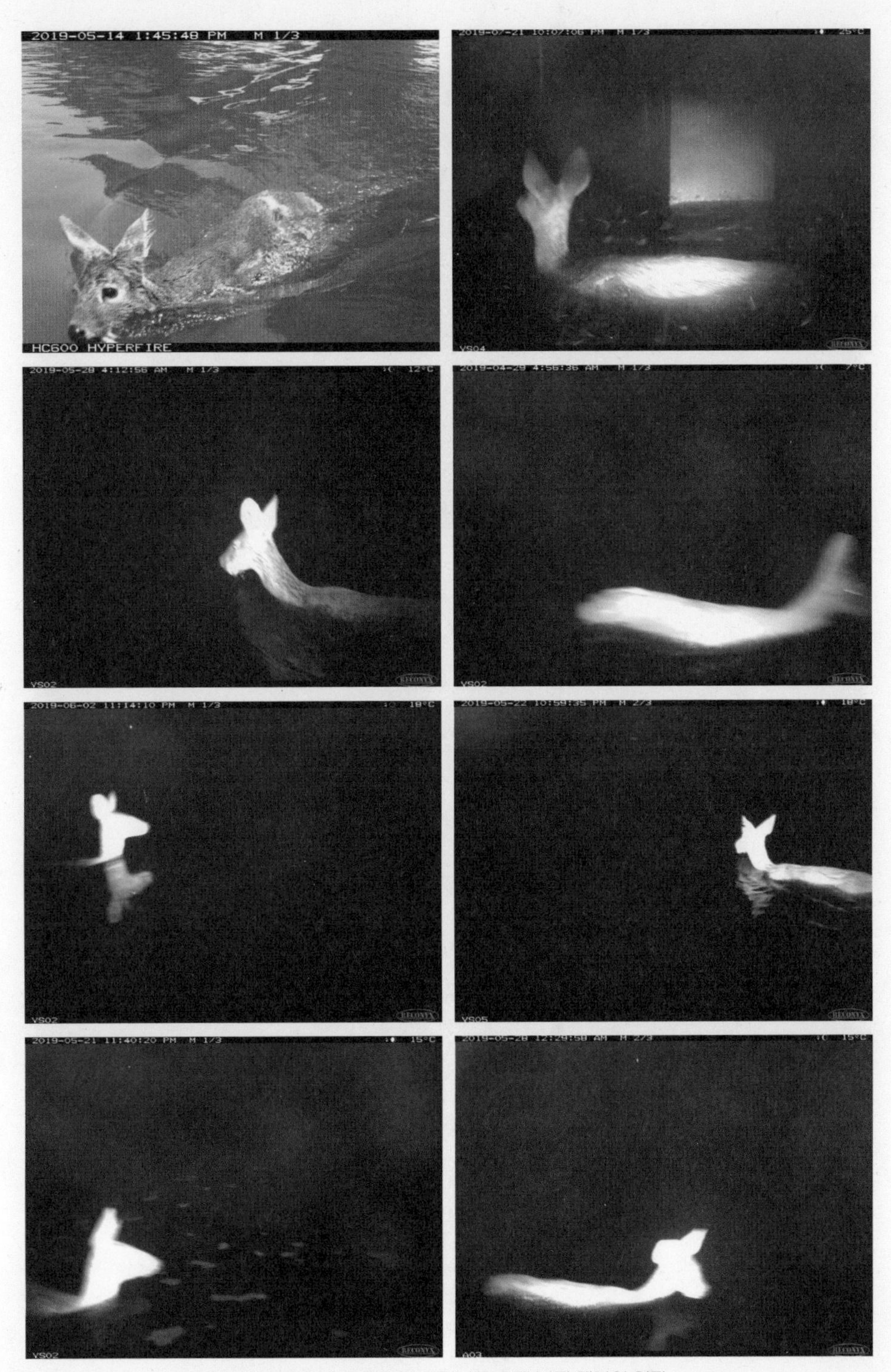

모내기철 농수로에 물을 대면 고라니도 오래 버틸 재간이 없다.

예산농수로에 설치된 탈출시설. 동물들을 살려낼 수 있을까?

삵, 고양이, 너구리가 탈출시설 경사로를 통해 농수로에서 빠져나오는 모습이 고스란히 담겨 있었다. 탈출시설을 인지하지 못하고 그냥 지나쳐 농수로에서 계속 헤매는 경우도 있었다.

모내기철이 되자 예당저수지의 수문이 열렸고, 탈출시설 상단까지 물이 차올랐다. 그 와중에 고라니 한 마리가 카메라에 들어왔다. 물이 불어난 농수로에서 둥둥 떠다니던 고라니가 운 좋게 탈출시설을 이용해서 살아 나왔다. 사진에는 없지만 고라니는 안도의 한숨을 내쉬며 물에 흠뻑 젖은 몸을 상하좌우로 떨며 물을 사방으로 튀겼을 것이다. 죽음의 문턱에 이르게 한 농수로와 여전히 흐르고 있는 물을 뒤로 한 채 유유히 논둑으로 걸어갔겠지.

그런데 예상치 못한 일이 일어났다. 탈출시설을 이용하여 농수로로 내려가는 경우가 있었다. 탈출시설이 동물들의 농수로 입장을 유도한 셈이다. 고라니, 삵, 수달이 자연스럽게 농수로로 내려가고 있었다. 너구리는 암수 한 쌍이 사이좋게 농수로로 내려갔다. 이는 중요한 시사점을 던져 주었다. 탈출시설을 특정 구간에만 설치할 경우 오히려 야생동물의 농

휴 살았다! 탈출시설을 이용해 농수로에서 빠져나오는 동물

너구리 / 고라니 / 고라니 / 삵 / 너구리 / 고양이

수로 진입과 폐사를 조장할 우려가 있다는 점이다. 탈출시설을 일정한 간격으로 농수로 전 구간에 설치하는 것이 답이었다. 아니면 한 방향으로만 열리는 문을 만들어 농수로로 내려가지 못하도록 막는 방법이 있다. 문제 해결에는 많은 시행착오가 따른다. 말 못하는 야생동물 문제는 더욱 그

렇다. 더 많은 주의를 기울이고 섬세하게 접근해야 한다. 갈 길이 멀지만, 한 발 한 발 문제해결에 다가가고 있다고 위안을 삼는다.

농민과 고라니의 반목과 갈등을 풀어야 할 때

농수로 조사를 진행하다가 농수로에 갇힌 고라니 3마리와 마주쳤다. 인간을 발견한 녀석들은 겁을 먹고 내가 걸어온 반대 방향으로 냅다 달린다. 충남야생동물구조센터에 신고하여 구조를 요청했다. 고라니의 고립은 사진으로 남은 과거가 아니고 현재진행형이었다. 조심스레 논두렁을 따라가서 도망간 고라니의 위치를 파악해 보니 그리 멀리 가진 않았다. 분명 농수로에 갇혀서 지쳐 있을 것이다.

급하게 현장에 출동한 야생동물구조센터 재활사들은 가슴장화를 신고 농수로로 뛰어들었다. 농수로에서의 구조에 익숙한 듯 준비과정이 능숙해 보였다. 길게 그물을 쳐서 한쪽 퇴로를 차단하고 고라니를 반대편에서 그물 쪽으로 몰아 포획을 시도하는 전략이었다. 고라니가 그물 쪽에 가까워질수록 재활사들의 발걸음도 빨라졌다. 사정거리에 들어오자 재활사들이 소리를 지르며 빠르게 몰아가자 화들짝 놀란 고라니가 냅다 반대편으로 뛰기 시작하다가 쳐 놓은 그물에 걸렸다. 호모 사피엔스가 네안데르탈인 등 다른 경쟁 종을 제치고 살아남을 수 있었던 것에는 이러한 역할 분담의 협동 사냥 전략이 한몫했으리라.

포획에 성공한 재활사는 그물에 걸려 버둥거리는 고라니를 안아 들고 농수로 밖으로 꺼냈다. 엉킨 그물을 풀어내는 동안 고라니는 고래고래 고함을 지른다. 그물을 풀어내는 재활사도 고라니도 이 시간이 더디고 길기만 했을 것이다. 그물을 다 풀어헤치고 꺼내 주니 고라니는 어리둥절하

농수로에 빠진 고라니 구조 현장. 팀워크가 중요하다. 충남야생동물구조센터에서 출동했다.

다가 조심스레 몇 발짝 디뎌 보더니 뒤도 안 돌아보고 냅다 달려 논을 가로질러 시야에서 사라졌다. 물론 고맙다는 인사는 없다. 어쩌면 세상에서 가장 간결하면서도 깔끔한 이별이다. 이제 남은 두 마리의 구조가 남았다. 재활사들은 다시 농수로 아래로 내려갔다.

이때 농민 한 분이 등장했다. 왜 저런 몹쓸 동물을 구조하냐고, 구조해서 여기다 풀지 말라고 소리친다. 불똥이 구조과정을 지켜보던 나에게 튀었다. 나는 구조센터 직원이 아니라고 말하고 상황을 모면하고 싶었지만 마음을 고쳐먹고 욕받이를 자청했다. 돌을 던지면 맞아야 한다. 이렇게라도 양껏 소리 질러서 조금이라도 풀리시기를. 때론 거친 논쟁보다 철저하게 패배함으로써 상대의 감정을 풀어주는 것이 좋을 때도 있다. 한쪽에서는 살리려 하고, 한쪽에서는 죽이라 하고, 그 중간에 고라니는 살기 위해 죽도록 뛴다. 모순의 악다구니 속에서 야생동물구조센터에 신고한 자의 마음은 한없이 무겁다.

고라니는 왜 이렇게 미운 털이 박혔을까. 사람과 야생동물의 갈등은 어제 오늘 일이 아니다. 인류가 지구상에 출현하면서부터 시작된 오랜 숙제다. 농부 입장에서는 고생하여 일군 곡식과 열매를 무전취식하는 야생동물이 미울 수밖에 없다. 미움은 쌓여 곧 증오로 바뀐다. 먹는 양도 먹는 양이지만, 상품성을 떨어뜨리는 것이 더 큰 문제다. 고라니는 다 먹지도 않을 거면서 여기저기 부리질, 입질을 하여 도무지 팔 수 없게 만든다. 꼭두새벽부터 일어나 흘린 땀, 모종 값, 비료 값, 도시로 나간 자식들의 학자금 대출까지 갖은 생각이 출고를 앞둔 열매의 생채기 앞에서 아른거릴 것이다.

야생동물 입장에서는 양질의 먹을 것 지천인 농경지가 엄청나게 매력적인 먹이터다. 하루 종일 부지런히 돌아다니며 먹이를 찾아다녀도 허기를 채우기 어려운 판에, 숲을 조금만 벗어나면 만날 수 있는 농경지는 맛있는 먹이가 한 곳에 빽빽하게 들어차 있어 순식간에 배를 불릴 수 있는 공간이다. 에너지 사용을 최소화하면서도 양질의 먹이를 한꺼번에 취할 수 있다. 정규교육 코스를 밟지 않은 동물은 자본론이며, 사유재산의 의미며, 시장경제체제를 도저히 이해할 길이 없다. "저 잘 익은 과일은 농부 아저씨가 지난 1년간 애써 가꿔서 백화점 식품관으로 팔려갈 수 있는 특A 플러스 등급이니 손대지 말아야 해."라고 알아차리면 좋으련만. 탐스럽게 잘 익은 과일은 본능적으로 가장 먼저 입질할 수밖에 없는 매력적인 먹이다.

거대한 생태계 시스템 안에서 종간 경쟁과 상호작용은 피할 수 없는 숙명이다. 우리는 종종 자각하지 못하고 있지만 인간도 먹이사슬 가운데에 있는 생태계의 일원이며 구성원이다. 인간의 것이라 칭하는 농작물도 햇살, 비, 구름, 흙, 거름이 만들어 낸 자연의 작품이다. 거기에 농부의 피와 땀이 어우러져 식탁 위 풍성한 밥 한 끼가 만들어진다. 사람의 먹고사는 문제만큼이나 동물들에게도 먹고사는 문제는 절실하다. 먹고살려는 거부할 수 없는 숙명에서 갈등은 발생한다. 제아무리 만물의 영장이라 해도 다른 생명체의 기본적인 욕구를 거세할 권리는 없다.

태풍, 지진, 홍수, 해일 등과 같은 자연재해처럼 야생동물에 의한 농작물 피해도 하나의 자연재해 측면에서 접근해 봐야 한다. "피할 수 없다면 즐겨라."까지는 아니고, 어차피 함께 살아가야 한다면 서로의 존재를 존중하고 공존을 위한 노력이 필요하다. 이성과 지성이라는 놀라운 능력을 가진 인류가 먼저 그 손을 내밀어야 한다.

우선 야생동물 피해에 대한 적극적인 피해구제 방안을 마련해야 한다. 침입방지 울타리, 전기 울타리 설치와 같이 농작물 피해 저감시설 설치를 적극적으로 지원하고, 피해를 입었을 경우에는 합리적인 보상체계 마련을 통해 농민들의 피해를 경감해 주는 것이 바람직하다. 현재도 보상제도가 있으나 농민이 직접 피해를 증명하고, 민원 신청을 위해 이리저리 뛰어다녀야 한다. 보상액도 현실적인 피해액에 미치지 못하는 경우가 파다하다. 지자체마다 피해 및 보상액 산정기준이 달라 객관성 확보도 어렵다. 피해자가 수긍할 수 있는 세심한 정책 전환과 적용이 필요하다.

행정안전부는 보험료의 일부를 국가 및 지자체에서 보조하는 풍수해보험을 정책적으로 시범 도입한 바 있다. 이 같은 풍수해보험 정책을 야생동물의 농작물 피해에도 적용하면 어떨까? 국가나 지자체가 실제 피해액을 평가한 후 합리적 보상기준에 따라 농민에게 현실적인 보상을 하는 것이다. 이런 공적보험을 통해 농민은 수확에 대한 불확실성과 걱정을 줄일 수 있고, 야생동물과의 오랜 반목도 풀 수 있지 않을까. 이러한 정책적 전환에 앞서 우선시되어야 하는 것은 사회적 합의와 국민들의 인식변화다. 전우익 선생의 책 제목이 떠오른다. 《혼자만 잘살면 무슨 재민겨》.

야생에 대한 최소한의 예의

농수로에서의 뜻하지 않은 야생동물의 죽음과 생물다양성 감소와 같은 생태적 위해성을 줄이려면 어떻게 해야 할까? 생태적 연결성을 해치지 않는 생태친화적인 농수로 설치로의 전환이 시급해 보인다. 아직 갈 길이 멀긴 하지만 도로가 일으키는 생태적 부작용은 그 심각성과 해결의 필요성에 대해 사회적인 공감대가 어느 정도 형성되어 있다. 그에 반해 농수로로 인한 생명의 죽음은 아직 국민들에게 생소한 개념이다. 매일 다니는 길에서 일어나는 문제도 아니고, 사체를 직접 눈으로 보는 기회도 적다. 하지만 낮은 인지도와는 별개로 콘크리트 농수로가 이 땅의 생명들에게 미치는 영향은 결코 적지 않다. 지금 이 시간에도 농수로에 갇혀 애타게 버둥거리는 생명체가 무수히 많다.

신규 농수로 설치 시 야생동물 탈출시설 설치를 의무화해야 한다. 기존 농수로에 대해서도 개보수를 통해 탈출시설 설치를 확대해 나가야 한다. 그러나 이러한 노력은 미봉책이다. 근본적인 해결책은 되지 못한다.

더 이상 기존 흙 수로를 콘크리트 수로로 바꾸지 말자. 흙 수로의 가장 큰 단점 중 하나가 지하로 스며드는 물의 손실량이 많다는 것이다. 그런데 한 가지 의문이 남는다. 토양에 흡수되는 물을 단순히 손실되는 것으로 단정지어도 될 것인가. 흙에 스며드는 물은 결국 지하수가 된다. 콘크리트 농수로는 당장에 쓸 수 있는 용수 확보에는 유리하지만 지하수 함양 가능성은 차단하므로 결국엔 조삼모사일 수 있다.

관행적으로 해마다 진행되는 콘크리트 수로 설치 사업에 대한 재검토가 필요한 시점이다. 무고한 생명들에 대한 살생을 이어갈 순 없지 않은가. 수리수문학적인 농경지 용수 관리와 생물다양성 보전 사이에서의 활발한 논의가 필요해 보인다. 물론 준설 및 수초제거 비용 등 유지관리 측면의 어려움도 있다. 흙 수로가 가진 생물다양성 보전과 생태계 서비스 측면에서의 강점이 과연 관리상의 어려움을 상쇄시킬 수 있는지 고민해 봐야 한다. 불편함을 감수하면서 생물다양성 보전을 위한 노력을 이행하면 주민에게 인센티브를 제공하는 '생물다양성 관리 계약'의 도입도 하나의 대안이 될 것이다. 이미 철새 먹이 제공을 위한 볏짚 존치, 둠병 조성, 겨울철 무논 조성 등이 적용되고 있으니 흙 수로 보존에도 활용해 봄 직하다.

그럼에도 불구하고 콘크리트 수로가 불가피하게 필요하다면 기존의 ㄷ자형의 수직 벽면보다 V자형으로 벽면에 비스듬한 경사를 주어 야생동물이 쉽게 탈출할 수 있도록 한다.

사람은 생물학적으로 종속영양생물에 속한다. 광합성이나 화학합성을 하는 능력을 가진 독립영양생물인 식물과 달리 탄소원을 체외로부터 받아들이는 유기화합물에 의존하는 존재다. 살아남기 위해선 끊임없이 다른 생명체로부터 영양분을 구해야 한다는 의미다. 우리 몸을 구성하는 원자와 분자는 모두 다른 생명으로부터 온 것이다. 결국 다른 생명의 죽음을 딛고 우리는 삶을 이어간다.

그런데 문제는 먹고살기 위해 다른 생명을 취하는 경우를 차치하고라도 다른 생명의 목숨을 앗아가는 경우가 많다는 것이다. 앞서 언급한 로드킬과 농수로로 인한 죽음이 그렇다. 슬프게도 조류의 유리창 충돌, 폐그물과 어구로 인한 해양생물의 죽음, 박쥐와 조류의 풍력발전기 충돌, 선박과 해양동물의 충돌 등 피해 실태가 다 드러나지 않은 살상이 지구 곳곳에서 일어나고 있다.

허망한 죽음을 줄여 나가는 일은 인류 앞에 놓인 중요한 숙제다. 지구라는 조그만 별을 나눠 쓰는 운명 공동체로서 서로에 대한 이해와 배려가 필요하다. 현재는 인간 한 종으로 인해 다른 생물이 일방적으로 참고

직각 형태(위) 대신 V자형(아래)으로 설치하면 고립에 의한 야생동물 폐사를 막을 수 있다.

당하고 양보하기만 하는 상황이다. 인류의 지성과 지혜를 모아 문제해결 능력을 보여 줄 때다. 그것이 야생에 대한 최소한의 예의다. 해 저무는 예산 들녘에서 생각이 길어졌다.

농수로의 비극은 미제로 남지 않을 것이다

오늘도 밥을 먹는다. 우리 조상님들이 그토록 바라마지 않았던 흰쌀밥에 고깃국이다. 쌀 한 톨이라도 싹싹 긁어 깨끗하게 먹지 않으면 혼쭐을 냈던 할매의 가르침이 있었기에, 반찬과 국은 남길지라도 결코 밥은 남기지 못한다. 밥풀 하나라도 건지기 위해 마지막엔 밥그릇을 바지런히 핥는다.

이제야 밥 한 공기에는 농부들의 피와 땀방울뿐 아니라, 동물들의 눈물도 담겨 있음을 알았다. 생명사상가 장일순 선생의 말처럼 나락 한 알 속에는 우주가 있다.

다시 영화 〈살인의 추억〉. 연쇄살인의 범인을 잡지 못한 형사 박두만은 회의를 느끼고 형사 생활을 그만둔다. 16년이 지난 후 최초 희생자 발견 장소를 지나게 되자 차에서 내려 그때의 그 농수로를 살펴본다. 지나가던 여자 아이가 "얼마 전에도 어떤 아저씨가 이 구멍 속 들여다보고 있었는데"라고 한다. 박두만은 남자의 인상착의를 묻는다. 하지만 여자 아이는 "그냥 평범해요."라는 말만 할 뿐이다. 그 말을 들은 박두만이 충격을 받은 표정으로 관객석을 응시하면서 영화는 끝이 난다. 이 엔딩신은 악의 평범성을 이야기하려 했던 것일까. 그저 평범하게 보이는 농수로가 수많은 생명의 무덤이 되고 있다. 나 또한 미제사건을 해결하려는 형사처럼 호기롭게 달려들었지만 박두만처럼 어설펐고, 찜찜함을 남긴 채 연구를 마무리했다.

농수로가 매우 중요한 국가 기간 시설이라는 사실은 변함이 없다. 어제 먹었고, 오늘 먹고 있고, 내일도 먹을 밥 한 그릇에는 농수로의 지분도 상당하다. 농수로가 '야생동물 살생의 추억'이라는 멍에를 벗고 한국인을 먹여 살리는 중요하고 정정당당한 농업 구조물로 거듭나면 좋겠다.

영구 미제사건으로 남을 것 같았던 화성 연쇄살인사건은 2019년에 과학수사의 발전과 실제 범인의 자백으로 진범이 밝혀졌다. 연쇄살인사건의 범인이라는 누명을 쓰고 억울한 옥살이를 했던 분의 복권도 이루어졌다. 진실이 밝혀지고 명예를 회복하기까지 많은 시간이 걸렸다. 마찬가지로 농수로에서의 야생동물 죽음의 문제도 해결될 것이다. 다만 그때까지 시간이 길지 않기를. 그사이에 동물들의 허망한 죽음은 계속해서 이어질 것이므로. 농수로의 명예회복과 복권을 꿈꾼다. 더욱 떳떳한 밥 한 숟가락 들 수 있기를.

2장

1

Grassman, L. I., Tewes, M. E., and Silvy, N.. 2005. Ranging, habitat use and activity patterns of binturong *Arctictis binturong* and yellow-throated marten *Martes flavigula* in north-central Thailand. *Wildlife Ecology*. 11(1): pp. 49-57.

3

Beier, P.. 1995. "Dispersal of juvenile Cougars in fragmented habitat." *The Journal of Wildlife Management* 59(2): pp. 228~237.

Clobert, J. D., Baguette, M., Benton, T. G., and Bullock, J. M.. 2012. *Dispersal ecology and evolution*. Oxford: Oxford University Press.

4

변희룡·최기선·김기훈·전중박. 2004. 〈재약산 얼음골에 나타나는 온혈의 특징과 열적기구〉.《한국기상학회지》40(4): 453~465쪽.

Bicik, V., Foldynova, S., and Matyast ı k, T.. 2000. "Distribution and habitat selection of badger *Meles meles* in Southern Moravia," *Acta Universitatis Palackianae Olomucensis Biologica* 38: pp. 29~40.

Heptner, V. G. and Sludskii, A. A.. 2002. *Mammals of the Soviet Union* Vol. II, part 1b. Washington, D.C. Smithsonian Institution Labraries and National Science Foundation.

Hutchings, M. R. and White, P. C. L.. 2000. "Mustelid scent marking in managed ecosystems: implications for population management." *Mammal Review* 30: pp. 157~169.

Kaneko, Y., Maruyama, N., and Macdonal, D. W.. 2006. "Food habits and habitat selection of suburban badger in Japan." *Journal of Zoology* 270(1): pp. 78~89.

Parr, J. W. K. and Duckworth, J. W.. 2007. "Notes on diet, habituation and sociality of Yellow-throated marten *Martes flavigula*." *Small Carnivore Conservation* 36: pp. 27~29.

Newman, C., Zhou, Y. B., Buesching, C. D., Kaneko, Y., and Macdonald, D. W.. 2011. "Contrasting Sociality in Two Widespread, Generalist, Mustelid Genera, *Meles* and *Martes*." *Mammal Study* 36(4): pp. 169~188.

Powell, R. A.. 1979. "Mustelid Spacing Patterns: Variations on a Theme by Mustela." *Ethology* 50(2): pp. 153~65.

Smith, A. C. and Shaefer, J. A.. 2002. "Home-range size and habitat selection by American marten (*Martes americana*) in Labrador." *Canadian Journal of Zoology*

80(9) : pp. 1602~1609.

Zalewski, A., and Jedrzejewski, W.. 2006. "Spatial organisation and dynamics of the pine marten Martes martes population in Bia łowieza Forest (E Poland) compared with other European woodlands." *Ecography* 29(1) : pp. 31~43.

Zhou, Y. B., Slade, E., Newman, C., Wang, X. M., and Zhang, S. Y.. 2008. "Frugivory and seed dispersal by the yellow-throated marten, *Martes flavigula*, in a subtropical forest of China." *Journal of Tropical Ecology* 24(2): pp. 219~223.

5

강희근. 2004.《산청함양사건의 전말과 명예회복》.

경상남도사편찬위원회. 2020.《산청함양사건 희생자 유족회 경상남도사》.

6

Olson, D. D., Bissonette, J. A., Cramaer, P. C., Bunnell, K. D., Coster, D. C., and Jackson, P. J.. 2014. "Vehicle Collisions Cause Differential Age and Sex-Specific Mortality in Mule Deer." *Advanced Ecology*.

7

김정진·김선두·강재구·김종갑·문현식. 2011. 〈지리산국립공원에 방사된 반달가슴곰의 행동권 분석〉.《농업생명과학연구》45(5): 41~46쪽.

양두하·김보현·정대호·정동혁·정우진·이배근. 2008. 〈지리산에 방사한 반달가슴곰의 행동권 크기 및 서식지 이용 특성 연구〉.《한국환경생태학회지》22(4): 427~434쪽.

우동걸. 2010. 〈서울 강서습지생태공원에 서식하는 삵과 너구리의 서식지 보전계획〉. 서울대학교 대학원 석사학위논문.

이성민. 2013. 〈경남 거창 멧돼지의 행동권, 식이물 및 농작물 피해 분석〉. 서울대학교 대학원 석사학위논문.

최태영·박종화. 2006. 〈농촌 지역의 너구리 행동권〉.《한국환경생태학회지》29(3): 259~263쪽.

최태영·이윤수·박종화. 2006. 〈지리산의 멧돼지 행동권〉.《한국생태학회지》29(13): 253~257쪽.

최태영·권혁수·우동걸·박종화. 2012. 〈농촌지역 삵의 서식지 선택과 관리방안〉.《한국환경생태학회지》26(3): 322~332쪽.

최태영·이상규·우동걸. 2019. 〈원격무선추적과 카메라트래핑을 이용한 오소리의 공간이용 특성 연구: 행동권과 동면굴 이용을 중심으로〉.《한국지적정보학회지》21(3): 151~163쪽.

8

Dugatkin, L. A.. 1997. *Cooperation among animals An evolutionary perspective*. New York: Oxford University Press.

3장

2

경찰청 통계. 2021년 6월.

박종화·최태영·최동기·최천권·권혁수·이윤수·이용욱·김영준·이오선·최명선. 2007. 〈도로의 야생동물 서식지 단절 정도의 분석과 road-kill의 원인 분석에 따른 도로유형별 · 동물종별 관리 기법 개발〉. 서울대 환경계획연구소.

산림청 통계. 2013년 12월.

최태영. 2016. 〈도로 위의 야생동물〉. 충청남도 서천. 국립생태원.

행정안전부 통계. 2012년 12월.

Bissonette, J. A., Lehnet, M. E., and Harrison, M.. 2000. "Lanes of Destruction: Effectiveness of Highway Right-of-Way Escape Structures for Mule Deer." Proceedings of the 7th Annual Meeting of the Wildlife Society.

3

제5차 국토종합계획. 2019. 대한민국정부.

스테이트팜 홈페이지. www.statefarm.com.

Beckmann, J. P., Clevenger, A. P., Huijser, M. C., and Hilty, J. A.. 2010. *Safe Passages. Washington*. Island Press.

Clevenger, A. P., Chruszcz, B., and Gunson, K.. 2001. "Drainage culverts as habitat linkages and factors affecting passage by mammals." *Journal of Applied Ecology* 38(6) : pp. 1340~1349.

Danielson, B. J. and Hubbard, M. W.. 1998. "A Literature Review for Assessing the Status of Current Methods of Reducing Deer Vehicle Collisions." Report for The Task Force on Animal Vehicle Collisions, The Iowa Department of Transportation, and The Iowa Department of Natural Resources.

Huijser, M. P., McGowen, P., Hardy, A., and Kociolek, A.. 2008. "A Wildlife-Vehicle Collision Reduction Study: Best Practices Manual: Report to Congress." Federal Highway Administration.

Katz, B. J., Rousseau, G. K., and Warren, D. L.. 2003. "Comprehension of warning and regulatory signs for speed." In: Proceedings of the 73rd Institute of Transportation Engineers Annual Meeting and Exhibit. Seattle.

Kistler, R.. 1998. "Wissenschaftliche Begleitung der Wildwarnanlagen Calstrom WWA-12-S. Juli 1995-November 1997." *Schlussbericht*. Infodienst Wildbiologie & Oekologie: Zürich, Switzerland.

Kloeden, C. N., McLean, A. J., Moore, V. M., and Ponte, G.. 1997. "Traveling Speed and the Risk of Crash Involvement." Volume 1—Findings. NHMRC Road Accident Research Unit. University of Adelaide, Australia. CR 172. Federal Office of Road Safety, Canberra, Australia.

Knox, E. G.. 1989. "Detection of clusters. In Elliott P (ed) Methodology of enquiries into disease clustering." Small Area Health Statistics Unit, London.

Hammond, C. and Wade, M. G.. 2004. "Deer Avoidance: The Assessment of Real World Enhanced Deer Signage in a Virtual Environment." Final Report. Minnesota Department of Transportation.

Huijser, M. P., Gunson, K. E., and Abrams, C.. 2006. "Animal Vehicle Collisions and Habitat Connectivity Along US Highway 83 in the Seeley-Swan Valley: A Reconnaissance." FHWA/MT-06-002/8177. Western Transportation Institute, Montana State University.

Laubscher, L. L., Pitts, E. N., Raath, P. J., and Hoffman, C. L.. 2015. "Non-chemical techniques used for the capture and relocation of wildlife in South Africa." *African Journal of Wildlife Research* 45(3): pp. 275~286.

Lester, D.. 2015. "Effective Wildlife Roadkill Mitigation." *Journal of Traffic and Transportation Engineering* 3: pp. 42~51.

Pojar, T. M., Prosence, R. A., Reed, D. F., and Woodard, T. N.. 1975. "Effectiveness of a lighted, animated deer crossing sign." *Journal of Wildlife Management* 39: pp. 87~91.

Reeve, A. F. and Anderson, S. H.. 1993. "Ineffectiveness of Swareflex reflectors at reducing deer vehicle collisions." *Wildlife Society Bulletin* 21: pp. 127~132.

Rytwinski, T., Soanes, K., Jaeger, J. A., Fahrig, L., Findlay, C. S., Houlahan, J., and van der Grift, E. A.. 2016. "How effective is road mitigation at reducing road-kill? A meta-analysis." *PLoS one* 11(11), e0166941.

Spellerberg, I.. 1998. "Ecological effects of roads and traffic: a literature review." *Global Ecology & Biogeography Letters* 7(5): pp. 317~333.

Stull, W. D., Gulsby, D. W., and Martin, A. J., D'angelo, J. G., Gallagher, R. G., Osborn, A. D., Warren, J. R., and Miller, V. K.. 2011. "Comparison of fencing designs for excluding deer from roadways." *Human-Wildlife Interactions* 5(1): pp. 47~57.

Ujvari, M., Baagoe, H. J., and Madsen, A. B.. 1998. "Effectiveness of wildlife warning reflectors in reducing deer vehicle collisions: a behavioral study." *Journal of Wildlife Management* 62: pp. 1094~1099.

Vercauteren, C. K., Vandeelen, R. T., Lavelle, J. M., and Hall, W.. 2010. "Assessment of Abilities of White-Tailed Deer to Jump Fences." *Journal of Wildlife Management* 74(6): pp. 1378~1381.

4

농어촌공사. 2019.《농업생산기반통계연보》.

농어촌공사. 2004. 〈물부족 시대에 대비한 절약형 농업수로 관리기법에 관한 연구〉.

감사의 말

특별히 감사의 말씀을 전할 분들이 있습니다.

최태영 박사님을 통해 담비의 세계에 입문하게 되었고, 많은 가르침을 받았습니다. 평소에 마음을 표현하지 못했습니다. 이 자리를 빌려 비로소 감사 인사를 드립니다. 은사님이신 박종화 교수님께 감사드립니다. 학문적으로뿐만 아니라 인격적으로 존경할 수 있는 분을 지도 교수님으로 모신 점은 크나큰 행운입니다. 책공장더불어 김보경 대표님의 애정 어린 관심이 없었으면 책 마무리는 불가능했습니다. 중간에 자꾸 도망가려는 저를 잡아 끌고 원고 앞으로 인도해 주었습니다. 주말마다 책 쓴답시고 방안에 틀어박힌 서생을 가벼운(?) 타박만으로 용서해 준 아내에게 고마움을 전합니다. 과연 살아 있는 보살입니다.

담비의 협동 사냥처럼 생태연구도 결코 혼자 할 수 없습니다.

연구와 현장조사에 많은 분들의 도움을 받았습니다.

강정호, 강완모, 고영진, 길지현, 김경민, 김선명, 김수연, 김수호, 김영준, 김영채, 김지숙, 박경화, 박그림, 박종준, 박준영, 박진영, 박태진, 박한강, 박희복, 방기정, 백승윤, 서동수, 서범석, 서재철, 서현진, 서형수, 송정석, 송의근, 안병덕, 양경술, 오대현, 유판열, 이상규, 이성민, 이성훈, 이은옥, 이정연, 이정현, 이혜림, 임정은, 전소진, 정동혁, 정성은, 정현경, 조범준, 조회은, 차현기, 최동기, 최상두, 최재형, 최천권, 최현명, 하병주, 하정옥, 황기영, 황주선

여러 관련 기관의 도움을 받았음은 물론입니다.

강원야생동물구조센터
국립공원공단
국립생태원
국립환경과학원
녹색연합
뉴스사천
서울대공원
서울대 환경계획연구소
서울특별시 한강사업본부
야생동물소모임
울산야생동물구조센터
전남야생동물구조센터
충남야생동물구조센터
한국도로공사
한국조류보호협회 철원지회
환경부
Martes Working Group

마지막으로 오늘도 길가를 맴도는 생명들에게
나태주 시인의 말을 빌려 인사를 전합니다.

가을이다. 부디 아프지 마라.

2021년 가을 금강하구에서
우동걸 드림

책공장더불어의 책

야생동물병원 24시

(어린이도서연구회에서 뽑은 어린이·청소년 책, 한국출판문화산업진흥원 청소년 북토큰 도서)

로드킬 당한 삶, 밀렵꾼의 총에 맞은 독수리, 건강을 되찾아 자연으로 돌아가는 너구리 등 대한민국 야생동물이 사람과 부대끼며 살아가는 슬프고도 아름다운 이야기.

동물복지 수의사의 동물 따라 세계 여행

(환경정의 청소년 올해의 환경책, 한국출판문화산업진흥원 중소출판사 우수콘텐츠 제작지원 선정, 학교도서관저널 추천도서)

동물원에서 일하던 수의사가 동물원을 나와 세계 19개국 178곳의 동물원, 동물보호구역을 다니며 동물원의 존재 이유에 대해 묻는다. 동물에게 윤리적인 여행이란 어떤 것일까?

동물원 동물은 행복할까?

(환경부 선정 우수환경도서, 학교도서관저널 추천도서)

동물원 북극곰은 야생에서 필요한 공간보다 100만 배, 코끼리는 1,000배 작은 공간에 갇혀 살고 있다. 야생동물보호운동 활동가인 저자가 기록한 동물원에 갇힌 야생동물의 참혹한 삶.

동물 쇼의 웃음 쇼 동물의 눈물

(한국출판문화산업진흥원 청소년 권장도서, 한국출판문화산업진흥원 청소년 북토큰 도서)

동물 서커스와 전시, TV와 영화 속 동물 연기자, 투우, 투견, 경마 등 동물을 이용해서 돈을 버는 오락산업 속 고통받는 동물들의 숨겨진 진실을 밝힌다.

고등학생의 국내 동물원 평가 보고서

(환경부 선정 우수환경도서)

인간이 만든 '도시의 야생동물 서식지' 동물원에서는 무슨 일이 일어나고 있나? 국내 9개 주요 동물원이 종보전, 동물복지 등 현대 동물원의 역할을 제대로 하고 있는지 평가했다.

고통받은 동물들의 평생 안식처 동물보호구역

(환경부 선정 우수환경도서, 환경정의 올해의 어린이 환경책, 한국어린이교육문화연구원 으뜸책)

고통받다가 구조되었지만 오갈 데 없었던 야생동물의 평생 보금자리. 저자와 함께 전 세계 동물보호구역을 다니면서 행복하게 살고 있는 동물을 만난다.

인간과 동물, 유대와 배신의 탄생

(환경부 선정 우수환경도서, 환경정의 선정 올해의 환경책)

미국 최대의 동물보호단체 휴메인소사이어티 대표가 쓴 21세기 동물해방의 새로운 지침서. 농장동물, 산업화된 반려동물 산업, 실험동물, 야생동물 복원에 대한 허위 등 현대의 모든 동물학대에 대해 다루고 있다.

동물학대의 사회학

(학교도서관저널 올해의 책)

동물학대와 인간폭력 사이의 관계를 설명한다. 페미니즘 이론 등 여러 이론적 관점을 소개하면서 앞으로 동물학대 연구가 나아갈 방향을 제시한다.

동물주의 선언

(환경부 선정 우수환경도서)

현재 가장 영향력 있는 정치철학자가 쓴 인간과 동물이 공존하는 사회로 가기 위한 철학적·실천적 지침서.

동물노동

인간이 농장동물, 실험동물 등 거의 모든 동물을 착취하면서 사는 세상에서 동물노동에 대해 묻는 책. 동물을 노동자로 인정하면 그들의 지위가 향상될까?

사향고양이의 눈물을 마시다

(한국출판문화산업진흥원 우수출판 콘텐츠 제작지원 선정, 환경부 선정 우수환경도서, 학교도서관저널 추천도서, 국립중앙도서관 사서가 추천하는 휴가철에 읽기 좋은 책, 환경정의 올해의 환경책)

내가 마신 커피 때문에 인도네시아 사향고양이가 고통받는다고? 내 선택이 세계 동물에게 미치는 영향, 동물을 죽이는 것이 아니라 살리는 선택에 대해 알아본다.

동물은 전쟁에 어떻게 사용되나?

전쟁은 인간만의 고통일까? 자살폭탄 테러범이 된 개 등 고대부터 현대 최첨단 무기까지, 우리가 몰랐던 동물 착취의 역사.

똥으로 종이를 만드는 코끼리 아저씨

(환경부 선정 우수환경도서, 한국출판문화산업진흥원 청소년 권장도서, 서울시교육청 어린이도서관 여름방학 권장도서, 한국출판문화산업진흥원 청소년 북토큰 도서)

코끼리 똥으로 만든 재생종이 책. 코끼리 똥으로 종이와 책을 만들면서 사람과 코끼리가 평화롭게 살게 된 이야기를 코끼리 똥 종이에 그려냈다.

동물들의 인간 심판

(대한출판문화협회 올해의 청소년 교양도서, 세종도서 교양 부문, 환경정의 청소년 환경책, 아침독서 청소년 추천도서, 학교도서관저널 추천도서)

동물을 학대하고, 학살하는 범죄를 저지른 인간이 동물 법정에 선다. 고양이, 돼지, 소 등은 인간의 범죄를 증언하고 개는 인간을 변호한다. 이 기묘한 재판의 결과는?

동물에 대한 예의가 필요해

일러스트레이터인 저자가 지금 동물들이 어떤 고통을 받고 있는지, 우리는 그들과 어떤 관계를 맺어야 하는지 그림을 통해 이야기한다. 냅킨에 쓱쓱 그린 그림을 통해 동물들의 목소리를 들을 수 있다.

황금 털 늑대

공장에 가두고 황금빛 털을 빼앗는 인간의 탐욕에 맞서 늑대들이 마침내 해방을 향해 달려간다. 생명을 숫자가 아니라 이름으로 부르라는 소중함을 알려주는 그림책.

물범 사냥

(노르웨이국제문학협회 번역 지원 선정)

북극해로 떠나는 물범 사냥 어선에 감독관으로 승선한 마리는 낯선 남자들과 6주를 보내야 한다. 남성과 여성, 인간과 동물, 세상이 평등하다고 믿는 사람들에게 펼쳐 보이는 세상.

후쿠시마에 남겨진 동물들

(미래창조과학부 선정 우수과학도서, 환경부 선정 우수환경도서, 환경정의 청소년 환경책)

2011년 3월 11일, 대지진에 이은 원전 폭발로 사람들이 떠난 일본 후쿠시마. 다큐멘터리 사진 작가가 담은 '죽음의 땅'에 남겨진 동물들의 슬픈 기록.

후쿠시마의 고양이

(한국어린이교육문화연구원 으뜸책)

동일본 대지진 이후 5년. 사람이 사라진 후쿠시마에서 살처분 명령이 내려진 동물을 죽이지 않고 돌보고 있는 사람과 함께 사는 두 고양이의 모습을 담은 사진집.

동물을 위해 책을 읽습니다

(한국출판문화산업진흥원 출판 콘텐츠 창작자금지원사업 선정)

우리는 동물이 인간을 위해 사용되기 위해서만 존재하는 것처럼 살고 있다. 우리가 사랑하고, 입고, 먹고, 즐기는 동물과 어떤 관계를 맺어야 할까? 100여 편의 책 속에서 길을 찾는다.

동물을 만나고 좋은 사람이 되었다

(한국출판문화산업진흥원 출판 콘텐츠 창작자금지원사업 선정)

개, 고양이와 살게 되면서 반려인은 동물의 눈으로, 약자의 눈으로 세상을 보는 법을 배운다. 동물을 통해서 알게 된 세상 덕분에 조금 불편해졌지만 더 좋은 사람이 되어 가는 개·고양이에 포섭된 인간의 성장기.

유기동물에 관한 슬픈 보고서

(환경부 선정 우수환경도서, 어린이도서연구회에서 뽑은 어린이·청소년 책, 한국간행물윤리위원회 좋은 책, 어린이문화진흥회 좋은 어린이책)

동물보호소에서 안락사를 기다리는 유기견, 유기묘의 모습을 사진으로 담았다. 인간에게 버려져 죽임을 당하는 그들의 모습을 통해 인간이 애써 외면하는 불편한 진실을 고발한다.

유기견 입양 교과서

유기견을 도우려는 사람을 위한 전문적인 정보·기술·지식을 담았다. 버려진 개의 마음 읽기, 개가 보내는 카밍 시그널과 몸짓언어, 유기견 맞춤 교육법, 입양 성공법 등이 담겼다.

버려진 개들의 언덕

(학교도서관저널 추천도서)

인간에 의해 버려져서 동네 언덕에서 살게 된 개들의 이야기. 새끼를 낳아 키우고, 사람들에게 학대를 당하고, 유기견 추격대에 쫓기면서도 치열하게 살아가는 생명들의 2년간의 관찰기.

순종 개, 품종 고양이가 좋아요?

사람들은 예쁘고 귀여운 외모의 품종 개, 고양이를 좋아하지만 많은 품종 동물이 질병에 시달리다가 일찍 죽는다. 동물복지 수의사가 반려동물과 함께 건강하게 사는 법을 알려준다.

채식하는 사자 리틀타이크

(아침독서 추천도서, 교육방송 EBS 〈지식채널e〉 방영)

육식동물인 사자 리틀타이크는 평생 피 냄새와 고기를 거부하고 채식 사자로 살며 개, 고양이, 양 등과 평화롭게 살았다. 종의 본능을 거부한 채식 사자의 9년간의 아름다운 삶의 기록.

실험 쥐 구름과 별

동물실험 후 안락사 직전의 실험 쥐 20마리가 구조되었다. 일반인에게 입양된 후 평범하고 행복한 시간을 보낸 그들의 삶을 기록했다.

대단한 돼지 에스더

(환경부 선정 우수환경도서, 학교도서관저널 추천도서)

인간과 동물 사이의 사랑이 얼마나 많은 것을 변화시킬 수 있는지 알려주는 놀라운 이야기. 300킬로그램의 돼지 덕분에 파티를 좋아하던 두 남자가 채식을 하고, 동물보호 활동가가 되는 놀랍고도 행복한 이야기.

묻다

(환경부 선정 우수환경도서, 환경정의 올해의 환경책)

구제역, 조류독감으로 거의 매년 동물의 살처분이 이뤄진다. 저자는 4,800곳의 매몰지 중 100여 곳을 수년에 걸쳐 찾아다니며 기록한 유일한 사람이다. 그가 우리에게 묻는다. 우리는 동물을 죽일 권한이 있는가.

개가 행복해지는 긍정교육

개의 심리와 행동학을 바탕으로 한 긍정교육법으로 50만 부 이상 판매된 반려인의 필독서. 짖기, 물기, 대소변 가리기, 분리불안 등의 문제를 평화롭게 해결한다.

임신하면 왜 개, 고양이를 버릴까?

임신, 출산으로 반려동물을 버리는 나라는 한국이 유일하다. 세대 간 문화충돌, 무책임한 언론 등 임신, 육아로 반려동물을 버리는 사회현상에 대한 분석과 안전하게 임신, 육아 기간을 보내는 생활법을 소개한다.

개에게 인간은 친구일까?

인간에 의해 버려지고 착취당하고 고통받는 우리가 몰랐던 개 이야기. 다양한 방법으로 개를 구조하고 보살피는 사람들의 아름다운 이야기가 그려진다.

노견 만세

퓰리처상을 수상한 글 작가와 사진 작가가 나이 든 개를 위해 만든 사진 에세이. 저마다 생애 최고의 마지막 나날을 보내는 노견들에게 보내는 찬사.

동물과 이야기하는 여자

SBS 〈TV 동물농장〉에 출연해 화제가 되었던 애니멀 커뮤니케이터 리디아 히비가 20년간 동물들과 나눈 감동의 이야기. 병으로 고통받는 개, 안락사를 원하는 고양이 등과 대화를 통해 문제를 해결한다.

개.똥.승.

(세종도서 문학 부문)

어린이집의 교사면서 백구 세 마리와 사는 스님이 지구에서 다른 생명체와 더불어 좋은 삶을 사는 방법, 모든 생명이 똑같이 소중하다는 진리를 유쾌하게 들려준다.

용산 개 방실이
(어린이도서연구회에서 뽑은 어린이·청소년 책, 평화박물관 평화책)

용산에도 반려견을 키우며 일상을 살아가던 이웃이 살고 있었다. 용산 참사로 갑자기 아빠가 떠난 뒤 24일간 음식을 거부하고 스스로 아빠를 따라간 반려견 방실이 이야기.

사람을 돕는 개
(한국어린이교육문화연구원 으뜸책, 학교도서관저널 추천도서)

안내견, 청각장애인 도우미견 등 장애인을 돕는 도우미견과 인명구조견, 흰개미탐지견, 검역견 등 사람과 함께 맡은 역할을 해내는 특수견을 만나본다.

치료견 치로리
(어린이문화진흥회 좋은 어린이책)

비 오는 날 쓰레기장에 버려진 잡종 개 치로리. 죽음 직전 구조된 치로리는 치료견이 되어 전신마비 환자를 일으키고, 은둔형 외톨이 소년을 치료하는 등 기적을 일으킨다.

고양이 그림일기
(한국출판문화산업진흥원 이달의 읽을 만한 책)

장군이와 흰둥이, 두 고양이와 그림 그리는 한 인간의 일 년 치 그림일기. 종이 다른 개체가 서로의 삶의 방법을 존중하며 사는 잔잔하고 소소한 이야기.

고양이 임보일기
《고양이 그림일기》의 이새벽 작가가 새끼 고양이 다섯 마리를 구조해서 입양 보내기까지의 시끌벅적한 임보 이야기를 그림으로 그려냈다.

우주식당에서 만나
(한국어린이교육문화연구원 으뜸책)

2010년 볼로냐 어린이도서전에서 올해의 일러스트레이터로 선정되었던 신현아 작가가 반려동물과 함께 사는 이야기를 네 편의 작품으로 묶었다.

고양이는 언제나 고양이였다
고양이를 사랑하는 나라 터키의, 고양이를 사랑하는 글 작가와 그림 작가가 고양이에게 보내는 러브레터. 고양이를 통해 세상을 보는 사람들을 위한 아름다운 고양이 그림책이다.

나비가 없는 세상
(어린이도서연구회에서 뽑은 어린이·청소년 책)

고양이 만화가 김은희 작가가 그려내는 한국 고양이 만화의 고전. 신디, 페르캉, 추새. 개성 강한 세 마리 고양이와 만화가의 달콤쌉싸래한 동거 이야기.

펫로스 반려동물의 죽음
(아마존닷컴 올해의 책)

동물 호스피스 활동가 리타 레이놀즈가 들려주는 반려동물의 죽음과 무지개다리 너머의 이야기. 펫로스(pet loss)란 반려동물을 잃은 반려인의 깊은 슬픔을 말한다.

강아지 천국
반려견과 이별한 이들을 위한 그림책. 들판을 뛰놀다가 맛있는 것을 먹고 잠들 수 있는 곳에서 행복하게 지내다가 천국의 문 앞에서 사람 가족이 오기를 기다리는 무지개다리 너머 반려견의 이야기.

고양이 천국
(어린이도서연구회에서 뽑은 어린이·청소년 책)

고양이와 이별한 이들을 위한 그림책. 실컷 놀고, 먹고, 자고 싶은 곳에서 잘 수 있는 곳. 그러다가 함께 살던 가족이 그리울 때면 잠시 다녀가는 고양이 천국의 모습을 그려냈다.

깃털, 떠난 고양이에게 쓰는 편지
프랑스 작가 클로드 앙스가리가 먼저 떠난 고양이에게 보내는 편지. 한 마리 고양이의 삶과 죽음, 상실과 부재의 고통, 동물의 영혼에 대해 써 내려간다.

인간과 개, 고양이의 관계심리학

함께 살면 개, 고양이와 반려인은 닮을까? 동물학대는 인간학대로 이어질까? 248가지 심리실험을 통해 알아보는 인간과 동물이 서로에게 미치는 영향에 관한 심리 해설서.

암 전문 수의사는 어떻게 암을 이겼나

암에 걸린 세계 최고의 암 수술 전문 수의사가 동물 환자들을 통해 배운 질병과 삶의 기쁨에 관한 이야기가 유쾌하고 따뜻하게 펼쳐진다.

우리 아이가 아파요!
개·고양이 필수 건강 백과

새로운 예방접종 스케줄부터 우리나라 사정에 맞는 나이대별 흔한 질병의 증상·예방·치료·관리법, 나이 든 개, 고양이 돌보기까지 반려동물을 건강하게 키울 수 있는 필수 건강백서.

고양이 질병의 모든 것

40년간 3번의 개정판을 낸 고양이 질병 책의 바이블로 고양이가 건강할 때, 이상 증상을 보일 때, 아플 때 등 모든 순간에 곁에 두고 봐야 할 책이다. 질병의 예방과 관리, 증상과 징후, 치료법에 대한 모든 해답을 완벽하게 찾을 수 있다.

개, 고양이 사료의 진실

미국에서 스테디셀러를 기록하고 있는 책으로 2007년 멜라민 사료 파동 등 반려동물 사료에 대한 알려지지 않은 진실을 폭로한다.

개 피부병의 모든 것

홀리스틱 수의사인 저자는 상업사료의 열악한 영양과 과도한 약물 사용을 피부병 증가의 원인으로 꼽는다. 제대로 된 피부병 예방법과 치료법을 제시한다.

개·고양이 자연주의 육아백과

세계적인 홀리스틱 수의사 피케른의 개와 고양이를 위한 자연주의 육아백과. 50만 부 이상 팔린 베스트셀러로 반려인, 수의사의 필독서. 최상의 식단, 올바른 생활습관, 암, 신장염, 피부병 등 각종 병에 대한 대처법도 자세히 수록되어 있다.

햄스터

햄스터를 사랑한 수의사가 쓴 햄스터 행복·건강 교과서. 습성, 건강관리, 건강식단 등 햄스터 돌보기 완벽 가이드.

토끼

토끼를 건강하고 행복하게 오래 키울 수 있도록 돕는 육아 지침서. 습성·식단·행동·감정·놀이·질병 등 모든 것을 담았다.

토끼 질병의 모든 것

토끼의 건강과 질병에 관한 모든 것, 질병의 예방과 관리, 증상, 치료법, 홈 케어까지 완벽한 해답을 담았다.

현장 과학자의 야생동물 로드킬의 기록

숲에서 태어나 길 위에 서다

초판 1쇄 2021년 10월 28일
초판 2쇄 2023년 1월 28일

지은이 우동걸
편집 김보경
그린이 홍화정(@hongal.hongal)

디자인 나디하 스튜디오(khj9490@naver.com)
교정 김수미
인쇄 정원문화인쇄

펴낸이 김보경
펴낸 곳 책공장더불어

책공장더불어
주소 서울시 종로구 혜화동 5-23
대표전화 (02)766-8406
이메일 animalbook@naver.com
블로그 http://blog.naver.com/animalbook
페이스북 @animalbook4
인스타그램 @animalbook.modoo

ISBN 978-89-97137-47-3 (03470)

* 잘못된 책은 바꾸어 드립니다.
* 값은 뒤표지에 있습니다.

이 도서는 환경부·국가환경교육센터의 환경도서 출판 지원사업 선정작입니다.